한국학술진흥재단 학술명저번역총서

● 서양편 ●

한국학술진흥재단 학술명저번역총서
서양편 ● 15 ●

건축구조물의 소성해석법

B.G. 닐 지음 | 김성은 옮김

한길사

The Plastic Methods of Structural Analysis
by B. G. Nill

Published by Hangilsa Publishing Co., Ltd., Korea, 2004

건축구조물의 소성해석법

B.G. 닐 지음 | 김성은 옮김

소성붕괴하중, 소성 모멘트를 구하는 방법과 소성설계법

김성은 계명대 교수 · 건축학부 건축공학과

  이 책은 단순소성(塑性) 힌지의 가정을 기초로 하지만 평면 골조의 소성해석법을 설명한 것으로, 소성역에 들어간 부재가 불완전 형상에 따라 파괴되는 조건에 대해서는 서술하지 않는다. 또한 가령 전강용접(全强溶接) 접합부의 거동과 같이, 설계상 중요한 문제에 대해서도 언급하지 않는다. 그러나 이 책에서 설명한 소성해석법은 유능한 구조기술자라면 누구나 습득해야 할, 빠뜨려서는 안 될 이론이다.

  이 책의 내용은 전부 8장으로 이루어져 있으며 중요한 내용을 요약하면 다음과 같다.

  제1장에서는 소성 힌지와 소성붕괴의 개념을 열거하고 소성설계법을 이용해 설계하는 것이 가장 경제적이고 합리적이라는 것을 지적한다. 또한 강재의 응력도-변형도관계를 제시하면서 탄성한계를 넘는 보의 휨 모멘트-곡률관계는 휨에 관한 통상의 베르누이-오일러(Bernoulli-Euler) 가정을 이용해 응력도-변형도 관계에서 얻을 수 있다. 그리고 끝부분에서 소성 모멘트 값은 단면의 형태에서 직접 계산할 수 있음을 제시한다.

  제2장에서는 단순한 골조의 소성붕괴에 대해서 기술하고 있다. 즉 그림 1은 휨강성 EI, 소성 모멘트 M_p인 보의 휨 모멘트 M과 곡률 k의 관계를 표시하며, 소성붕괴하중의 계산에서 기초가 되는 소성 힌지의 가정은

이 그림에 요약되어 있다. 형상계수가 1이면 $M_y = M_p$이며, 보는 소성 모멘트에 이르기까지 탄성적으로 거동하고 그후 소성 힌지가 형성되면 곡률은 부정(不定)이 된다. 휨 모멘트가 소성 모멘트 이하로 저하되면 탄성재하가 일어난다. 그림에 실선으로 표시되어 있는 거동은 이 장에서 설명하는 계산의 기본이 되는 것이다. M_y가 M_p보다 작은 경우는 그림의 점선처럼 된다. 이 형의 $(M-k)$관계에 대한 상세한 내용은 제5장에서 설명한다.

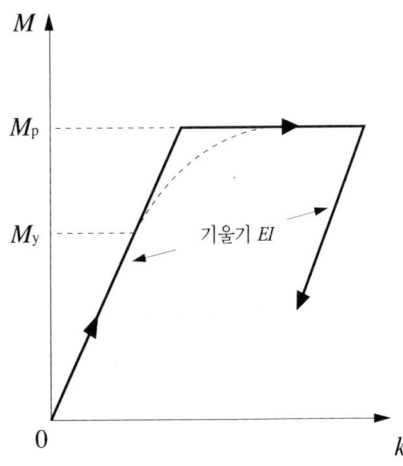

그림 1 이상화된 휨 모멘트-곡률관계

부정정 골조가 점증하중을 받아서 최초의 소성 힌지가 형성되어도, 일반적으로 소성붕괴는 일어나지 않는다. 보통의 경우 하중은 더욱 증대해서 순차 소성 힌지가 형성되어 최종적으로 기구운동이 가능해지는데 충분한 수의 힌지가 일어날 때에야 골조는 소성붕괴상태가 된다.

이 과정에 대해서는 단순한 골조에 대한 단계별 계산법(step-by-step calculations) 몇 개를 적용해서 설명한다. 제3장에서 나타낸 것처럼 골조의 붕괴기구와 그것에 대응하는 소성붕괴하중의 계산에서는 붕괴상태가 되기까지 소성 힌지가 형성되는 순서를 고찰할 필요가 없다. 소성해석의 단순함은 이처럼 직접 계산이 가능하다는 것이다. 그러나 점증하중에 대해서는 붕괴기구가 되기까지 소성 힌지가 순차적으로 형성되는 과정을 완전하게 이해해두는 것이 소성해석법을 아는 것 이상으로 긴요해진다. 소성붕괴하중에 대해서는 두 가지 중요한 특성, 즉 소성붕괴하중이 잔류응력의 존재나 붕괴하중에 이르기까지 몇 가지 하중 성분의 이력 등에 영향을 받지 않는 것을 설명하는 데에도 단계별 계산법이 이용된다.

제3장에서는 기본정리와 간단한 예제를 제시한다. 제2장에서 설명한 것처럼 실제의 기구가 판명되고 있으면 소성붕괴하중은 매우 간단히 계산할 수 있다. 몇 개의 단순한 구조물에서는 가능한 붕괴기구가 하나밖에 존재하지 않지만 그러한 경우는 극히 드물다. 따라서 많은 기구 가운데 실제의 붕괴기구를 결정할 수 있는 정리가 필요하다. 이 장의 목적은 그들의 정리를 설명하고 그것을 적용한 예를 몇 개 드는 데 있다. 소성붕괴하중을 결정하는 일반적 방법은 제4장에서 설명한다.

어떤 부재에 소성 모멘트 값이 M_p에 달하면 그곳에 소성 힌지가 형성되고 휨 모멘트가 일정값을 유지하는 한 임의의 회전이 가능하다는 기본 가정을 설정한다. 우선 M_p는 부재 사이에서 일정하며, 부재에 작용한다고 생각할 수 있는 축력이나 전단력에 영향을 주지 않는 것으로 가정한다. 실제로 소성 모멘트 값은 축력이나 전단력에 영향을 받고 집중하중의 작용점에 생기는 국부적인 응력집중 등의 영향도 받는다. 그러나 이들 여러 인자의 영향은 대부분의 경우 무시할 수 있을 정도로 작다. 그것의 효과에 대해서는 제6장에서 설명하겠다.

더욱이 대상으로 하는 골조의 변형은 대단히 작고 정적평형조건식은 변형 전의 골조에 대한 식과 같다는 종래의 탄성해석법에서 설정된 가정을 이용한다.

제4장에서는 소성설계법에 대해 기술하고자 한다. 주어진 설계용 하중계수 아래서 곧 소성붕괴가 일어나도록 골조를 설계하기 위해 두 가지 방법을 설명한다. 소성붕괴하중에 달하기 전에 좌굴(挫屈)에 따른 파괴는 생기지 않는 것으로 가정한다. 소성역에서 부재의 좌굴에 관한 문제는 이

책의 범위 밖이다.

최초로 설명한 방법은 시행오차법(trial-and-error method)이다. 이 방법은 예비 계산결과에서부터 붕괴기구를 이미 알고 있는 경우에 적합하다. 이 방법에서는 가정된 붕괴기구에 대해 안전과 동시에 정적허용인 휨 모멘트 분포가 존재하는 것을 확인하는 수속이 필요하다.

붕괴기구를 알 수 없을 때에는 기구조합법(method of combining mechanisms)을 이용해 여러 종류의 독립기구(independent mechanisms)를 조합해서 구성되는 몇 개의 가능한 붕괴기구를 조사하는 작업이 필요하다. 실제의 붕괴기구를 얻었다고 판단한 경우 결과는 시행오차법과 같은 방법으로 검정(檢定)된다. 선형계획법을 이용하는 다른 방법도 고안되어 있지만, 이 책의 범위 밖이고 4-4절에서 간단하게 기술한다.

제5장에서는 변위의 계산에 대해서 기술하고자 한다. 제3장과 제4장에서 설명한 소성해석법은 단순히 골조의 강함(耐力)을 계산하는 방법이다. 그러나 소성붕괴하중에 도달하기 전에 이미 구조물을 사용할 수 없을 만큼 과도한 변형이 생길 수도 있다. 이와 같은 경우 설계의 규준은 붕괴하중계수가 아니고 유용성의 한계와 하중계수에 기초를 두어야 할 것이다. 따라서 붕괴점에서 골조의 변형을 구하는 계산방법이 필요하고 그와 같은 방법을 설명하는 것이 이 장의 목적이다.

이 문제를 다루는 또 하나의 이유는 소성이론이 미소변형의 가정에 기초를 두고 있다. 즉 붕괴 이전에 골조에 생긴 변형이 기하학적 형태에 미치는 영향을 무시할 수 있기 때문에 평형조건식을 변형 전의 골조에 대해 세울 수 있다는 가정이다. 붕괴점의 변위를 계산해 그것이 미소변형의 가정을 성립시키지 않을 정도로 큰지 어떤지를 검토하는 것이 필요할 경우도 있다.

이 장에서는 비례재하를 가정한다. 그러나 예를 들어 어떤 건물이 존재하는 기간에 풍하중과 설하중의 조합하중을 받는 경우처럼 실제 구조물에는 변동반복하중이 작용할 것이다. 이런 종류의 하중은 가령 최고값이 소성붕괴값보다 상당히 작더라도 변위를 점차 증대시키기도 하는데, 이것에 대해서는 제8장에서 설명될 것이다. 변위를 평가하는 데는 그 값이 비례재하의 조건 아래서 얻어진다는 데 유의할 필요가 있다.

보나 평면 골조의 탄성해석에서는 통상 휨 변형에 비해 전단력이나 축력에 의한 변형은 무시할 수 있는 것으로 가정된다. 탄소성거동에 이 가정을 적용하면 휨 모멘트와 곡률관계를 줌으로써 원리적으로는 하중과 변위관계의 계산이 가능해진다. 이 과정에 대한 몇 개의 예제는 이상화소성체의 가정 아래서 직사각형 단면의 단순보에 대해 5-2절에서 주어진다. 어느 정도의 복잡한 구조물에 대해서는 이 계산은 매우 번잡하기 때문에 계산이 가능한 방법으로 하기 위해서는 몇 개의 근사화가 필요하다. 이것에 대해서는 5-3절에서 검토하고 골조의 붕괴점에서 변위를 계산하는 방법은 5-4절에서 설명한다.

제6장에서는 소성 모멘트에 영향을 미치는 모든 인자에 대해서 기술하고자 한다. 제5장에서 소성 모멘트는 주어진 부재에 대해 일정한 값이라고 가정했다. 이 장에서는 이 가정을 다시 살펴본다. 소성 모멘트에 영향을 미치는 인자는 두 종류로 분류된다. 우선 제1장에서 설명한 단순이론에 따르면 $M_p = Z_p \sigma_0$이기 때문에 항복응력도에 영향을 준 인자는 소성 모멘트에도 동일하게 영향을 준다. 이러한 인자들은 6-2절에서 논의된다. 둘째, 일반적으로 골조 중의 부재는 휨 모멘트뿐만 아니라 축력이나 전단력에도 저항하도록 요구된다. 그러나 소성 모멘트 값을 주는 전소성응력도 분포의 합력은 휨 모멘트뿐이며, 축력이나 전단력의 합력은 0이다. 따라서 수직응력도와 전단응력도가 보다 복잡하게 분포할 것이 요구되며, 효과에 따라서는 소성 모멘트 값이 $Z_p \sigma_0$ 이하로 감소된다. 대부분 실제 문제에서 이 감소는 그다지 크지 않으며, 적절한 허용한도를 결정하는 방법에 대해서는 6-3절과 6-4절에서 설명한다.

소성 힌지는 집중하중의 재하점에서 생기는 것이 대부분이지만 그 경우 소성 모멘트는 지압응력도를 첨가해 수정된다. 이 영향도 통상 작으며 6-5절에서 검토하나 반실험식이 이용된다.

제7장에서는 최소중량설계에 대해서 기술하고자 한다. 제4장에서 설명한 소성설계법에서는 골조에 대한 작용하중이 주어진 것으로 가정되고, 지정된 하중계수 λ^*배 된 하중 아래서 골조가 바로 붕괴하도록 부재의 소성 모멘트 값을 결정하는 것이 문제였다. 거기서는 우선 전 부재의 소성 모멘트의 시행값(試行値)을 가정하고, 대응하는 붕괴하중계수 λ_c를 결정한다. 그리고 소성 모멘트의 시행값은 모두 λ^*/λ_c배가 되며, 이것에 따라서 소성붕괴에 대한 하중계수가 λ^*가 되도록 설계된다.

이 방법에서는 처음에 설정된 각 부재의 소성 모멘트 값의 비율은 임의로 선택되고 이 비율을 바꾸면 별도의 설계가 된다. 주어진 골조와 하중에 대해서는 명확하게 가능한 설계가 많이 존재하지만, 이 가운데 어느 설계가 최적인가를 생각하는 것이 이 장의 목적이다.

사용되는 재료를 최소화하는 것은 일종의 최적설계이지만, 최소중량 (最小重量)이 설계에서 유일하게 중요한 판단기준이라고 생각하면 항상 고려해야 할 경제성이나 다른 인자를 빠뜨리게 될 것이다. 그러나 여기서는 이러한 모든 인자에 관해서는 설명하지 않고 최소구조중량에 대한 설계문제만을 다루고자 한다.

제8장에서는 변동반복하중에 대해서 기술하고자 한다. 변동반복하중에 따른 붕괴에는 두 가지 종류의 형식이 있다. 골조에 정부(正負)의 반복하중이 작용하면 몇 개의 부재는 반복 힘을 받고, 소성화가 인장과 압축에 번갈아 일어난다. 교번소성(alternating plasticity)이라는 이 현상은 저(低)사이클 피로파괴를 일으킬 가능성이 있다. 교번소성 하중계수라 불리는 값이 존재하고 그 이상이 되면 교번소성이 일어난다.

다른 파괴형식은 조합하중의 한계값이 명확하게 결정된 사이클에서 교대로 작용하는 경우에 일어나는 것이다. λ가 일정값 λ^*를 넘으면 각 하중 사이클인 단면의 소성 힌지 회전이 증대한다. 이 증대는 전 사이클에서 같은 방향이다. λ가 λ^*보다는 크지만 그것보다 큰 한계값 λ_1보다 작은 경우에는 사이클 수의 증가에 따라서 회전각의 증대량은 점점 작아진다. 최종적으로는 소성 힌지 회전각이 변하지 않으며, 그후의 사이클에서는 골조의 휨 모멘트가 탄성적으로만 변화하게 된다. 이 상태가 되었을 때 골조는 변형경화(shaken down)했다고 한다. 그러나 λ가 λ^*보다 크면 골조는 변형경화하지 않고 각 사이클마다 유한의 소성 힌지 회전각이 생긴다. 따라서 충분한 하중 사이클 후 허용할 수 없는 큰 소성 힌지 회전, 즉 변형이 생기게 된다. 이때 골조를 점증붕괴(incremental collapse)했다고 한다. 점증붕괴가 생긴 한계하중계수 λ_1를 점증붕괴 하중계수(incremental collapse load factor)라 부른다.

λ_a값을 계산하는 법은 간단하기 때문에 이 장의 주 목적은 λ_1를 구하는 방법을 설명하는 데 있다. 그러나 λ가 λ^*보다 클 때의 반복하중에 대한 골조의 거동은 기본적인 예비지식으로 이해해둘 필요가 있다. 따라서 8-2절에서는 이러한 하중에 대한 골조의 응답을 예제로 이용해 설명하고, 이어서 8-3절에서는 λ_1와 λ_a값에 관한 정리에 대해 검토한다. 이들의 정리는 득성의 소합하중에 대한 붕괴하중계수에 관한 모든 정리와 매우 유사하다. λ_1를 계산하는 방법은 제4장에서 주어진 λ_c의 계산법과 유사한 형으로 전개할 수가 있다. 그러한 방법 하나를 8-4절에서 설명한다. 8-5절에서는 교번소성과 점증붕괴현상의 중요성이 소성설계와 관련지어서 논의한다.

건축구조물의 소성해석법

소성붕괴하중, 소성 모멘트를 구하는 방법과 소성설계법/김성은   7

머리말   21

1 기본가정
  1-1 소성 힌지와 소성붕괴의 개념   23
  1-2 강재의 응력도-변형도관계   25
  1-3 보의 탄소성 휨   29
      1-3-1 직사각형 단면   30
      1-3-2 1축 대칭 단면   34
      1-3-3 상항복응력도의 영향   36
  1-4 소성 모멘트의 계산   36
  1-5 기타 구조재료에 대한 소성 힌지의 가정   41

2 단순한 골조의 소성붕괴
  2-1 문제제기   45
  2-2 단순보   46
  2-3 양단고정보   51
      2-3-1 붕괴하중의 직접계산   56
      2-3-2 재하시의 거동   57
  2-4 불완전 단부고정의 영향   58
  2-5 1층 1스팬 직사각형 골조   62

    2-5-1 가상일의 원리   64

    2-5-2 가상변위의 원리에 따른 평형조건식의 유도   65

    2-5-3 가상력의 원리에 따른 적합조건식의 유도   66

    2-5-4 비례재하에 따른 단계별 탄소성해석   69

    2-5-5 단위 가상하중법에 따른 변위의 계산   74

2-6 붕괴하중의 불변성   75

2-7 소성설계   78

3 기본정리와 간단한 예제

3-1 문제제기   83

3-2 기본정리   84

    3-2-1 하계정리   84

    3-2-2 상계정리   86

    3-2-3 해의 유일성정리   87

3-3 예제   87

    3-3-1 가상변위의 원리에 따른 평형조건식   89

    3-3-2 층기구   89

    3-3-3 보기구   93

    3-3-4 조합기구   96

3-4 분포하중   98

    3-4-1 부재 내의 최대 휨 모멘트   99

    3-4-2 예제   100

3-5 부분붕괴와 과완전붕괴   105

    3-5-1 부분붕괴의 예   105

    3-5-2 과완전붕괴의 예   107

    3-5-3 연속보   109

    3-5-4 플랜지 플레이트로 보강된 양단고정보   112

4 소성설계법

4-1 문제제기   119

4-2 시행오차법   120

4-3 기구조합법   126

    4-3-1 1층 1스팬 직사각형 골조   127

    4-3-2 1층 2스팬 직사각형 골조   132

    4-3-3 부분붕괴   137

    4-3-4 분포하중   140

    4-3-5 이형 골조   148

4-4 소성붕괴하중을 구하는 다른 방법   150

5 변위의 계산

5-1 문제제기   159

5-2 단순보의 하중-변위관계   160

    5-2-1 직사각형 단면: 이상화소성체   160

    5-2-2 다른 단면과 재료특성   166

5-3 변형경화와 형상계수의 영향   167

5-4 붕괴점의 변위의 계산   171

    5-4-1 가정   171

    5-4-2 기본식   172

    5-4-3 집중하중을 받는 양단고정보   173

    5-4-4 직사각형 골조   179

    5-4-5 부분붕괴   183

6 소성 모멘트에 영향을 미치는 모든 인자

6-1 문제제기   191

6-2 항복응력도의 변동   192

6-3 축력의 영향   194

    6-3-1 직사각형 단면   197

    6-3-2 강축 주위에 휨을 받는 H형 단면   198

    6-3-3 실제 문제에서 축력의 영향   200

6-4 전단력의 영향   201

    6-4-1 직사각형 단면   202

    6-4-2 강축 주위에 휨을 받는 H형 단면   209

    6-4-3 전단력과 축력의 조합효과   212

6-5 하중하의 지압   212

7 최소하중설계

7-1 문제제기   219

7-2 가정   220

7-3 최소중량설계 문제의 기하학적인 의미와 폴크스의 정리   221

    7-3-1 기하학적 의미: 직사각형 골조   221

    7-3-2 폴크스의 정리   225

7-4 해석 방법   229

8 변동반복하중

8-1 문제제기   235

8-2 단계별 계산법   237

    8-2-1 교번소성   238

    8-2-2 점증붕괴   240

    8-2-3 $W=W_i$인 경우의 거동   244

    8-2-4 변위에 미치는 반복하중의 영향   247

    8-2-5 실험에 따른 검증   249

8-3 변형경화정리   249

    8-3-1 정의   249

    8-3-2 변형경화정리 또는 하계정리   251

	8-3-3 상계정리	253
	8-3-4 정리에 관한 견해	255
8-4 해석 방법		256
	8-4-1 예제	256
	8-4-2 부분점증 붕괴기구	263
	8-4-3 다른 해석방법	267
	8-4-4 변위의 계산	268
8-5 설계와의 관계		268

부록 A 소성붕괴정리의 증명	279
부록 B 변형경화정리의 증명	285

문제해답	291
옮긴이의 말	293
찾아보기 · 인명	296
찾아보기 · 개념	299

머리말

이 책의 초판이 출판된 1956년 이후, 극한설계의 개념이 널리 인식되게 되었다. 또 많은 강구조 골조의 적절한 종국한계상태는 소성붕괴라는 것. 따라서 그러한 구조물의 설계는 적당한 하중계수를 사용한 소성붕괴하중을 산정하는 데서부터 시작하는 것으로 널리 인식되었다. 1956년 초판에서는 소성이론이 적용될 수 있는 경우에 대해 논하지 않으면 안 되었지만, 이제 필요없어졌으므로 이 책에서는 단축되었다. 또 통일적인 취급을 하기 위해서 일관되게 가상일의 원리를 사용하고 있다.

이 책은 단순소성 힌지의 가정을 기초로 하여 또는 평면 골조의 소성해석법을 설명한 것으로, 소성역에 들어간 부재가 불안정현상에 따라 파괴되는 조건에 대해서는 서술하지 않는다. 그 밖에 가령 전강용접(全强鎔接) 접합부의 거동과 같이 설계상 중요한 문제에 대해서도 언급하지 않는다.

그러나 이 책에서 설명하는 소성해석법은 유능한 구조기술자가 배워서 터득해야 할 필요불가결한 이론이다.

오늘날에는 해석과 설계 쌍방 구조문제의 처리에서 컴퓨터가 널리 사용되고 있다. 소성해석법의 극히 단순화된 가정 대신에 부재의 실제 성상을 고려한 몇 가지 프로그램이 골조용으로 개발되어 사용되고 있다. 그

밖에 여러 가지 설계조건에 대한 최적설계의 프로그램도 개발되어 있다. 이 책에서는 이러한 발전에 대해 간략히 설명하는 데 그치고, 손계산으로 적절한 방법만을 기술하고 있지만, 컴퓨터 프로그램을 이용하기 위한 예비지식으로도 이들의 방법을 완전하게 이해해둘 필요가 있다.

초판, 제2판에서는 광범위한 문헌목록을 수록해놓았다. 결과의 도출을 컴퓨터에 의존하기 때문에 전체적인 이론 전개를 제외했다는 점에서 이러한 목록이 불필요해져서, 최근 발표된 이런 종류의 연구 가운데 몇 가지 중요한 문헌만을 수록했다. 단, 기초이론을 확립한 고전적인 연구문헌은 남겨두었다.

복잡한 도표를 작성해준 시마(Mr. John Cima), 그리고 빠르고 정확하게 타이프를 쳐준 와트(Mrs. Eileen Wyatt)에게 심심한 사의를 표한다.

1977년 6월 런던에서
B. G. 닐

1 기본 가정

1-1 소성 힌지와 소성붕괴의 개념

구조물의 소성해석법은 부재의 휨 작용에 따라 하중에 저항하는 강구조 골조의 설계에 널리 이용되고 있다. 다층 다스팬 직사각형 골조와 1스팬 또는 다스팬 ㅅ자형(山形) 골조 등은 강구조 골조 구조물의 전형적인 예이며, 단순보와 연속보도 여기에 포함된다. 이러한 구조물에는 소성설계법을 이용해 설계하는 것이 가장 경제적이면서도 합리적이라는 것을 베이커(Baker, 1949)가 지적하고 있다. 더구나 소성설계법은 간단하다는 이점도 있다.

소성설계법의 목적은 골조 구조물이 과도한 변형을 동반해 붕괴할 때의 하중을 예측하는 데 있다. 이런 종류의 구조물 가운데 가장 단순한 중앙집중하중을 받는 단순보의 거동을 예로 설명해보자. 마이어 라이프니츠(Maier-Leibnitz, 1929)가 상당히 오래 전에 행한 길이 1.6m의 H형 보의 실험결과를 그림 1-1에 나타낸다. 하중 W가 약 130kN까지 보는 탄성이며, 이 하중 밑에서 연응력도가 항복응력도에 달한다. 또 약 150kN의 하중에서 중앙의 연직변위 δ는 약간 하중이 늘어나면서 급격하게 증대된다. 최종적으로 166kN의 하중에서 보는 좌굴하여 파괴되지만, 이미 그전에 보에는 큰 변형이 생겨나 붕괴상태에 놓였을 것이다.

이러한 거동을 약간 이상화시켜 그림 1-1의 파선에 나타낸 것처럼, 150kN의 하중 아래서 변위는 무한으로 커질 수 있다고 가정한다. 이 가정은 보가 보유한 하중 이상의 재하능력을 무시한 것이므로, 안전 쪽의 가정이다.

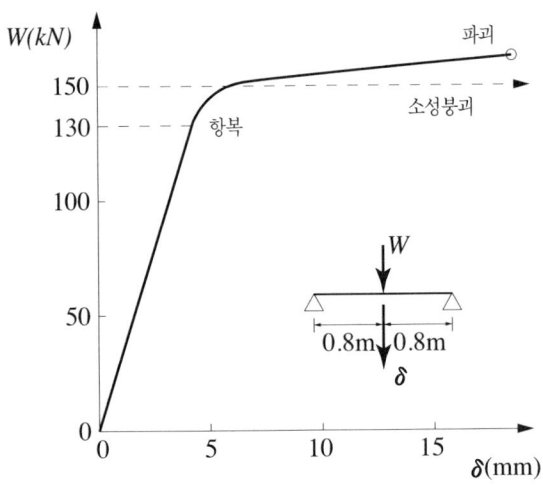

그림 1-1 단순보의 휨 시험(마이어 라이프니츠 실험 후)

이 가정에 따른 일정하중 아래서 변위가 무제한으로 진행함을 소성붕괴(plastic collapse)라 하며, 이 현상이 발생하는 150kN의 하중을 소성붕괴하중이고 W_c로 표기한다.

이상에서 표시한 거동은 보 중앙의 휨 모멘트가 $0.4W_c=60\text{kNm}$인 하중 W_c 아래서 보 중앙에 소성 힌지(plastic hinge)가 형성된다는 가설을 이용해 설명할 수 있다. 이 힌지의 특성은 휨 모멘트가 60kNm일 때에 회전할 수 있을 뿐만 아니라, 휨 모멘트가 이 값을 유지하는 한 무제한으로 회전할 수 있으므로 무제한의 변위가 허용된다. 위의 보 실험에서 소성 힌지를 형성하는 데 필요한 60kNm의 휨 모멘트를 소성 모멘트(plastic moment)라 부르고, M_p로 표기한다. 이 소성 모멘트는 1-3절에서 설명한 것처럼 재료의 항복응력도와 관계된다. 소성 힌지의 가정을 기본으로 한 소성해석법에 따르면, 제3장과 제4장에 나타난 바와 같이, 복잡한 골조의 소성붕괴하중도 간단히 구해진다. 강구조 소성설계수법으로서 소성설계법의 유용성은 골조가 붕괴하중에 이를 때의 변위가 미소하다는 사실에 의존하고 있다. 그러나 붕괴 조건이 만족될 때까지 생기는 변위의 크기를 확인해두는 것이 필요한 경우도 있다. 이 변위량의 계산방법에 대해서는 제5장에서 설명한다.

소성설계법은 구조물의 설계를 지배하는 기준이 취성파괴나 피로파괴인 경우에는 적용할 수 없다. 이들의 파괴현상은 단순소성이론의 적용범위 밖의 문제다.

이 책에서는 소성붕괴하중에 달하기 전에 구조물의 어느 부분에도 좌굴에 의한 파괴가 일어나지 않는다는 가정을 은연중에 이용하고 있다. 강절(剛節) 골조에서 실제로 생기는 부분 소성화나 같은 조건 아래서 일어나는 횡좌굴 또는 다른 불안정현상 등에 대해서는 이미 연구가 많이 되었다.

케임브리지 대학에서 베이커 등이 선구적으로 연구한 성과는 『스틸 스켈턴』(*The Steel Skeleton*, Vol.2, 1956)에 정리되어 있고, 리하이 대학 비들(Beedle)의 지도 아래 행해진 연구결과는 『플라스틱 디자인 인 스틸』(*Plastic Design in Steel*, 1972)에 기록되어 있다. 현재의 연구상황은 혼(Horne, 1972)과 우드(Wood, 1972)가 통합했으며, 소성붕괴되기 전에 불안정현상에 따른 파괴가 일어나지 않도록 골조를 설계하기 위한 규준이 정해져 있지만, 그것은 이 책의 범위 밖이다.

1-2 강재의 응력도-변형도관계

앞 절에서 서술한 것처럼, 철골보의 소성 모멘트는 직접 항복응력도에 관계한다. 먼저 골조의 건설에 일상적으로 쓰이는 재료인 강재의 응력도-변형도관계를 조사할 필요가 있다. 열처리(燒鈍)된 강재의 인장시험편의 응력도 σ와 축 방향변형도 ε의 전형적인 관계가 그림 1-2(a)에 나타나 있다. 상항복점인 점 a까지의 탄성범위에는 선형관계이지만, 그후 응력도는 하항복점까지 급격하게 저하되고, 일정 응력도 밑에서 변형도는 점 b까지 증가한다. 이 현상은 소성흐름(plastic flow)이라 부른다. 점 b를 넘어서서 변형도가 증가하면 응력도도 증가하고, 재료는 변형경화역(strain-hardening range)에 있다고 한다. 점 c에서 최대 응력도에 달한 후 시험체의 단면이 점차 가늘어지는 네킹(necking) 현상이 발생해 응력도는 저하되며, 점 d에서 파단된다. 최대 응력도는 약 $400N/mm^2$이고 파단변형은 0.5 정도다.

항복역 Oab가 소성이론에서 가장 중요한 부분이다. 점 b의 변형도 크기는 0.01~0.02이지만, 항복역을 좀더 상세하게 조사하기 위해 그림 1-2(b)처럼 변형도 축을 확대한다. 이 그림에서 상항복점과 하항복점은 각각 σ_u와 σ_0로 나타내고, 초기 탄성선 Oa의 물매는 영 계수 E, 점 b를 지난 변형경화역의 초기 기울기는 E_s로 정의된다. 항복점과 변형경화 개시점의 변형도는 각각 ε_0, ε_s로 나타낸다. 항복역에서 응력도를 저하시키면 ef와 같은 관계가 확인되어, 초기 기울기는 영 계수(young's modulus) E다. 이러한 재하곡선이 매우 빨리 직선성을 잃어버리는 것은 바우싱어 효과(bauschinger's effect)와 관계 있다.

응력도가 ef 위의 점에서 다시 증가하면, eb의 레벨(level) 하항복점에서 항복이 일어난다. 이것은 냉간가공에 따라 상항복점을 소실하기 때문이고 열처리를 시도하면 상항복점이 다시 나타나게 된다.

그림 1-2(b)에 나타난 모든 정수값은 강(鋼)의 화학 성분과 열처리 방법에 따라 현저하게 좌우되지만, 영 계수의 값은 거의 변화하지 않는다. 로데릭(Roderick)과 헤이먼(Heyman, 1951) 등이 여러 종류의 탄소당량을 가진 열처리된 네 종류의 강재에 대해 행한 휨 시험의 결과 표 1-1이다. 탄소당량의 증가에 따라 하항복응력도 σ_0는 상승하지만 $\varepsilon_s/\varepsilon_0$의 비에서 나

타난 인성은 저하한다. 구조용 강재의 ε_s는 $10\varepsilon_0$ 정도이고, E_s는 $0.04E$ 정도이기 때문에 항복 후의 응력도-변형도관계는 매우 평탄하다.

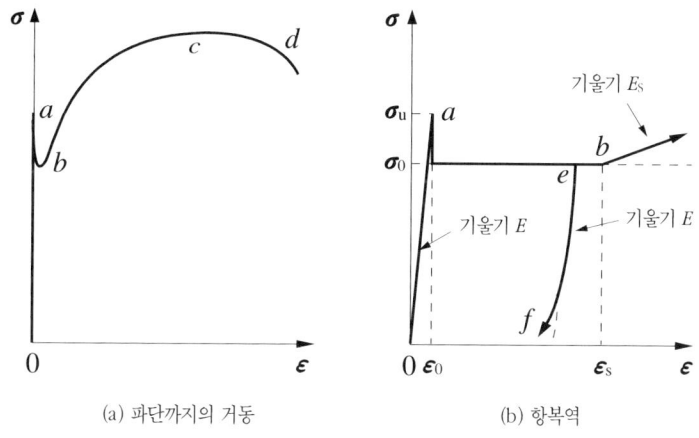

(a) 파단까지의 거동 (b) 항복역

그림 1-2 강재의 인장 쪽 응력도-변형도관계

표 1-1 강재의 성질

% C	σ_0(N/mm²)	σ_u/σ_0	$\varepsilon_s/\varepsilon_0$	E_s/E
0.28	340	1.33	9.2	0.037
0.49	386	1.28	3.7	0.058
0.74	448	1.19	1.9	0.070
0.89	525	1.04	1.5	0.098

인장시험에서 하중에서 피할 수 없는 편심 때문에 일어나는 휨 응력도의 영향으로 항복점 부근의 탄성역에서 강재의 진짜 응력도-변형도관계를 구기란 어렵다. 그러나 모리슨(Morrison, 1939)은 항복점 이하에서 자주 관찰되는 직선성에서 이탈하는 것이 하중의 편심 때문에 생긴 최대 연응력도가 항복점에 도달한 결과로 나타난다는 것을 지적한다. 그 결과 그는 항복점, 비례한계, 탄성한계가 모두 일치한다고 결론짓는다. 더욱이 많은 실험의 결과, 같은 재료의 시험편에서 상항복점의 변동이 하항복점처럼 크지 않다는 것을 알 수 있다. 그러므로 다른 연구자가 보고한 상항

복점의 예측할 수 없는 불규칙한 변동은 하중의 편심에 따른 것이라고 결론지을 수 있다. 그 밖에 압축 쪽에 관한 강재의 응력도-변형도관계는 변형경화가 시작되는 점 b까지 인장 쪽의 그것과 실제로 같다는 것이 인정된다.

강재가 항복할 때에는 인장시험편의 축과 약 45°의 각도로 이루어진 뤼더스선(Lüders' lines)이 발생한다. 이것은 결국 전단응력도가 최대가 되는 부분에 소성흐름이 생기고 있다는 것을 나타낸다. 뤼더스선 내부 재료에는 그림 1-2(b)에서 변형도가 점 a에서 점 b로 뛰어넘는 것에 대응하는 상당한 미끄럼이 발생한다. 따라서 항복역의 변형도는 축 방향으로 불연속으로 변화한다. 가령 그림 1-2(b)에 나타나는 응력도-변형도관계는 단지 유한한 길이에 대해 평균적인 변형도와 응력도의 관계를 나타낸 것에 지나지 않는다.

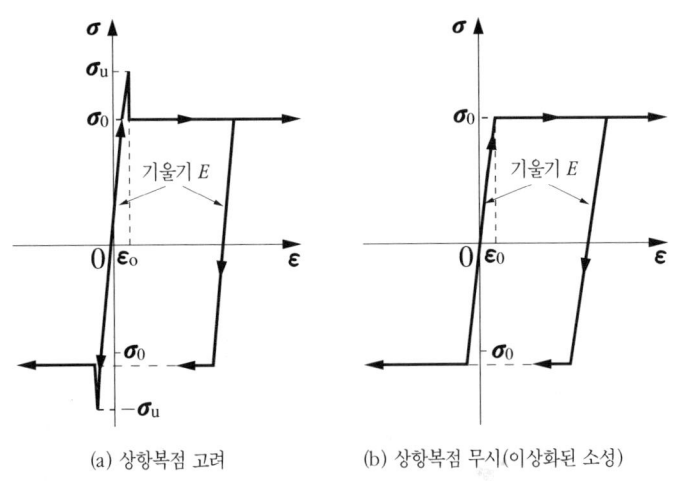

(a) 상항복점 고려   (b) 상항복점 무시(이상화된 소성)

그림 1-3 변형경화를 무시한 응력도-변형도관계

응력도-변형도관계는 변형경화와 제하시의 바우싱어(Bauschinger) 효과를 무시하면, 그림 1-3(a)에 나타낸 것처럼 이상화된다. 상항복점의 존재는 실제로 인정되는 것이지만, 그것은 냉간가공에 따라 소실되기 때문에 압연형 강의 재료에는 일반적으로 인정되지 않는다. 더구나 1-3절에서 나타낸 것처럼, 상항복응력도는 소성 모멘트 값에 영향이 없다. 그것을 무시하면 응력도-변형도관계는 그림 1-3(b)에 나타난 것처럼 되는데, 이 관계를 이상화소성관계(ideal plastic relation)라고 부른다.

이상화된 응력도-변형도관계에서는 변형경화가 무시되지만, 이것은 실제 구조물에서는 많은 부재의 변형도가 변형경화역으로 들어갈 가능성이 높다는 사실로 보아, 타당한지 어떤지를 판단하기 어렵다. 그러나 변형경화에 의한 응력도의 증가를 무시하는 것에 따른 오차는 안전 쪽이며, 제5장에서 설명하겠지만 이 오차는 일반적으로 아주 작다.

1-3 보의 탄소성 휨

탄성한계를 넘은 보의 휨 모멘트-곡률관계는 휨에 관한 통상의 베르누이-오일러 가정을 이용해 응력도-변형도관계를 통해 얻을 수 있다. 그 가정은 다음과 같다.

(a) 보는 순 휨을 받고 전단력과 축력은 작용하지 않는다.

(b) 변형은 미소하고 재축 방향의 수직응력도 이외의 응력도는 무시할 수 있다.

(c) 휨에 의한 응력도와 변형도의 관계는 단순인장 또는 압축에 관한 관계와 같다.

(d) 평면 보존유지가 성립한다.

더욱이 응력도-변형도관계에는 그림 1-3에 나타난 이상화소성관계가 이용된다. 이 관계는 보의 재축 방향 각각의 성질에 대해 성립한다고 가정된다. 소성화과정의 불연속성 때문에 이 가정에 대해서는 실험적인 검증이 필요하다. 몇 명의 연구자, 특히 로데릭과 필립스(Roderick, Phillipps, 1949)는 이 가정이 성립하는 것을 입증한다. 또 보에는 잔류응력이 존재하지 않는 것으로 가정한다.

실험상 대부분의 경우 단면은 휨 작용면 내의 축에 관해서 대칭이지만, 이 경우 해석은 아주 단순화된다.

보는 최초 직선이며 양단에 작용하는 모멘트 M에 의해 반지름 R의 원호 쪽으로 휘는 것으로 한다. 재료역학의 교과서에 초보적으로 설명된 것처럼, 중립축에서 y 거리에 있는 재축 방향의 변형도 ε은 다음 식으로 구할 수 있다.

$$\varepsilon = ky \qquad (1.1)$$

여기서 $k=1/R$은 보의 곡률이다. 이 관계는 기하학적인 고찰에서도 얻어지며 재료 특성과 무관하다. 최초에 보가 휘어 있어도 k를 M에 의해 일어나는 곡률의 변화량으로 하면 식 (1.1)은 성립한다.

1-3-1 직사각형 단면

그림 1-4(a)에 표시하는 폭 B, 단면 높이 D의 직사각형 단면이 OX축 주위의 휨 모멘트 M을 받는 경우를 생각한다. 2축 대칭 단면이기 때문에 중립축은 단면을 2등분하고 있다.

식 (1.1)에서 변형도분포는 그림 1-4(b)에 나타난 것처럼 선형분포가 된다. 여기서 최외연(最外緣)의 변형도가 항복응력도 σ_0(그림 1-3(b))에 대응하는 변형도 ε_0를 초과하는 경우를 생각한다. 중립축에서 ±z 거리에 대한 변형도가 항복변형도 ε_0다. 이 경우의 응력분포는 그림 1-4(c)에 표시되어 있다. 깊이 $2z$의 탄성역과 바깥쪽의 응력도 σ_0의 소성역이 존재한다. 이 응력도분포에 대응하는 휨 모멘트 M은 쉽게 계산할 수 있다. 그림 1-4(c)에서는 탄성역과 소성역의 상반분에 관한 수직응력도의 합력의 크기와 작용선의 위치가 표시되어 있다. 그림 1-4(c)에서 다음 식이 구해진다.

$$M = \left(\frac{1}{2}\sigma_0 Bz\right)\frac{4}{3}z + \sigma_0 B\left(\frac{D}{2} - z\right)\left(\frac{D}{2} + z\right) = B\left[\frac{D^2}{4} - \frac{1}{3}z^2\right]\sigma_0$$
(1.2)

이 모멘트에 대응하는 곡률은 $y = z$에서 $\varepsilon = \varepsilon_0$가 되기 때문에 식 (1.1)에 따라 다음과 같이 구할 수 있다.

$$k = \frac{\varepsilon_0}{z}$$
(1.3)

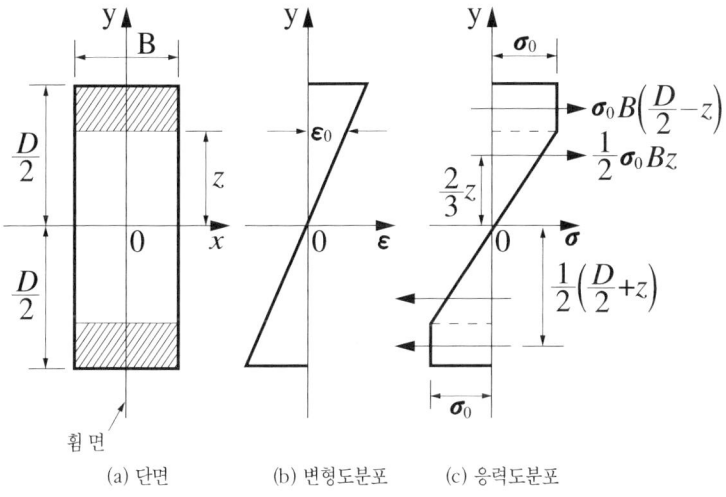

(a) 단면   (b) 변형도분포   (c) 응력도분포

그림 1-4 직사각형 단면보의 탄소성 휨

$z = D/2$일 때에는 소성역이 존재하지 않고 정확히 최외연의 응력도가 항복응력도에 달한다. 이때의 휨 모멘트 M_y는 항복 전 단면의 최대휨 모멘트다. M_y는 항복 모멘트(yield moment)라 부르며, 그 값은 식 (1.2)에 $z = D/2$를 놓음으로써 다음 식이 된다.

$$M_y = \frac{1}{6}BD^2\sigma_0$$
(1.4)

또 M_y는 휨의 소성이론에서 다음과 같은 식으로 정의된다.

$$M_y = Z\sigma_0 \tag{1.5}$$

여기서 Z는 단면계수이며, 직사각형 단면에서 $Z=BD^2/6$이다.

휨 모멘트 M_y에 대응하는 곡률은 k_y로 표시되고 식 (1.3)에서

$$k_y = 2\frac{\varepsilon_0}{D} \tag{1.6}$$

식 (1.2)와 (1.6)에서 다음과 같은 무차원화 휨 모멘트-곡률관계가 얻어진다.

$$\frac{M}{M_y} = 1.5 - 0.5\left(\frac{k_y}{k}\right)^2 \tag{1.7}$$

이 식은 세인트 베넌트(Saint-Venant, 1871)에 의해 처음 유도되었다.

그림 1-5에는 이 휨 모멘트-곡률관계를 $M < M_y$ 영역의 탄성관계와 합쳐서 그려져 있다. 이 그림의 중요한 특징은 k가 매우 커지면 M이 한계값 $1.5M_y$에 가까이 접근한다. 극한에서 $M=1.5M_y$일 경우 k는 무한대가 되고 식 (1.3)에서 $z=0$이 되어 탄성역은 소실된다. 이때 전 단면이 소성화되어 대응하는 휨 모멘트는 소성 모멘트 M_p가 된다. 식 (1.4)를 이용해 M_p는 다음 식으로 표시된다.

$$M_p = 1.5M_y = \frac{1}{4}BD^2\sigma_0 \tag{1.8}$$

이와 같이 소성 모멘트는 무한대의 곡률에 대응하는데, 이것은 유한의 회전각 변화가 보의 무한소 길이에 걸쳐서 일어나는 것을 의미한다. 이것은 철골보에서 관찰된 소성 힌지 거동의 설명이다. M_y와 M_p에 대응하는

응력도분포는 그림 1-6에 나타나 있다.

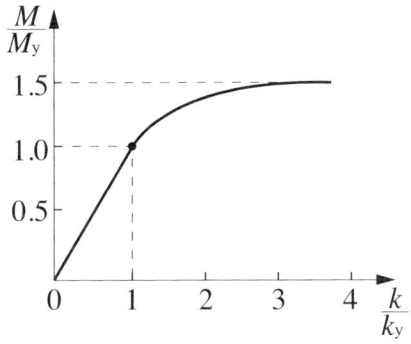

그림 1-5 직사각형 단면보의 휨 모멘트-곡률관계

실제로는 그림 1-6(c)에 표시하는 전소성상태가 실현하는 것은 아니다. 식 (1.1)에 따르면 무한대의 곡률은 무한대의 변형도를 필요로 한다. 어느 곡률 이상이 되면 최외연의 변형도는 변형경화역으로 들어간다. 가령 $\varepsilon = 10\varepsilon_0$일 때 변형경화가 시작된다고 생각하면, 그림 1-4(b)에서 $z = 0.1D/2$일 때 최외연에서 이 변형도에 달해 식 (1.3)과 (1.6)에서 $k = 10k_y$가 된다. 이때 식 (1.7)에서

$$M = 1.495 M_y = 0.997 M_p$$

이 식에서 밝혀진 것처럼 변형경화가 시작될 때까지 휨 모멘트는 M_p의 0.3% 이내로 다가간다. 따라서 매우 큰 곡률을 수반해 실질적으로 소성 힌지 작용을 일으키게 하는 휨 모멘트의 근사값을 소성 모멘트라고 간주할 수가 있다.

이상에서 제시한 단순한 이론은 탄성과 소성의 경계가 폭 B의 측면에 평행한 직선이라는 것을 가정하지만, 이것은 힐(Hill, 1950)이 지적한 것처럼 엄밀하게 정확하지는 않다. 또 큰 곡률에 대해서는 반지름 방향의 응력도가 생기고, 단부에서 인장이나 압축만 받는 부분에 대해 반지

름 방향의 평형조건이 만족되지 않는다. 그럼에도 불구하고, 모든 실제의 목적에 대해 전소성응력도 분포에 대응하는 소성 모멘트가 소성 힌지 작용을 일으키게 하는 휨 모멘트와 아주 정확하게 유사하다는 것이 인정되고 있다.

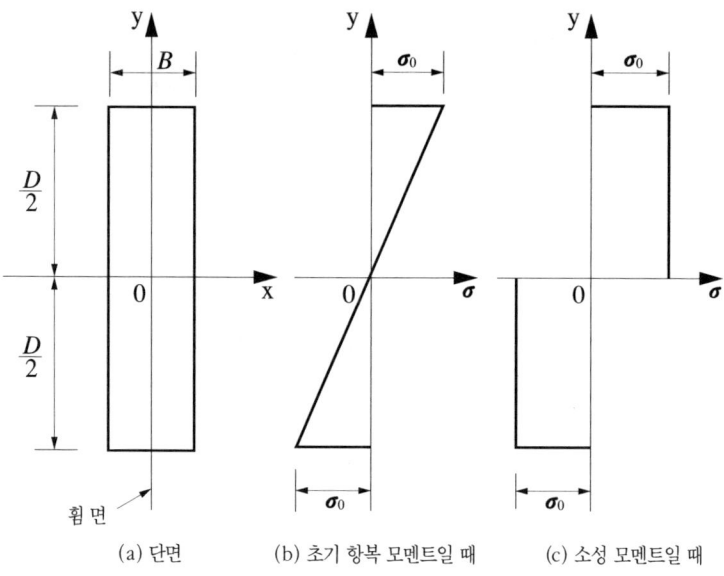

(a) 단면   (b) 초기 항복 모멘트일 때   (c) 소성 모멘트일 때

그림 1-6 직사각형 단면보의 응력도분포일 때

1-3-2 1축 대칭 단면

그림 1-7(a)에 표시한 하나의 대칭축만을 가지는 단면보를 생각해보자. O는 단면의 도심, Oy는 대칭축이고, 보는 단부 모멘트 M에 의해 재축과 Oy축을 포함하는 평면 내에 휘어지는 것으로 한다. 단면 내에 축 Ox는 보의 탄성 휨에 대한 중립축이다.

이 경우에는 그림 1-7(b)에 나타낸 것처럼, 초기 항복은 보의 위쪽 표면에 생기고 y는 최댓값 y^{max}가 된다. 항복 모멘트는 다음 식에서 주어진다.

$$M_y = \left(\frac{I}{y^{max}}\right)\sigma_0 = Z\sigma_0$$

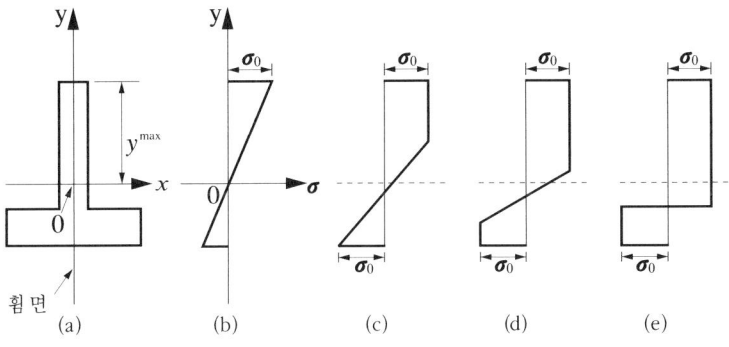

(a) 단면
(b) 초기 항복 모멘트일 때
(c) 하단이 항복응력에 달할 때
(d) 양쪽이 소성역으로 진전할 때
(e) 소성 모멘트일 때

그림 1-7 1축 대칭 단면보의 응력도분포

M이 M_y를 넘어서 더욱 증가하면 소성역이 보의 위쪽에서 안쪽으로 확장된다. 그림 1-7(c)은 보의 아래쪽 표면이 정확하게 항복응력도 σ_0에 도달할 때의 응력도분포를 나타내고 있다. 이 상태에는 중립축은 도심 O를 통과하지 않지만, 위치는 단면의 수직응력의 합력이 0이라는 조건에서 결정된다.

더욱이 휨 모멘트가 증가하면 그림 1-7(d)에 나타낸 것처럼 소성역은 보의 위쪽 표면만이 아니라 아래쪽 표면에서도 안쪽으로 확장된다. 최종적으로 두 개의 소성역이 연결되고 응력도분포는 그림 1-7(e)에 나타낸 것처럼 된다. 이것은 전소성상태이며 이때의 휨 모멘트가 소성 모멘트다.

1-3-3 상항복응력도의 영향

로버트슨(Robertson)과 쿡(Cook, 1913)은 그림 1-3(a)에 표시한 응력도-변형도관계를 가정해 앞의 항까지 설명한 단순이론을 상항복응력도의 영향을 고려하도록 수정하고 있다. 이 가정에 기초한 하나의 결과는 항복 모멘트가 $Z\sigma_0$가 아니라 $Z\sigma_u$가 되는 것이고, $(M-k)$관계도 변화한다.

그러나 곡률이 무한대에 가까워짐에 따라, 응력도분포는 그림 1-6(c) 또는 그림 1-7(e)에 표시한 형태에 접근한다. 따라서 그러한 소성응력도분포에서 계산되는 소성 모멘트는 상항복응력도값에는 관계가 없다.

이 절에서 설명한 탄소성 휨에 관한 단순이론은 철골 부재의 거동을 정확하게 설명할 수 있는 것이 아니다. 뤼더스선의 발생으로 제시된 소성화 과정의 불연속성에 따라 설정된 몇 개의 가정은 무효가 된다. 이 문제의 상세한 사항에 대해서는 르블루아(Leblois)와 매소넷(Massonet, 1972)의 연구를 참조하기 바란다.

1-4 소성 모멘트의 계산

소성 모멘트 값은 단면의 형태에서 직접 계산할 수 있다. 그림 1-8은 휨 면 내에 하나의 대칭축 Oy를 가지는 단면을 나타내고 있다. 축 방향의 합력은 0이기 때문에 전소성상태에서 중립축은 단면을 두 개의 동일 단면적으로 분할해야만 한다. 따라서 축 방향의 인장과 압축의 합력은 어느 쪽이라도 $(1/2)A\sigma_0$가 된다. 여기서 A는 단면의 전 단면적이다.

그림 1-8에 표시한 것처럼, 분할된 두 개의 동일 단면적 부분의 도심 G_1, G_2가 각각 중립축에서 $\bar{y}_1$, $\bar{y}_2$의 거리에 있는 것으로 하면, 각 부의 합력은 G_1과 G_2에 작용하고 소성 모멘트는 다음 식에서 주어진다.

$$M_p = \frac{1}{2} A (\bar{y}_1 + \bar{y}_2) \sigma_0 \qquad (1.9)$$

따라서 소성단면계수 Z_p를 $M_p = Z_p \sigma_0$의 관계에서 정의하면 다음 식이 성립한다.

$$Z_p = \frac{1}{2} A (\bar{y}_1 + \bar{y}_2) \qquad (1.10)$$

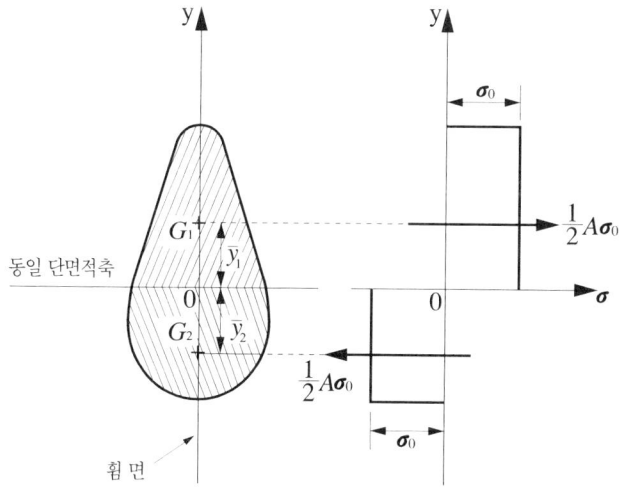

그림 1-8 1축 대칭 단면에 대한 전소성응력도 분포

폭 B, 높이 D의 직사각형 단면이 폭 B의 측면에 평행한 축의 주위에 휨을 받을 때, 단면적 $A = B \times D$, $\bar{y}_1 = \bar{y}_2 = D/4$이므로 소성 모멘트는 이미 표시한 것처럼

$$M_p = \frac{1}{4} BD^2 \sigma_0 \qquad (1.11)$$

세인트 베넌트(1864)가 이 결과를 처음 얻은 것이다. 이미 식 (1.4)와 같이 항복 모멘트는 다음 식으로 표시된다.

$$M_y = \frac{1}{6} BD^2 \sigma_0$$

이 단면에서는 M_p/M_y의 비는 1.5다. 일반적으로 M_p/M_y의 비는 형상계수라 하며 ν로 표시된다. 즉

$$\nu = \frac{M_p}{M_y} = \frac{Z_p}{Z} \qquad (1.12)$$

이 값은 단면의 형태로만 결정된다.

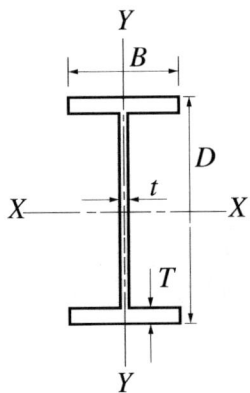

그림 1-9 이상화된 H형 단면

현재 판매되고 있는 H형 강의 단면은 그림 1-9에 나타낸 것처럼 플랜지(flange)를 폭 B, 두께 T의 직사각형으로, 또 웨브(web)를 높이 $(D-2T)$, 두께 t의 직사각형으로 이상화할 수 있다. 강축 주위의 휨에 대한 이 이상화 단면의 단면계수 Z와 소성단면 계수 Z_p는 각각 다음 식으로 표시된다.

$$Z = \frac{1}{D} \left[\frac{1}{3} BT^3 + BT(D-T)^2 + \frac{1}{6} t(D-2T)^3 \right] \qquad (1.13)$$

$$Z_p = BT(D-T) + \frac{1}{4} t(D-2T)^2 \qquad (1.14)$$

예를 들면 높이 $D=356$mm, 폭 $B=127$mm의 UB(Universal Beam) 356×127을 생각해보자. 단면표에서 플랜지 두께와 웨브 두께의 평균은 각각 $T=10.7$mm, $t=6.5$mm라는 것을 알 수 있다. 이 경우 식 (1.13), (1.14)에 따라 $Z=569.3$cm³, $Z_p=651.2$cm³로 된다. 단면 표에 주어진 값은 $Z=570.0$cm³, $Z_p=651.8$cm³이다. 그리고 실제의 단면이 이상화 단면과 약간 다르기 때문에 계산값과 거의 차이가 없다.

표 1-2 여러 가지 단면 형태에 대한 소성단면계수와 형상계수

단면형	Z_p	ν
직사각형	$\dfrac{1}{4}BD^2$	1.5
중공 직사각형	$BT(D-T)+\dfrac{1}{2}T(D-2T)^2$	$B=D$ $T=0.05D$ $\nu=1.18$
원형	$\dfrac{1}{6}D^3$	$\dfrac{16}{3\pi}=1.70$
중공 원형	$\dfrac{1}{6}D^3\left[1-\left(1-\dfrac{2T}{D}\right)^3\right]$ $T\ll D : TD^2$	$T=0.05D$ $\nu=1.34$ $T\ll D$ $\nu=\dfrac{4}{\pi}=1.27$
H형	XX축 $BT(D-T)+\dfrac{1}{2}t(D-2T)^2$	압연형강 = 약 1.14
	YY축 $\dfrac{1}{2}TB^2+\dfrac{1}{4}(D-2T)t^2$	압연형강 = 약 1.60

두 조의 값에서 얻어진 형상계수는 1.14이고, 이 값은 압연 H형 강의 단면에 대한 대표적인 값이다. 다른 몇 개의 구조용 형강의 단면에 대해 Z_p와 ν의 계산 공식을 표 1-2에 나타낸다.

휨 모멘트의 작용축이 단면의 대칭축에 평행하거나 직교하지 않는 경우, 일반적으로 휨 면은 중립축(동일 면적축)에 직교하지 않는다. 이 문제의 일반적인 취급방법에 대해서는 브라운(Brown, 1967)이, 직사각형 단면에 대해서는 해리슨(Harrison, 1963)이 밝혔다.

소성 모멘트는 휨 모멘트의 한계값이고, 가령 부분적인 소성화를 생기게 하는 휨에 의해 도입된 잔류응력의 존재와는 관계가 없다. 이것은 재축 방향의 응력도가 σ_0를 초과할 수 없다는 사실에서 밝혀지며, 전소성응력분포는 최대휨 모멘트에 대응하고 있다. 또 이 분포에 도달할 수 있는 것은 곡률이 무한대가 될 때만이고, 이때의 소성 힌지가 형성된다. 다른 응력도분포에 대해서는 중립축 주위에 반드시 탄성역이 존재해야만 한다. 베이커와 혼(1951)이 지적했듯이, 재하 전의 단면에 임의의 잔류응력이 존재해 소성 모멘트에 도달했을 때에야 비로소 소성 힌지가 형성되는 것이다.

지금까지의 해석에 따르면 작용하는 응력도는 휨에 의한 재축 방향의 수직응력도뿐이라고 가정해왔다. 그러나 단면에서는 휨 모멘트 이외에 통상 전단력과 축력이 작용한다. 소성 모멘트 값은 이들의 응력에 따라 변화하지만 그것은 무시할 수 있을 때가 많으며, 필요한 경우 그 영향은 계산할 수가 있다. 상세한 것은 제6장에서 설명한다.

소성 모멘트 값은 하항복응력도 σ_0에 비례하기 때문에 σ_0에 영향을 미치는 인자는 소성 모멘트에 영향을 준다. σ_0는 강재의 화학 성분과 열처리·재하속도·변형시효 등의 인자에 따라 좌우된다. 이들의 영향에 대해서도 제6장에서 설명된다.

1-5 다른 구조재료에 대한 소성 힌지의 가정

부재의 거동이 소성 힌지의 가정에 거의 따른다면 소성해석법은 다른 재료로 구성되는 골조에도 적용할 수 있다. 이것은 휨 모멘트가 어느 한 계값에 도달하면 언제나 소성 힌지가 형성되어 휨 모멘트가 일정값을 보존·유지한 채 상당한 회전이 일어날 수 있는 것을 의미한다.

철근 콘크리트 부재에서는 한계 모멘트 아래서 매우 큰 힌지 회전을 나타내는 일이 있지만, 더욱 큰 회전이 증가되면서 급격하게 모멘트가 저하된다. 따라서 철근 콘크리트 골조에 대한 소성해석법의 적용성은 힌지의 회전능력, 즉 인성에 결정적으로 의존한다.

베이커(A. L. L. Baker, 1970)는 철근 콘크리트 골조의 설계에 대해 종국강도설계법을 제안하지만, 소성 힌지에 어떤 유한의 회전능력만을 요구하는 단순소성이론과는 차이가 있다. 철근 콘크리트 보에서 힌지의 회전능력에 대한 연구가 상당히 이루어지고 있으며, 크랜스턴(Cranston)과 레이널드(Reynold, 1970)는 논문에서 어떤 조건일 때 상당한 인성을 나타내는지에 대해 지적하고 있다. 크랜스턴과 크래크넬(Cracknell, 1969)은 더욱이 철근 콘크리트조의 직사각형 골조에서 실제의 붕괴하중이 단순소성이론에 의해 아주 비슷해짐(近似)을 보여준다.

참고문헌

Baker, A.L.L. (1970), *Limit State Design of Reinforced Concrete*, 2nd ed., Cement and Concrete Association, London.

Baker, J.F. (1949), 'A review of recent investigations into the behaviour of steel frames in the plastic range', *J. Inst. Civil Engrs*, **31**, 188.

Baker, J.F. and Horne, M.R. (1951), 'The effect of internal stresses on the behaviour of members in the plastic range', *Engineering*, **171**, 212.

Baker, J.F., Horne, M.R. and Heyman, J. (1956), *The Steel Skeleton*, vol.2, Cambridge University Press.

Bauschinger, J. (1886), 'Die Veränderungen der Elastizitätsgrenze', *Mitt. mech.-tech. Lab, tech. Hochschule*, München.

Brown, E.H. (1967), 'Plastic asymmetrical bending of beams', *Int. J. Mech. Sci.*, **9**, 77.

Cranston, W.B. and Cracknell, J.A. (1969), *Tests on Reinforced Concrete Frames. 2 : Portal frames with fixed feet*, Tech. Rep. TRA 420, Cement and Concrete Association, London.

Cranston, W.B. and Reynolds, G.C. (1970), *The Influence of shear on the Rotation Capacity of Reinforced Concrete Beams*, Tech. Rep. TRA 439, Cement and Concrete Association, London.

Harrison H.B. (1963), 'The plastic behaviour of mild steel beams of rectangular section bent about both principal axes', *Struct Engr*, **41**, 231.

Hill, R. (1950), *Plasticity*, IV, Oxford University Press, London.

Horne, M.R. (1972), 'Plastic design of unbraced sway frames', A.S.C.E.I.A.B.S.E. Conference on Planning and Design of Tall Buildings, Lehigh, 1972.

Leblois, C. and Massonet, C. (1972), 'Influence of the upper yield stress on the behaviour of mild steel in bending and torsion', *Int. J. Mech. Sci.*, **14**, 95. 1972.

Maier-Leibnitz, H. (1929), 'Versuche mit eingespannten und einfachen Balken von I-Form aus St. 37', *Bautechnik*, **7**, 313.

Morrison, J.L.M. (1939), 'The yield point of mild steel with particular reference to the size of specimen', *Proc. Inst. Mech. Engrs*, **142**, 193.

Robertson, A. and Cook, G. (1913), 'Transition from the elastic to the plastic state in mild steel', *Proc. R. Soc.*, A, **88**, 462.

Roderick, J.W. and Phillipps, I.H. (1949), 'The carrying capacity of simply supported mil dsteel beams', *Research (Eng. Struct. Suppl.) Colston Papers*, **2**, 9.

Roderick, J.W. and Heyman, J. (1951), 'Extension of the simple plastic theory to take account of the strain-hardening range', *Proc. Inst. Mech. Engrs*, **165**, 189.

Saint-Venant, B. de (1864), Article in *Resumé des Leçons*, 3rd ed. by L. Navier, Dunod, Paris.

Saint-Venant, B. de (1871), *J. Math. pures appl.* (deuxième serie), **16**, 373.

Wood, R.H. (1972), 'Rigid-jointed multi-storey steel frame design', A.S.C.E.I.A.B.S.E. Conference on Planning and Design of Tall Buildings, Lehigh, 1972.

W.R.C.-A.S.C.E. Joint Committee, *Plastic Design in Steel—A Guide and Commentary*, 1971.

문제

1. 지름 D의 원형 단면의 소성 단면계수가 $D^3/6$인 것을 나타내시오.

2. 바깥지름 $B=200$mm, $D=400$mm, 벽두께 $T=12.5$mm의 직사각형 중공 단면이 있다. 폭 B변에 평행한 강축 주위의 휨에 대한 이 단면의 소성 단면계수를 구하라.

3. 180mm×15mm의 플랜지와 165mm×15mm의 웨브인 두 개의 직사각형에서 구성되는 T형 단면이 있다. 웨브에 직교하는 축 주위의 휨에 대한 단면계수는 124.6cm^{3}이다. 형상계수값을 구하시오.

4. 인장 쪽과 압축 쪽의 항복응력도가 각각 σ_0, $1.5\sigma_0$의 재료로 구성하는 변의 길이 B의 직사각형 단면보가 있으며, 한 변에 평행한 축 주위의 휨을 받는다. 전소성응력분포에 대한 중립축의 위치와 소성 모멘트를 구하시오.

5. 문제 3의 단면형에서, 문제 4의 재료로 구성하는 보가 웨브의 선단이 인장 쪽이나 압축 쪽에 의해 두 종류의 소성 모멘트를 가진다. 이들의 비를 구하시오.

6. 폭 B, 높이 D의 직사각형 단면보가 폭 B에 평행한 축 주위에 휨이 일어났다. 휨 모멘트 M이 $0.88M_p$까지 증가했을 때의 탄성핵의 깊이를 구하시오. 또 재하시는 탄성적으로 거동하는 것으로 M이 0으로 감소했을 때의 최대 잔류응력도를 구하시오. 그후 M이 $0.88M_p$와 $-0.453M_p$의 사이에서 변동해도 항복이 일어나지 않는 것을 증명하시오.

7. 소성 모멘트 M_p가 일정한 단면보 ABCD는 점 A와 D에서 단순지지되어 있으며, AB=BC=l이고 CD=$2l$이다. 이 보의 점 B와 점 C에 각각 크기 kW와 W의 집중하중이 작용한다. k=1, 2, 3의 각 경우에 대해서 소성붕괴를 일으키게 하는 W값을 구하시오.

8. 변의 길이 B, 관의 두께 T의 정사각형 중공 단면이 있다. T는 B에 비해 아주 작은 것으로 가정해 단면의 도심을 통하는 두 변에 평행한 XX축 주위의 휨에 대한 소성 모멘트를 구하시오.

XX축과 XX축에 직교하는 YY축 주위의 휨 모멘트를 각각 M_x, M_y라고 한다. M_x가 M_y보다 큰 경우에 대해 전소성상태에서 M_x와 M_y의 관계를 구하시오.

2 단순한 골조의 소성붕괴

2-1 문제제기

그림 2-1은 휨 강성 EI, 소성 모멘트 M_p인 보의 휨 모멘트 M과 곡률 k의 관계를 표시하며, 소성붕괴하중의 계산에서 기초가 되는 소성 힌지의 가정은 이 그림에 요약되어 있다. 형상계수 ν가 1이면 $M_y = M_p$이며, 보는 소성 모멘트에 이르기까지 탄성적으로 거동하고 그후 소성 힌지가 형성되면 곡률은 부정(不定)이 된다. 휨 모멘트가 소성 모멘트 이하로 저하되면 탄성재하가 일어난다. 그림에 실선으로 표시되어 있는 거동은 이 장에서 설명하는 계산의 기본이 되는 것이다. M_y가 M_p보다 작은 경우는 그림의 점선처럼 된다. 이 형태의 $(M-k)$관계에 대한 상세한 것은 제5장에서 설명한다.

부정정 골조가 점증하중을 받아서 최초의 소성 힌지가 형성되어도, 일반적으로 소성붕괴는 일어나지 않는다. 일반적으로 하중은 더욱 증대해서 순차 소성 힌지가 형성되어 최종적으로 기구운동이 가능해지는 데 충분한 수의 힌지가 일어날 때에야 골조는 소성붕괴상태가 된다.

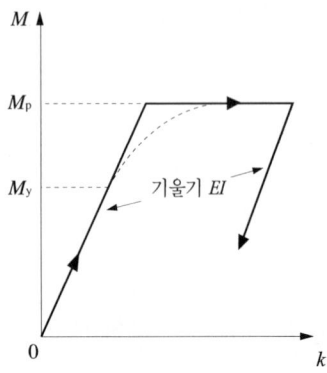

그림 2-1 이상화된 휨 모멘트-곡률관계

 이 과정에 대해서는 몇 개의 단순한 골조에 대한 단계별 계산법(step-by-step calculations)을 적용해서 설명한다. 제3장에서 나타내는 것처럼 골조의 붕괴기구와 그것에 대응하는 소성붕괴하중의 계산에서는 붕괴상태가 되기까지 소성 힌지의 형성 순서를 고찰할 필요가 없다. 소성해석의 단순함은 이처럼 직접계산이 가능하다는 것이다. 그러나 점증하중에 대해서는 붕괴기구가 되기까지의 소성 힌지가 순차적으로 형성되어가는 과정을 완전하게 이해해두는 것이 소성해석법을 알아두는 것 이상으로 긴요해진다. 소성붕괴하중에 대해서는 중요한 특성 두 가지, 즉 소성붕괴하중이 잔류응력의 존재나 붕괴하중에 이르기까지 몇 가지 하중 성분의 이력 등에 영향을 받지 않는 것을 설명하는 데도 단계별 계산법이 이용된다.

2-2 단순보

 최초의 대상이 되는 구조물은 그림 2-2(a)에 나타낸 것처럼, 중앙집중하중 W를 받는 일정 단면에 길이 l의 단순보다. 이 보의 휨 모멘트는 그림 2-2(b)에 표시되어 있고, 보 중앙의 최대휨 모멘트는 $Wl/4$가 된다. 보는 정정이기 때문에 모멘트 그림의 모양은 가정된 $(M-k)$관계와는 무관하다.

하중 W가 0에서 서서히 증대하면 우선 보는 탄성적으로 거동한다. 최종적으로 중앙의 휨 모멘트는 M_p에 이르며 그때의 하중 아래서 소성 힌지가 형성된다. 그후 보는 일정하중 아래서 소성 힌지의 회전에 따라 변위가 증가하는 소성붕괴상태가 된다. 소성붕괴하중 W_c는 중앙 휨 모멘트를 소성 모멘트와 같이 놓으면 다음과 같은 식을 얻을 수 있다.

$$\frac{1}{4} W_c l = M_p \qquad W_c = \frac{4M_p}{l} \qquad (2.1)$$

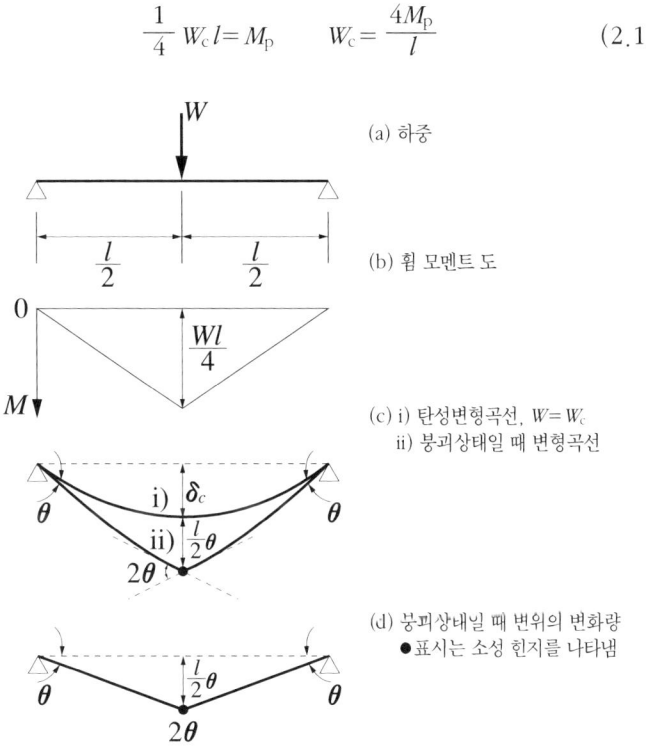

그림 2-2 중앙집중하중을 받는 단순보

중앙 단면을 제외한 모든 단면에서 휨 모멘트는 M_p보다 적기 때문에 보는 중앙 이외의 부분에서 탄성이 된다. 소성붕괴하중은 일정하기 때문에 붕괴상태의 휨 모멘트 분포는 일정하므로 곡률도 일정하다. 즉 붕괴상태에서 변위의 증대는 중앙소성 힌지의 회전에 따라 일어나는 것이다. 이 사이의 상황은 그림 2-2(c)와 (d)에 설명되어 있다. 그림 2-2(c)의 곡선 i)은 하중이 막 붕괴하중 W_c에 이르러 중앙소성 힌지의 회전이 시작되기 직전 보의 변형곡선을 표시하고 있다. 곡선 ii)는 중앙 힌지에 2θ의 회전이 생긴 후 보의 변형곡선을 나타낸다. 보의 양지점의 변형은 곡선 i)과 ii)에서 동일하다.

그림 2-2(d)는 소성붕괴 동안에 일어난 변위의 변화량을 나타내며, ii)와 i)의 변위 차이로 구할 수 있는 것이므로 보의 각반은 직선이다. 이와 같이 변위의 변화는 오직 소성 힌지의 회전에 따른 것이다. 그림 2-2(d)는 단순보의 붕괴기구를 나타내고 있다. 보 중앙의 탄성변위는 $Wl^3/48EI$이다. 붕괴하중 W_c일 때의 중앙탄성변위 δ_c는 식 (2.1)을 이용하여 다음 식에서 주어진다.

$$\delta_c = \frac{W_c l^3}{48EI} = \frac{M_p l^2}{12EI}$$

하중 W와 중앙변위 δ의 관계로 보의 거동을 그림으로 나타내면 그림 2-3의 Ocb로 나타나는 하중-변위관계가 얻어진다. Oc는 탄성역의 거동을 표시하며, cb는 일정하중 아래서 소성붕괴를 표시한다. 그림 2-2(d)의 붕괴기구에 나타나는 것처럼 c에서 b까지 변위의 증가는 $l\theta/2$다.

소성붕괴상태에서 생기는 소성 힌지의 회전과 거기에 따른 변형의 크기는 부정이다. 그러나 변형이 매우 커지면 구조물의 기하학적인 변화가 평형조건에 영향을 주며, 하중의 일부는 보의 양쪽 반에서 인장력에 의해 지지되는 것처럼 된다. 단순소성이론에서는 이러한 효과가 고려되지 않고 그림 2-3의 점 c와 같이 대변형으로 이어지는 하중이 예측될 뿐이다.

그림 2-3에서 점선은 항복 모멘트 M_y와 소성 모멘트 M_p의 차이를 고려한 경우의 결과를 정성(定性)적으로 나타낸 것이다. 탄성범위는 항복하중 W_y까지이며 이때의 중앙 휨 모멘트는 M_y다. ν를 형상계수라 하면 W_y

는 다음 식으로 주어진다.

$$W_y = \frac{4M_y}{l} = \frac{4M_p}{\nu l} = \frac{W_c}{\nu}$$

이 경우에도 앞에서와 같이 W_c값에서 소성붕괴하지만 그때까지 생기는 변형은 크다. 이 점에 관한 상세한 설명은 제5장에서 취급한다.

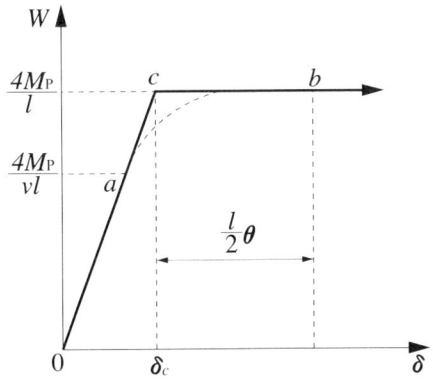

그림 2-3 단순보의 하중-변위관계

이 간단한 예에서는 붕괴하중 W_c와 항복하중 W_y의 비는 형상계수 ν와 같다. 최대휨 모멘트가 하중에 비례하고 하중의 값에 상관없이 똑같은 위치에 생기는 정정 구조물에서 W_c와 W_y의 비는 항상 ν다. 이 최대휨 모멘트가 M_y와 같아질 때 항복이 발생하며 M_p가 될 때 붕괴가 일어난다. 왜냐하면 정정 구조물은 한 개의 소성 힌지 형성에 의해 붕괴기구가 되기 때문이다. 따라서 W_c와 W_y의 비는 형상계수 ν로 정의되는 M_p, M_y의 비와 같다.

식 (2.1)은 최대휨 모멘트를 소성 모멘트로 같게 놓으면 소성붕괴하중이 구해질 수 있음을 나타낸다. 이것은 평형조건에 기초를 둔 방법이지만, 혼(1949)이 지적한 것처럼 붕괴하중은 가상일식(kinematical procedure)으로도 계산할 수 있다. 붕괴상태에서 휨 모멘트 분포는 변화하지 않으므로 보에 축적된 변형 에너지도 변하지 않는다. 따라서 붕괴기구에서 미소한 운동 사이에 하중이 하는 일은 그 운동이 준정적(準靜的)이므로 소성 힌지에서 흡수되는 일과 같다. 그림 2-2(d)에 표시한 기구운동(機構運動, mechanism motion) 사이에 하중 W_c는 $l\theta/2$만큼 이동하고, $W_c l\theta/2$의 일을 한다. 소성 힌지의 회전각도는 2θ이기 때문에 여기에 흡수되는 일은 $2M_p\theta$다. 따라서 다음 일식이 성립한다.

$$\frac{1}{2} W_c l\theta = 2M_p\theta \qquad W_c = \frac{4M_p}{l}$$

이것은 식 (2.1)의 결과와 일치한다.

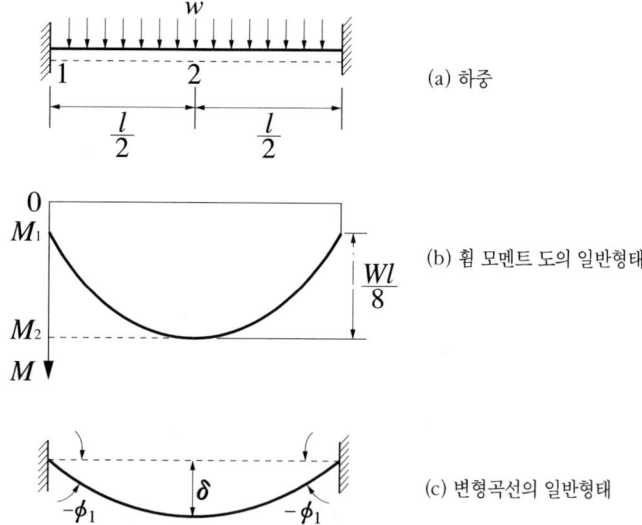

그림 2-4 등분포하중 작용시 양단고정보

2-3 양단고정보

단면이 일정하고 길이 l의 양단고정보가 전 하중 W의 등분포하중을 받는 경우를 생각해보자. 양단의 지점은 회전을 구속하지만 작은 축 방향 이동을 구속하지는 않는다. 축 방향 이동을 구속하면 헤이손스웨이트(Haythornthwaite, 1957)가 지적한 것처럼 재하능력은 매우 커진다.

여기서는 휨 모멘트·곡률과 소성 힌지 회전에 대해 다음의 부호규약을 사용한다. 휨 모멘트에 대해서는 그림 2-4(a)에 표시되는 점선 쪽에 인장을 일으키게 하는 방향을 정(正)으로 하고, 같은 쪽의 인장변형에 대응하는 곡률과 소성 힌지의 회전을 정(正)으로 한다.

휨 모멘트 도는 그림 2-4(b)에 나타난 것처럼 포물선이며, 평형조건은 다음과 같다.

$$M_2 - M_1 = \frac{Wl}{8} \qquad (2.2)$$

이 보는 1차 부정정이기 때문에 M_1과 M_2값은 평형조건만으로 구할 수가 없다.

그림 2-4(c)에 그려놓은 변형상태를 아래의 계산에 이용한다. 보는 양단에서 $-\phi_1$만큼 기울어 있고 전 스팬에서 탄성으로 가정한다. 초등 보 이론에 따른 탄성해식에서 나음의 적합조건식이 얻어진다.

$$M_1 = -\frac{1}{12}Wl - \frac{2EI\phi_1}{l} \qquad (2.3)$$

이것은 다음과 같이 나타낼 수 있다.

$$\delta = \frac{Wl^3}{384EI} - \frac{1}{4}l\phi_1 \qquad (2.4)$$

W가 0에서 서서히 증대할 때 처음에는 보 전체가 탄성범위이며, $\phi_1=0$ 이다. 이때 식 (2.2), (2.3), (2.4)에서 다음의 탄성해가 구해진다.

$$M_1 = -\frac{1}{12} Wl$$

$$M_2 = \frac{1}{24} Wl$$

$$\delta = \frac{Wl^3}{384EI}$$

$M_1 = -M_p$일 때가 탄성한계이며 소성 힌지가 보의 양단에 형성된다. 따라서 항복하중 W_y는 다음 식으로 주어진다.

$$-\frac{1}{12} W_y l = -M_p$$

$$W_y = \frac{12M_p}{l} \qquad (2.5)$$

표 2-1 양단고정보: 비례하중

$\dfrac{\Delta Wl}{M_p}$	$\dfrac{Wl}{M_p}$	$\dfrac{M_1}{M_p}$	$\dfrac{M_2}{M_p}$	$\dfrac{\phi_1 EI}{M_p l}$	$\dfrac{\delta EI}{M_p l^2}$
	12	−1	0.5	0	$\dfrac{1}{32}$
4	0	0	0.5	$-\dfrac{1}{6}$	$\dfrac{5}{96}$
	16	−1	1	$-\dfrac{1}{6}$	$\dfrac{1}{12}$

이 하중에 대한 보의 상태는 표 2-1의 제1행에 표시되어 있다. 그림 2-5(a)는 하중 W_y에 대한 보의 변형곡선을 나타내고, 그림 2-5(b)는 대응

하는 휨 모멘트 도를 표시하는 것이다. W가 W_y에서 $W_y + \Delta W$로 증가되면, 보 양단의 소성 힌지는 회전하지만, M_1은 일정값 $-M_p$를 유지한다. 이 '증분 구간'에서 생기는 모든 변화량에는 앞첨자 Δ를 붙여서 표시한다. 그림 2-5(c)에는 이 증분 구간에 대한 보의 변형곡선이 나타나고 이 구간에는 다음의 관계가 성립하고 있다.

$$M_1 = -M_p, \quad \Delta M_1 = 0, \quad \Delta \phi_1 < 0$$

식 (2.2), (2.3), (2.4)의 각 식은 각각 다음과 같이 된다.

$$\Delta M_2 = \frac{\Delta Wl}{8} \tag{2.6}$$

$$0 = -\frac{1}{12} \Delta Wl - \frac{2EI\Delta\phi_1}{l} \tag{2.7}$$

$$\Delta \delta = \frac{\Delta Wl^3}{384EI} - \frac{1}{4} l\Delta\phi_1 \tag{2.8}$$

ΔM_1은 0이기 때문에 미지량은 휨 모멘트의 증분 ΔM_2뿐이고, 값은 평형조건식 (2.6)에서 직접 얻어진다. 따라서 이 단계에서 보는 정정이지만, 변형의 미지량 $\Delta \phi_1$이 새로 생기게 된다. 이것은 적합조건식 (2.7)에서 다음과 같이 얻어진다.

$$\Delta \phi_1 = -\frac{\Delta Wl^2}{24EI} \tag{2.9}$$

이 식을 식 (2.8)에 대입하면,

$$\Delta \delta = -\frac{5\Delta Wl^3}{384EI} \tag{2.10}$$

식 (2.6), (2.9), (2.10)의 각 식은 ΔW, ΔM_2, $\Delta \phi_1$과 $\Delta \delta$ 사이의 관계가 단순보와 같다는 것을 나타낸다. 이것은 $\Delta M_1 = 0$과 $\Delta \phi_1 \neq 0$의 조건이 단순보의 단부조건과 같다는 것에서도 확실하다.

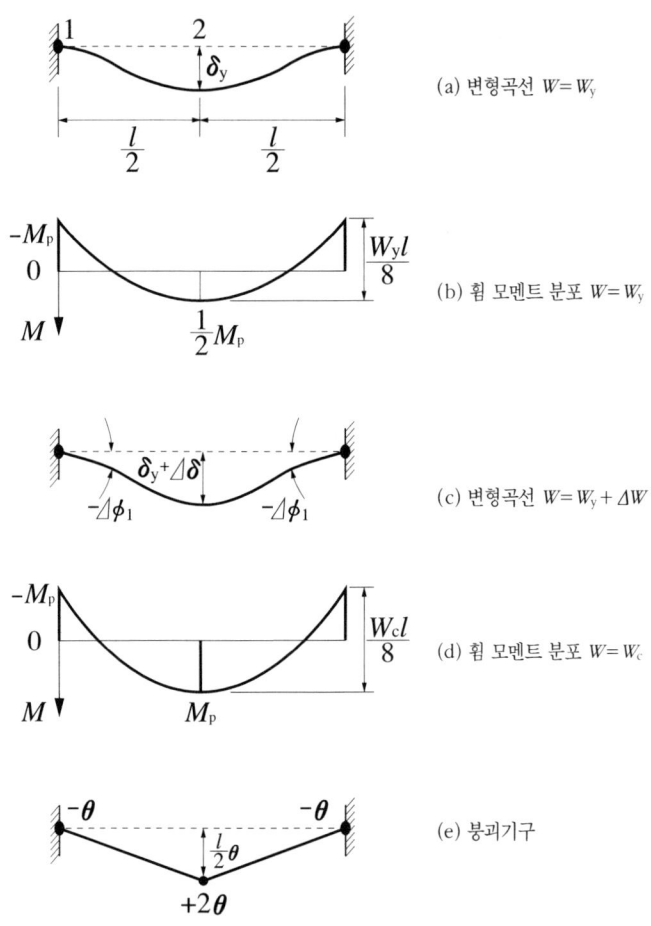

그림 2-5 항복하중작용시 양단고정보의 거동

이 증분 구간의 개시점에서 표 2-1에 나타낸 것처럼 M_2값은 $0.5 M_p$다. ΔW가 증가하면 M_2는 M_p값이 되기까지 식 (2.6)에 따라 증가하고, 휨 모멘트 분포는 그림 2-5(d)와 같이 된다. 대응되는 ΔW값은 다음 식으로 주어진다.

$$0.5M_\mathrm{p} + \frac{\Delta Wl}{8} = M_\mathrm{p}$$

$$\Delta W = \frac{4W_\mathrm{p}}{l}$$

식 (2.9), (2.10)에서 대응하는 $\Delta\phi_1$과 $\Delta\delta$값은 다음과 같이 된다.

$$\Delta\phi_1 = -\frac{M_\mathrm{p}l}{6EI}, \quad \Delta\delta = \frac{5M_\mathrm{p}l^2}{96EI}$$

이들의 증분값은 표 2-1의 제2행에 나타나며, 제3행에는 이 구간의 마지막 상태가 표시되어 있다. 여기서 $W = (12M_\mathrm{p}/l) + (4M_\mathrm{p}/l) = 16M_\mathrm{p}/l$ 이다.

W가 이 값이 되면 보 중앙에 소성 힌지가 형성되어 보는 그림 2-5(e)에 나타난 기구에서 붕괴한다. 붕괴하중은 $16M_\mathrm{p}/l$이며 커진치(Kazinczy, 1914)가 이 결과를 처음 유도했다.

$W = W_c$에서 중앙의 소성 힌지의 회전이 생기기 직전의 상태를 보는 붕괴점(point of collapse)에 있다고 한다. 붕괴점의 상태는 표 2-1의 최후행에 나타나 있다. 그림 2-5(e)의 붕괴기구에서 보 양단 회전각 $-\theta$는 붕괴점에서 이미 생기고 있는 회전각 $-M_\mathrm{p}l/6EI$ 에 부가(附加)되는 것이다.

하중-변위관계는 그림 2-6에 표시되어 있고 Oy는 W_y까지의 탄성거동, yc는 탄소성상태, cb는 그림 2-5(e)의 기구에 의한 소성붕괴상태를 나타낸다. 점선은 M_y가 M_p보다 작을 경우의 관계를 모식(模式)적으로 나타낸 것이다.

이 하중-변위관계는 1차 부정정 보나 골조에 대해 전형적인 형태다. 항복하중에서 최초의 소성 힌지(이 경우 대칭성에서 한 짝의 힌지)가 형성되면 구조물은 정정이 되고, 그후 하중의 증가에 대해서 생기는 소성 힌지의 회전에 따라 하중-변위관계의 기울기는 저하한다. 더구나 소성 힌지가 생기면 구조물에 기구가 형성되어 붕괴상태가 된다. 일반적으로 최후에 형성되는 소성 힌지 위치에서 휨 모멘트가 소성 모멘트에 달하기 위해서 항복하중을 넘는 유한의 하중 증가가 필요하다.

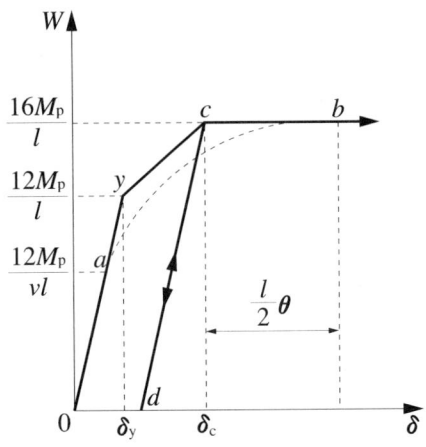

그림 2-6 양단고정보의 하중-변위관계

이상 나타낸 것처럼 양단고정보의 거동은 하중-변위관계가 그림 2-3에 나타난 단순보의 거동과 기본적으로 다르다. 단순보의 경우 하나의 소성 힌지 형성에 의해 붕괴가 발생하고, 붕괴하중 W_c와 항복하중 W_y의 비는 형상계수 ν였다. 그러나 여기서 나타낸 양단고정보에서 항복하중 W_y는 12 $M_p/\nu l$, 붕괴하중 W_c는 16M_p/l 이므로, W_c와 W_y의 비는 $4\nu/3$이다. 양단고정보에서 항복하중과 붕괴하중이 크게 다른 것은 이 경우에 존재하는 하나의 부정정력에 따른 것이다.

2-3-1 붕괴하중의 직접계산

양단고정보에서는 그림 2-5(e)에 나타낸 대칭기구가 유일하게 가능한 붕괴기구임이 분명하다. 여기서 평형조건이나 기구운동을 고려한 가상일식의 어느 쪽에 의해서도 직접계산이 가능하다.

평형조건에 의한 방법에서는 단순히 그림 2-5(d)에 표시한 것처럼 붕괴상태의 휨 모멘트 도를 그리면 된다.

$$\frac{W_c l}{8} = 2M_p$$

$$W_c = \frac{16M_p}{l}$$

이 그림에서 가상일식을 이용하는 방법에는 그림 2-5(e)의 붕괴기구가 기본이 된다. 보 중앙의 변위는 $l\theta/2$이기 때문에 등분포하중의 연직변위의 평균은 $l\theta/4$다. 따라서 기구운동 사이에 이 하중이 이루는 일(외력일)은 $W_c l\theta/4$다. 각 소성 힌지에서 흡수되는 일은 정(正)이며, M_p와 소성 힌지 회전각의 크기의 곱이다. 외력일과 흡수되는 일을 같이 놓으면 다음과 같다.

$$\frac{1}{4} W_c l\theta = M_p(\theta) + M_p(2\theta) + M_p(\theta) = 4M_p\theta$$

$$W_c = \frac{16M_p}{l}$$

2-3-2 재하시의 거동

붕괴하중 W_c의 작용 아래서 소성 힌지가 어느 정도 회전한 후 보에 작용하는 하중을 저감하면 그림 2-1에 나타낸 것처럼 가정된 $(M-k)$관계에 따라 힌지 회전은 정지하고 재하시에는 완전히 탄성적으로 거동한다. 따라서 W가 그림 2-6의 붕괴점 c까지 증대한 후 제거되면 재하선은 초기 탄성선 Oy와 평행한 cd가 된다. d에서 잔류변위는 그림 2-6과 표 2-1에서 직접 구할 수 있으며, $M_p l^2 / 24EI$다.

이 잔류변위의 존재는 재하과정에서 일정값을 갖는 소성 힌지 회전각 $-M_p l/6EI$에 의해 생긴 보의 잔류휨 모멘트에 따른 것이다. 이 잔류휨 모멘트는 식 (2.2)와 (2.3)에서 $W=0$, $\phi_1 = -M_p l/6EI$로 하면, 다음과 같이 구해진다.

$$M_1 = M_2 = \frac{1}{3} M_p$$

재하과정을 다음 식에서 주어지는 다음의 증분 구간으로 취급해도 같은 결과가 얻어진다는 것을 쉽게 확인할 수 있다.

$$\Delta W = -\frac{16 M_p}{l}, \quad \Delta \phi_1 = 0$$

구조물을 탄소성역까지 재하함으로써 잔류 모멘트가 도입되기 때문에 그러한 경우에는 중첩량의 원리(the Principle of Superposition)가 적용될 수 없음을 알 수 있다. 가령 보가 그림 2-6 점 d에서 다시 재하되면, 반대로 재하시 탄성거동으로 나타났으므로 c의 붕괴하중에 달할 때까지 dc선 위에서 탄성적으로 거동하지 않으면 안 된다. 이렇게 다시 재하하는 과정의 휨 모멘트와 변형의 관계는 초기 재하과정에 생기는 것과 다르다.

2-4 불완전 단부고정의 영향

앞의 예제 그림 2-4에서 가정된 단부완전고정의 조건이 실제 실현되는 것은 아니다. 여기서는 불완전한 단부고정의 영향을 조사하기 위해서 그림 2-7(a)에 표시한 네 개의 지점에서 단순지지된 일정 단면의 보를 생각한다.

중앙 스팬은 길이 l이 일정하고 중앙집중하중 W를 받고 양쪽 두 스팬의 길이 kl은 변화한다. 무차원변수 k는 중앙 스팬 양단에서 회전구속의 정도를 나타내며, $k=0$에서 중앙 스팬은 양단고정이 되고 k가 무한대가 되면 중앙 스팬은 실질적으로 단순지지가 된다.

유일하게 가능한 붕괴기구는 그림 2-7(b)에 표시되어 있으므로 붕괴하중 W_c는 가상일식을 이용해 다음과 같이 얻어진다.

$$W_c \frac{l}{2}\theta = M_p(\theta) + M_p(2\theta) + M_p(\theta) = 4M_p\theta$$

$$W_c = \frac{8M_p}{l}$$

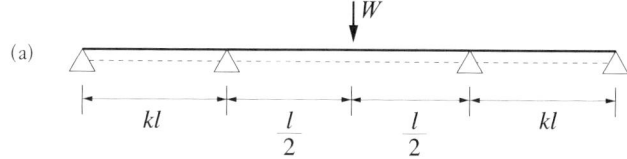

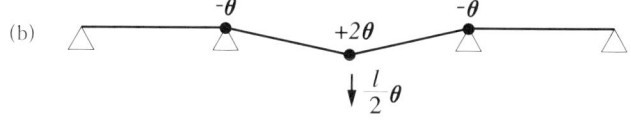

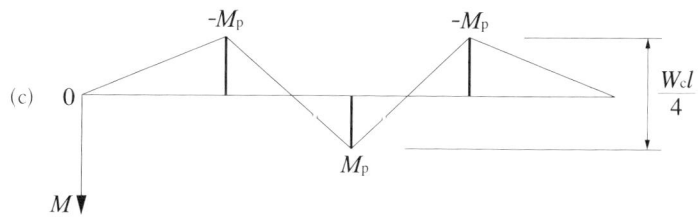

그림 2-7 4점지지의 연속보

대응하는 붕괴상태의 휨 모멘트 분포는 그림 2-7(c)에 표시되어 있다. 붕괴하중은 평형조건에서도 얻어지고, 다음에 표시한 것처럼 가상일식에 따른 결과와 일치한다.

$$\frac{W_c l}{4} = 2M_p$$

$$W_c = \frac{8M_p}{l}$$

이상의 해석에서 알 수 있듯이 중앙 스팬의 양단에서 소성 힌지가 형성된다는 조건이 성립하는 한, 붕괴하중 W_c는 k에 따라 결정되는 단부의 고정도와 무관하며, 그 값은 $8M_p/l$이다. 이것은 소성이론의 큰 특징 가운데 하나다. 즉 소성붕괴하중은 접합부나 지지점의 실제 강성에 따라 좌우되지 않는다.

점증하중(increasing load)에 대한 거동은 단계별(step-by-step) 탄소성해석에 따라 추적할 수 있지만, 여기서는 설명을 생략한다. 탄소성에서 최대휨 모멘트는 하중점에서 발생하며, 항복시 하중 W_y와 연직변위 δ_y는 각각 다음 식으로 주어진다.

$$W_y = \frac{8M_p}{l}\left[\frac{3+2k}{3+4k}\right]$$

$$\delta_y = \frac{M_p l^2}{24EI}\left[\frac{3+8k}{3+4k}\right]$$

하중이 붕괴하중을 초월하면 중앙의 소성 힌지가 회전한다. 두 개의 중간지점에서 휨 모멘트는 $W=W_c$일 때 $-M_p$가 되고, 붕괴점의 변위 δ_c는 다음 식으로 나타난다.

$$\delta_c = \frac{M_p l^2}{24EI}(1+4k)$$

이들 결과에서 얻어지는 하중-변위관계를 그림 2-8에 나타낸다. $k=0$의 경우(양단고정상태)는 소성 힌지 세 개가 동시에 형성된 특수한 경우이며, 항복하중 W_y와 붕괴하중 W_c가 일치한다. k의 증가에 따라서 W_y, W_y와 W_c 사이의 하중-변위관계의 기울기는 함께 저하되고, 붕괴점의 중앙변위 δ_c가 커지게 된다. 그러나 k값에 관계없이 항상 같은 하중 $8M_p/l$

에서 소성붕괴가 생긴다.

임의의 k값, 가령 3 이상에서는 소성붕괴하중에 이르기 전에 허용할 수 없는 큰 변위가 생긴다. 그러한 경우 이론적인 붕괴하중이 설계자에게는 별 의미가 없다. 왜냐하면 일반적으로 붕괴하중을 설계하는 목적은 큰 변위가 시작되는 하중을 결정하는 것이며, 이것은 커진치(1934)가 지적했다. 그는 등분포하중을 받는 단부 불완전고정의 보에 대해서 그림 2-8과 비슷한 하중-변위관계를 나타낸다. 접합부의 강성이 낮으면 소성붕괴하중의 계산 외에 붕괴점의 변위 계산이 필요하다는 것은 명확하다. 이 방법은 제5장에서 설명하기로 한다.

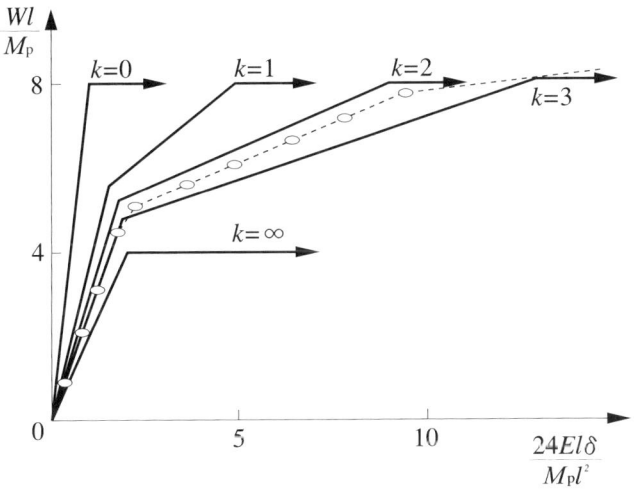

그림 2-8 그림 2-7의 보에 대한 하중-변위관계

k가 무한대가 되는 극한상태에서는 붕괴점의 변위도 무한대가 된다. 따라서 하중-변위관계에서 항복하중과 붕괴하중 사이의 기울기(勾配)는 0이 된다. 이 경우 하중-변위관계에서는 소성붕괴하중이 스팬 l의 단순보의 소성붕괴하중인 $4M_p/l$에 불과하다고 생각되지만, 소성붕괴하중의 계산값은 어디까지나 $8M_p/l$이다. 스튀시(Stüssi)와 콜브루너(Kollbrunner, 1935)가 지적한 이 명확한 모순은 $W=W_y$에 대응하는 수평의 하중-변

위관계에서 단순히 k가 무한대가 되었을 때 하중-변위관계에서 항복하중과 붕괴하중 사이의 기울기가 0에 가까운 극한상태가 된다고 인식함으로써 해결되는 것이다. 스튀시와 콜브루너는 4.7cm×3.7cm의 작은 H형 단면보에 이러한 종류의 실험을 행해, l은 60cm, k값은 0.5, 1, 2, 3을 사용하고 있다. k=2의 두 개의 실험에서 얻은 평균값이 그림 2-8에 표시되어 있으며, 실험값과 이론값이 잘 일치됨을 알 수 있다.

더구나 같은 종류의 실험을 마이어 라이프니츠(1936)가 했다. 이 실험은 원리적으로 같으며 직사각형 골조의 보에 중앙집중하중을 작용시키는 방법(그림 2-9에서 H=0)을 취한다. 이 경우 수평재가 불완전 단부고정 보로서 기능을 완수하는 것이 된다. 이러한 종류의 실험을 기르크만(Girkmann, 1932), 베이커, 로데릭(1938), 헨드리(Hendry, 1950) 등이 했고, 일정한 스팬에서 골조의 높이를 높게 해도 붕괴하중은 변하지 않지만, 붕괴되기까지 변위가 커지는 것으로 나타난다. 골조 모양은 같지만, 대칭 2점재하 실험을 루세크(Rusek), 크누드센(Knudsen), 존스턴(Johston)과 비들(Beedle, 1954)도 수행했다.

커진치(1934)는 양단이 철근 콘크리트나 벽돌로 지지되어, 등분포하중을 받는 보의 설계에 미친 단부 불완전고정의 영향을 검토하기 위해 이론적·실험적 연구를 행했다. 짧은 말뚝을 박아 넣은 기초에 지지된 주각을 갖는 실물 크기의 직사각형 골조의 거동을 베이커와 아이크호프(Eickhoff, 1955)가 실험적으로 연구해서 골조의 붕괴하중이 주각에서 고정도가 다소 불완전한 것에 대해서는 영향을 받지 않는 것으로 지적하고 있다.

2-5 1층 1스팬 직사각형 골조

이 장에서 생각하는 마지막 구조물은 1층 1스팬 직사각형 골조이며 그 치수와 하중은 그림 2-9(a)에 표시되어 있다. 이 골조의 부재는 모두 휨강성 EI, 소성 모멘트 M_p의 일정 단면이다. 2와 4의 절점은 강절이고 기둥은 주각 1과 5에서 강으로 고정된다. 휨 모멘트, 곡률, 소성 힌지의 회전에 관한 부호규약은 여기서도 점선 쪽에 인장응력이나 인장변형을 일으키게 하는 방향을 정(正)으로 한다.

골조의 직선에서 외력이 작용하지 않는 부재 네 개, 즉 1-2, 2-3, 3-4, 4-5의 부재 내부에 전단력이 일정하기 때문에 휨 모멘트는 이들 부재의 재장 방향에 따라 직선적으로 변화한다. 따라서 5개소의 단면에서 휨 모멘트 M_1, M_2, M_3, M_4, M_5값에 따라 골조 전체의 휨 모멘트 분포가 결정된다.

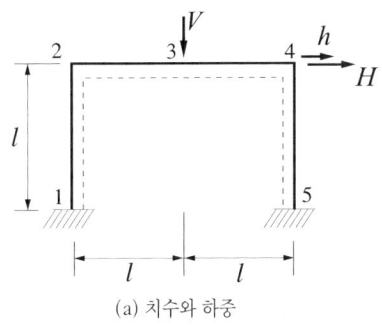

(a) 치수와 하중

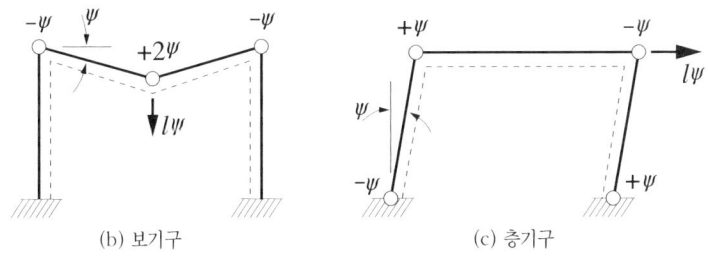

(b) 보기구   (c) 층기구

그림 2-9 1층 1스팬 직사각형 골조

또 휨 모멘트의 절대값이 M_p를 초과할 수는 없으므로 소성 힌지는 이들 각 부재의 단부에만 발생하는 것이다. 즉 소성 힌지의 형성가능 단면은 번호가 붙여진 5개소의 단면에 한한다. 다만, 부재 내의 전단력이 0이고 휨 모멘트가 일정해지는 특수한 경우를 제외한다.

이 골조는 3차 부정정이며 어느 임의의 단면에서 절단하고, 이 단면에 전단력·축력·휨 모멘트의 크기를 지정하면 정정이 된다. 당연히 다섯 개의 휨 모멘트를 관련시킨 두 개의 평형조건식이 존재하지 않으면 안 된 다. 따라서 골조 전체가 탄성역일 때의 휨 모멘트 분포를 결정하기 위해 서는 세 개의 적합조건식이 존재해야만 한다. 몇 개의 소성 힌지가 형성 된 경우에도 세 개의 적합조건식을 유도하는 것이 가능하고, 두 개의 평 형조건식은 그대로 적용된다.

여기서는 평형조건식과 적합조건식을 가상일의 원리를 이용해 유도한 다. 이것은 편리한 방법이며 다음 장에서도 이용된다.

2-5-1 가상일의 원리

강절골조에 대한 가상일의 원리에서는 평형조건을 만족하는 하중과 휨 모멘트의 역계(力系)와 적합조건을 만족하는 변위, 곡률, 소성 힌지 회전의 변위계(變位系, displacement system)가 이용된다. 대상으로 하는 문제에서는 다음의 형태를 취한다.

$$\sum P\delta = \int Mk\mathrm{d}s + \sum M\phi \qquad (2.11)$$

이 식에서 M은 집중하중 P와 평형조건을 만족하는 임의의 휨 모멘트 분포이고, k는 소성 힌지의 회전각 ϕ와 변위 δ의 적합조건을 만족하는 임의의 곡률분포를 나타낸다. 좌변의 전체 기호는 모든 외력의 작용점에 대한 것이다. 우변에서 적분은 골조의 전 부재에 걸쳐 행해지며, s는 각 부재에 따라서 측정된다. 또 전체 기호는 소성 힌지가 회전하는 모 든 단면에 대한 것이다.

식 (2.11)은 역계 (P, M)이 평형조건을 만족하고 변위계 (δ, k, ϕ)가 적합조건을 만족하면 성립한다. 다만 δ에 관한 부호규약은 P에 관한 것과 동일하며, 외력 P의 정방향은 대응하는 변위 δ의 정방향과 같지 않으면 안 된다. 마찬가지로 k와 ϕ에 관한 부호규약은 M에 관한 것과 일치할 필요가 있다.

가상일식 (2.11)에는 이용방법이 두 개 있다. 하나는 변위계(δ^*, k^*, ϕ^*)가 가상의 경우다(이 절에서 *표는 가상계를 나타내는 데 사용한다). 이 경우 변위, 곡률, 소성 힌지의 회전각은 적합조건의 제한만 받는 것으로, 하중의 형태에 관계없이 임의로 선택할 수 있다. 이 형태의 원리는 가상변위의 원리(principle of virtual displacement)라고도 하고, 평형조건식을 작성하는 데 사용된다.

또 하나의 방법은 가상력계(virtual force system) (P^*, M^*)을 사용하는 방법이다. 이 방법에서 외력과 휨 모멘트는 임의로 선택되어 평형조건만의 제한을 받는다. 이것은 가상력의 원리(principle of virtual force)이며, 이것에 의해 적합조건식을 얻을 수 있다.

여기서는 양쪽의 원리를 이용해서 그림 2-9(a)의 골조를 단계별 탄소성 해석하는 데 필요한 평형조건식과 적합조건식을 구한다.

2-5-2 가상변위의 원리에 따른 평형조건식의 유도

두 개의 평형조건식(equilibrium equation)은 그림 2-9(b)와 (c)로 표시된 가상변위계를 이용해 구해진다. 이들의 변위계는 보기구와 층기구를 나타낸다. 힌지는 소성 힌지가 아니지만, 힌지 사이의 부재는 직선으로 되어, 그림에 표시된 작은 변위가 일어나도록 설계되어 있다. 곡률은 전 부재가 모두 0이기 때문에 식 (2.11)은 다음과 같다.

$$\sum P\delta^* = \sum M\phi^*$$

평형력계(equilibrium system)는 그림 2-9(a)로 표시된 외력 H와 V

그리고 이들의 외력과 평행하는 단면 1~5의 휨 모멘트 다섯 개로 구성된다. 그림 2-9(b)와 (c)의 가상변위계와 조합시켜 이 평형력계를 사용하면 다음 두 식을 얻을 수 있다.

$$Vl\psi = M_2(-\psi) + M_3(+2\psi) + M_4(-\psi)$$
$$Hl\psi = M_1(-\psi) + M_2(+\psi) + M_4(-\psi) + M_5(+\psi)$$

ψ를 소거하면 평형조건식 두 개를 얻을 수 있다.

$$Vl = -M_2 + 2M_3 - M_4 \qquad (2.12)$$
$$Hl = -M_1 + M_2 - M_4 + M_5 \qquad (2.13)$$

이들 식은 골조가 탄성 또는 부분소성의 어떤 상태로 있어도 성립하는 평형조건식이다. 식 (2.11)은 재료특성과 관계없는데, 그 특성이 식 (2.12), (2.13)의 유도과정에는 들어 있지 않다.

2-5-3 가상력의 원리에 따른 적합조건식의 유도

세 개의 적합조건식(compatibility equation)은 모든 외력 P^*가 0인 가상력계를 이용해 구할 수 있다. 이 경우 휨 모멘트는 잔류 모멘트로 생각되어 m^*로 표시하며 식 (2.11)은 다음과 같아진다.

$$0 = \int m^* k ds + \sum m^* \phi \qquad (2.14)$$

어떤 단면의 곡률 k는 그 단면의 휨 모멘트 M과 탄성식 $k=M/EI$와 관련되어 식 (2.14)는 다음과 같아진다.

$$0 = \int m^* \frac{M}{EI}\,ds + \sum m^*\phi \qquad (2.15)$$

각 직선부재 1-2, 2-3, 3-4, 4-5의 사이에서 m^*과 M은 직선적으로 변화한다. 따라서 식 (2.15)의 적분 결과를 길이 L의 일정한 직선부재 AB에 대해 다음과 같이 표시된다.

$$\int_B^A \frac{m^* M}{EI}\,ds = \frac{L}{6EI}\left[m_A^*(2M_A + M_B) + m_B^*(2M_B + M_A)\right] \qquad (2.16)$$

세 종류의 선형독립인 잔류 휨 모멘트 분포가 주어지면 식 (2.15), (2.16)에 따라 적합조건식 세 개를 만들 수 있다. 임의의 잔류 휨 모멘트 분포는 두 개의 평형조건식 (2.12)와 (2.13)에 따르지 않으면 안 되는 것에 유의하고, 외력 V와 H를 0으로 하면 다음 식이 나온다.

$$-m_2 + 2m_3 - m_4 = 0 \qquad (2.17)$$
$$-m_1 + m_2 - m_4 + m_5 = 0 \qquad (2.18)$$

헤이먼(1961)이 만든 세 종류의 잔류 휨 모멘트계가 표 2-2의 처음 3행에 표시되어 있다. 세 종류의 잔류 휨 모멘트계 (i), (ii), (iii)이 식 (2.17), (2.18)을 만족하고 더욱이 상호 선형독립인 것은 쉽게 확인된다.

실제의 변위계는 표 2-2의 아래 2행에 표시된다. 가상잔류 휨 모멘트계 (i)를 사용하면 식 (2.15), (2.16)에서 다음 식이 나온다.

$$\frac{l}{6EI}\left[(3M_1 + 3M_2) + (2.5M_2 + 2M_3) + (M_3 + 0.5M_4)\right] + \phi_1 + \phi_2 + 0.5\phi_3 = 0$$

이 식은 다음과 같아진다.

$$3M_1 + 5.5M_2 + 3M_3 + 0.5M_4 + 6EI(\phi_1 + \phi_2 + 0.5\phi_3)/l = 0 \qquad (2.19)$$

마찬가지로 잔류 모멘트계 (ii)와 (iii)에서 다음 식이 얻어진다.

$$0.5M_2 + 3M_3 + 5.5M_4 + 3M_5 + 6EI(0.5\phi + \phi_4 + \phi_5)/l = 0 \quad (2.20)$$
$$M_1 + 5M_2 + 6M_3 + 5M_4 + M_5 + 6EI(\phi_2 + \phi_3 + \phi_4)/l = 0 \quad (2.21)$$

표 2-2 가상력계와 실제의 변위계

단면		1	2	3	4	5
가상력계						
m^*	(i)	1	1	0.5	0	0
	(ii)	0	0	0.5	1	1
	(iii)	0	1	1	1	0
M^*		$-l$	0	0	0	0
실제의 변위계						
$EIk = M$		M_1	M_2	M_3	M_4	M_5
ϕ		ϕ_1	ϕ_2	ϕ_3	ϕ_4	ϕ_5

세 식 (2.19)~(2.21)이 적합조건식이다. 이들 식과 평형조건식 (2.12), (2.13)을 정리해 증분형으로 나타내면, 다음과 같아진다.

$$\begin{bmatrix} 0 & -1 & 2 & -1 & 0 \\ -1 & 1 & 0 & -1 & 1 \\ \hdashline 3 & 5.5 & 3 & 0.5 & 0 \\ 0 & 0.5 & 3 & 5.5 & 3 \\ 1 & 5 & 6 & 5 & 1 \end{bmatrix} \begin{bmatrix} \Delta M_1 \\ \Delta M_2 \\ \Delta M_3 \\ \Delta M_4 \\ \Delta M_5 \end{bmatrix}$$

$$+ \frac{6EI}{l} \begin{bmatrix} 0 & 0 & 0 & 0 & 0 \\ 0 & 0 & 0 & 0 & 0 \\ \hdashline 1 & 1 & 0.5 & 0 & 0 \\ 0 & 0 & 0.5 & 1 & 1 \\ 0 & 1 & 1 & 1 & 0 \end{bmatrix} \begin{bmatrix} \Delta\phi_1 \\ \Delta\phi_2 \\ \Delta\phi_3 \\ \Delta\phi_4 \\ \Delta\phi_5 \end{bmatrix} = \begin{bmatrix} \Delta Vl \\ \Delta Hl \\ 0 \\ 0 \\ 0 \end{bmatrix} \quad (2.22)$$

여기서 Δ는 휨 모멘트·힌지 회전각·외력 등의 변화량을 나타낸다. 두 개의 평형조건식은 점선에서 윗부분 2행에 표시되어 있다.

이들 다섯 개의 식은 비례하중(proportional loading)

$$V = H = W$$

을 받고 초기 응력이 0인 상태에서 붕괴에 이르기까지 골조의 탄소성거동을 추적하는 데 이용된다.

그림 2-1의 이상화된 $(M-k)$관계를 가정하면

$$|M| < M_p, \quad \Delta M \neq 0, \quad \Delta \phi = 0$$

또는

$$|M| = M_p, \quad \Delta M = 0, \quad \Delta \phi \neq 0$$

그리고 각 증분 구간에서 식 (2.22)에는 다섯 개의 미지량만 포함된다.

2-5-4 비례재하에 따른 단계별 탄소성해석

W의 증가에 따라서 골조는 최초 탄성적인 거동을 하기 때문에 이 단계에서 소성 힌지 회전각의 변화량 $\Delta \phi_1$, $\Delta \phi_2$, $\Delta \phi_3$, $\Delta \phi_4$, $\Delta \phi_5$는 0이다. 이때 식 (2.22)의 해는 다음과 같다

$$\Delta M_1 = -0.2125 \, \Delta Wl$$
$$\Delta M_2 = -0.0125 \, \Delta Wl$$
$$\Delta M_3 = 0.3 \, \Delta Wl$$
$$\Delta M_4 = -0.3875 \, \Delta Wl$$
$$\Delta M_5 = 0.4125 \, \Delta Wl$$

최대휨 모멘트는 단면 5의 $0.4125Wl$이다. 이것이 항복하중 W_y에서 M_P에 달한다면 다음 식이 된다.

$$0.4125\,W_y\,l = M_P$$
$$W_y = 2.424 M_P/l$$

이때의 휨 모멘트 분포는 표 2-3의 제1행에 나타나 있다.

W가 항복하중을 넘어서 $W+\Delta W$로 증가하면 단면 5에서 형성된 소성힌지는 회전하지만, M_5는 일정값 M_P를 유지한다. 따라서 이 증분 구간에서는

$$M_5 = M_P, \quad \Delta M_5 = 0, \quad \Delta\phi_5 > 0$$
$$\Delta\phi_1 = \Delta\phi_2 = \Delta\phi_3 = \Delta\phi_4 = 0$$

이때 식 (2.22)의 해는 다음과 같다.

$$\Delta M_1 = -0.468\,\Delta Wl$$
$$\Delta M_2 = 0.108\,\Delta Wl$$
$$\Delta M_3 = 0.342\,\Delta Wl$$
$$\Delta M_4 = -0.424\,\Delta Wl$$
$$\Delta\phi = 0.209\,\Delta Wl^2/EI$$

이 구간에서 하나의 휨 모멘트 증분 ΔM_5는 기지(既知), 즉 $\Delta M_5 = 0$ 이기 때문에 부정정차수는 3에서 2로 감소한다. 따라서 응력의 미지량은 ΔM_1, ΔM_2, ΔM_3, ΔM_4의 네 개다. 이들 네 개의 휨 모멘트 증분을 구하기 위해서는 두 개의 평형조건식 외에 두 개의 적합조건식이 있으면 된다. 그러나 하나의 변형에 관한 미지량 $\Delta\phi_5$가 일어나고, 이것은 세번째

적합조건식에서 얻을 수 있다.

 단면 5의 소성 힌지 다음에는 이 증분 구간의 처음에 휨 모멘트가 $-0.939M_\mathrm{P}$였던 단면 4에 $-$부호의 소성 힌지가 형성된다. 이 구간에서 ΔW값은 다음 식에서 구해진다.

$$-0.939M_\mathrm{P} - 0.424\,\Delta Wl = -M_\mathrm{P}$$
$$\Delta W = 0.143 M_\mathrm{P}/l$$

이 ΔW에 의해 생긴 응력과 변형의 증분은 표 2-3의 제2행에, 이 구간의 최후의 상태는 제3행에 나타난다. 다음의 증분 구간에서는 단면 4와 단면 5 양쪽의 소성 힌지가 회전하기 때문에,

$$M_4 = -M_\mathrm{P},\ \Delta M_4 = 0,\ \Delta\phi_4 < 0$$
$$M_5 = M_\mathrm{P},\ \Delta M_5 = 0,\ \Delta\phi_5 > 0$$
$$\Delta\phi_1 = \Delta\phi_2 = \Delta\phi_3 = 0$$

대응하는 식 (2.22)의 해는 다음과 같다.

$$\Delta M_1 = -0.85\,\Delta Wl$$
$$\Delta M_2 = 0.15\,\Delta Wl$$
$$\Delta M_3 = 0.575\,\Delta Wl$$
$$\Delta\phi_4 = -0.558\,\Delta Wl^2/EI$$
$$\Delta\phi_5 = 0.258\,\Delta Wl^2/EI$$

 이 구간에서는 응력의 미지량이 ΔM_1, ΔM_2, ΔM_3 등의 세 개밖에 없고 부정정차수는 1이 된다. 이들 세 개의 미지량을 구하기 위해 두 개의 평형조건식 외에 하나의 적합조건식이 있으면 되지만, 나머지 두 개의 적

합조건식은 두 개의 변형미지량 $\Delta\phi_4$와 $\Delta\phi_5$값을 구하는 데 이용된다.

다음의 소성 힌지는 단면 3에 형성되지만, 이 구간에서 최초의 휨 모멘트는 $0.776M_P$다. 따라서 이 구간의 ΔW값은 다음 식에서 결정된다.

$$0.776M_P + 0.575\,\Delta Wl = M_P$$

$$\Delta W = 0.390M_P/l$$

이 ΔW에 대한 응력과 변형의 증분은 표 2-3의 제4행에 주어지고 제5행은 이 구간 최후의 상태를 나타낸다.

표 2-3 직사각형 골조: 비례재하

$\dfrac{\Delta Wl}{M_P}$	$\dfrac{Wl}{M_P}$	$\dfrac{M_1}{M_P}$	$\dfrac{M_2}{M_P}$	$\dfrac{M_3}{M_P}$	$\dfrac{M_4}{M_P}$	$\dfrac{M_5}{M_P}$	$\dfrac{\phi_3 EI}{M_P l}$	$\dfrac{\phi_4 EI}{M_P l}$	$\dfrac{\phi_5 EI}{M_P l}$	$\dfrac{hEI}{M_P l^2}$
	2.424	-0.515	-0.030	0.727	-0.939	1				0.177
0.143		-0.067	0.015	0.049	-0.061	0			0.030	0.020
	2.567	-0.582	-0.015	0.776	-1	1			0.030	0.197
0.390		-0.331	0.058	0.224	0	0		-0.217	0.101	0.100
	2.957	-0.913	0.043	1	-1	1		-0.217	0.131	0.297
0.043		-0.087	-0.043	0	0	0	0.167	-0.116	0.036	0.036
	3	-1	0	1	-1	1	0.167	-0.333	0.167	0.333

다음의 증분 구간은 아래 식에서 표시된다.

$$M_3 = -M_P, \quad \Delta M_3 = 0, \quad \Delta\phi_3 > 0$$
$$M_4 = -M_P, \quad \Delta M_4 = 0, \quad \Delta\phi_4 < 0$$
$$M_5 = -M_P, \quad \Delta M_5 = 0, \quad \Delta\phi_5 > 0$$
$$\Delta\phi_1 = \Delta\phi_2 = 0$$

이 단계에서 골조는 정정이며, 두 개의 평형조건식만으로 ΔM_1과 ΔM_2

가 결정되고 세 개의 적합조건식에서 $\Delta\phi_3$, $\Delta\phi_4$, $\Delta\phi_5$값이 결정된다. 해는 다음과 같다.

$$\Delta M_1 = -2\Delta Wl$$
$$\Delta M_2 = -\Delta Wl$$
$$\Delta\phi_3 = 3.833\Delta Wl^2/EI$$
$$\Delta\phi_5 = -2.667\Delta Wl^2/EI$$
$$\Delta\phi_5 = 0.883\Delta Wl^2/EI$$

이 구간의 마지막에서 최초휨 모멘트가 $-0.913M_\mathrm{P}$였던 단면 1에 소성 힌지가 형성된다. 이 구간의 ΔW는 다음과 같이 구할 수 있다.

$$-0.913M_\mathrm{P} -2\Delta Wl = -M_\mathrm{P}$$
$$\Delta W = 0.043M_\mathrm{P}/l$$

이 구간에서 생긴 증분과 최종적인 해는 각각 표 2-3의 제6행과 제7행에 주어진다.

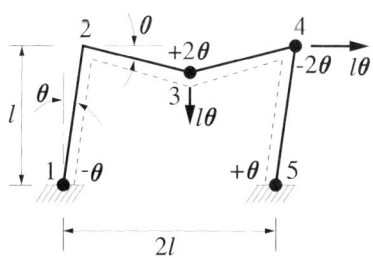

그림 2-10 그림 2-9(a)의 골조에 대한 붕괴 메커니즘: $V = H = W$

최대 하중은 $3M_\mathrm{P}/l$ 이며, 이 하중에 대해 네 개의 소성 힌지가 존재한다. 이때 골조는 그림 2-10에 표시되는 기구가 되며, 붕괴하중은 $W_c=3M_P/l$ 이다. $W_y=2.424M_P/l$이기 때문에 이 골조의 W_c와 W_y의 비는 $3/2.424=1.24$다. 형상계수 ν의 효과를 고려하면 이 비는 1.24ν가 된다.

2-5-5 단위가상하중에 의한 변위의 계산

해석은 각 증분 구간의 변위를 계산해 완료하지만, 이 계산에는 실제로 생긴 변위계와 적절한 가상력계가 이용된다. 구하는 변위가 δ라면, 대응하는 P^*를 1로 하고 다른 모든 외력을 0으로 하면 된다. 이 방법은 널리 알려진 단위가상하중법이다. 식 (2.11) 을 참조하면

$$\delta = \int \frac{M^*M}{EI} ds + \sum M^*\phi \qquad (2.23)$$

여기서 M^*는 단위가상하중과 평행하는 임의의 휨 모멘트 분포다.

예를 들면 h를 H에 대응하는 수평변위(그림 2-9(a))로 한다. 평형조건식 (2.12), (2.13)를 조사하면 단순한 휨 모멘트계 $M_1^*=-l$, $M_2^*=M_3^*=M_4^*=M_5^*=0$는 하중 $H=1$, $V=0$와 평형이 되는 것을 알 수 있다. 따라서 표 2-3의 제4행에 나타난 휨 모멘트계를 식 (2.23)에 사용해 h를 계산할 수가 있다. 식 (2.23) 중의 적분은 식 (2.16)에서 m^* 대신 M^*를 사용해 계산할 수 있으며, 그 결과 다음 식이 얻어진다.

$$h = -\frac{l^2}{6EI}(2M_1+M_2) - l\phi_1 \qquad (2.24)$$

h값은 표 2-3에 나타나 있고, 그림 2-11의 곡선 a는 비례하중에 대한 W와 h의 관계를 나타낸다. 소성 힌지가 형성되는 각 점에는 그림 2-9(a)의 단면 번호가 붙어 있다.

2-6 붕괴하중의 불변성

구조물에 한 개 이상의 하중이 작용할 때 하중이 상호비례적으로 증가하는 것은 아주 드물다. 여러 종류의 하중이 붕괴값에 이르는 과정은 다양하지만, 과정의 차이가 붕괴하중에 영향을 주지 않는 것은 다행이다. 앞 절에서 검토한 골조는 비례하중에 대해서는 $H=V=3M_p/l$ 일 때 붕괴한다. 비례하중이 아닌 하중상태로 $V=3M_p/l$를 처음으로 재하해 이것을 일정하게 유지시켜 H를 0에서 차츰 증가시키는 경우를 생각해보자. 단계별 탄소성해석의 결과 하중 $V=3M_p/l$에 대해 골조는 탄성역에 있고, 그 후 최초의 소성 힌지가 형성되기까지 H값은 $2.133M_p/l$만큼 증가하지 않으면 안 되는 것을 알 수 있다. 비례재하에 대해 최초의 소성 힌지는 단면 5에 형성되었으나 이 경우는 단면 4에 형성되어 하중-변위관계가 그림 2-11의 곡선 b와 같아진다. 네번째의 소성 힌지가 단면 1에 형성될 때의 H값은 $3M_p/l$이고, 앞과 같이 붕괴기구가 형성된다. 이와 같이 이 경우의 붕괴하중조건 $H=V=3M_p/l$은 비례하중의 경우와 동일하며, 양자의 차이는 붕괴점까지의 하중-변위관계에 관해 인정될 뿐이다.

잔류응력은 용접, 부재의 불완전접합, 전 단계까지의 재하에 따라 생기는 소성 힌지의 회전이나 지점의 이동 등의 원인으로 발생하지만, 소성붕괴하중은 이러한 잔류응력의 영향을 받지 않는다. 이것을 설명하기 위해서는 그림 2-9(a)의 골조의 주각이 고정된 채 바깥쪽 수평 방향으로 이동해, 무재하상태에서 주각 1과 5의 휨 모멘트가 동시에 $-M_p$로 된 경우를 생각해보자. 탄성해석에서 보는 아래쪽 인장을 주는 $M_p/3$의 일정한 휨 모멘트를 받는다. 이 상태에서 하중 H와 V를 비례적으로 증가시키면, 단면 1의 소성 힌지는 곧바로 회전을 시작하지만, 단면 5의 휨 모멘트는 정(正) 쪽으로 변화하기 때문에 이 단면의 소성 힌지는 회전하지 않는다. 하중-변위관계는 그림 2-11의 곡선 c와 같아진다. 이 하중-변위관계는 다른 두 개의 경우와는 달리 소성 힌지의 형성순서도 완전히 차이가 나지만, 이 경우에 붕괴는 $H=V=3M_\text{p}/l$일 때 일어난다.

구조물의 소성붕괴하중값이 잔류응력에 영향을 주지 않는다는 사실을 커진치(1938)가 지적했고, 실험적인 확인을 마이어 라이프니츠(1928), 혼(1952) 등이 연속보를 사용해 행했다. 이 실험을 통해 최초로 지점을 낮추는 것에 따른 붕괴하중의 영향을 무시할 수 있다는 것을 알 수 있었다. 또 용접 골조에서는 응력을 제거하는 처리를 하지 않으면 용접과정에서 잔류응력이 발생하지만, 이러한 구조물에 대해 행해진 많은 실험에서는 현저한 영향이 확인되지 않는다. 이것은 간접적인 확증을 주는 것이다.

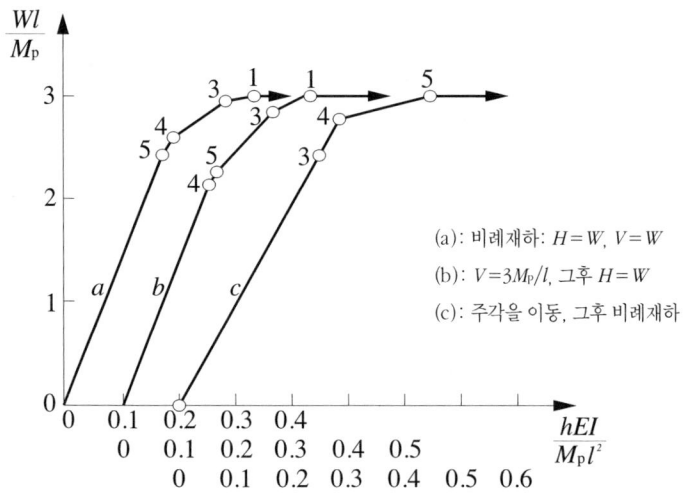

그림 2-11 그림 2-9(a)의 골조에 대한 하중-변위관계

소성붕괴하중의 불변성은 구조물이 붕괴기구가 되는 데에 충분한 수의 소성 힌지가 형성되어 붕괴가 일어난다는 사실에서도 확인된다. 이 절에서 골조는 3차 부정정이다. 어느 하중단계에서 세 개의 소성 힌지가 생기면 힌지 점의 휨 모멘트는 이미 알고 있으므로 골조는 정정이 된다. 따라서 남은 휨 모멘트를 평형조건식에서 계산할 수 있다. 네번째 소성 힌지

가 형성되면 골조는 기구가 되어 네번째 휨 모멘트 값을 이미 알게 되므로 한 개의 하중 W의 승수(乘數)로 지정되는 각 하중의 값을 계산할 수 있다. 이처럼 붕괴기구가 주어지면 붕괴하중 W_c는 평형조건식으로만 계산할 수 있다. 이들의 계산식은 잔류응력, 하중의 재하 순서, 접합부의 고정 정도 또는 지점의 침하 등과 관계가 없다. 따라서 붕괴하중은 이러한 여러 인자의 영향을 받지 않는다.

이 점을 설명하기 위해 그림 2-10의 붕괴기구를 생각해보자. 소성 힌지 위치의 휨 모멘트는 다음과 같다.

$$M_1 = -M_P, \quad M_3 = M_P, \quad M_4 = -M_P, \quad M_5 = M_P,$$

이들의 값을 평형조건식 (2.12), (2.13)에 대입해 $H = V = W_c$로 놓으면 다음 식이 얻어진다.

$$-M_2 + 3M_P = W_c l$$
$$M_2 + 3M_P = W_c l$$

따라서 $W_c = 3M_P/l$, $M_2 = 0$이 된다. 이 W_c값은 단계별 탄소성해석에 따라 얻어진 값과 일치한다.

붕괴하중은 가상일의 원리에 따라 직접 계산할 수가 있다. 그림 2-10의 붕괴기구에 대해 외력일과 소성 힌지에서 흡수된 일을 같이 놓으면 다음 식을 얻을 수 있다.

$$W_c l\theta + W_c l\theta = M_P(\theta) + M_P(2\theta) + M_P(2\theta) + M_P(\theta)$$
$$2W_c l\theta = 6M_P\theta$$
$$W_c = 3\frac{M_P}{l}$$

단순한 골조의 소성붕괴

이 계산에서 알 수 있듯이 붕괴하중은 실제 붕괴기구를 미리 알면 바로 구해진다. 그러나 구조물이 극히 단순한 경우를 제외하고 통상 붕괴기구는 미리 판명되지 않는다. 이미 나타낸 것처럼 그림 2-4의 양단고정보의 경우 가능한 붕괴기구는 하나뿐이며, 이것이 실제 붕괴기구다. 그러나 여기서 고려한 골조에서는 세 종류의 붕괴기구가 가능하다. 그 가운데 하나가 그림 2-10에 나타난 기구이고, 이것은 단계별 탄소성해석에 의해 얻어진 것으로 실제 붕괴기구다.

다른 두 종류의 가능한 붕괴기구는 그림 2-9(b)와 (c)에 나타난 기구다. 단계별 계산을 하지 않으면 이들 세 종류의 기구 가운데 어느 것이 실제 붕괴기구인지 미리 판정할 수가 없다. 좀더 복잡한 골조에서는 가능한 붕괴기구의 선택범위가 매우 넓으며, 실제 붕괴기구를 판정할 수 있는 얼마 간의 원리가 필요해진다. 이 원리에 대해서는 제3장에서 설명한다.

2-7 소성설계

최근에는 구조물을 사용할 수 없게 된 여러 종류의 한계상태(limit states)에 기초를 둔 설계법을 합리적이라고 인식한다. 몇 개의 한계상태는 건물의 마감재료가 손상될 정도로 변형이 진행된 경우처럼 유용성에 관한 것이며, 그 밖에 피로파괴·취성파괴 또는 좌굴 등에 의한 도괴에 관한 것이다. 철골 구조에 대한 이러한 종국한계상태(ultimate limit states)는 소성붕괴이고, 실제로 이 한계상태에 따라 설계가 결정되는 것이 많다. 이러한 경우 소성설계법이 적절하다.

골조의 형상과 치수가 결정되면 작용하중(characteristic loads)을 결정할 수 있다. 하중에 대해서는 종류에 따라 정확함의 정도에 차이가 있다고 알려진다. 예를 들면 고정하중은 다른 하중보다 정확하게 평가할 수 있다. 그러나 풍속과 풍향에 따른 풍압분포의 정확한 평가는 곤란하며 풍속 자신도 통계량에 기초해서 선택될 필요가 있다.

안전에 대한 여유는 작용하중에 하중계수를 곱함으로써 주어진다. 하중의 종류나 가능한 조합에 대해 다른 하중계수를 이용하는 것이 좋다. 설계자의 역할은 계수배하중에 대해 마치 붕괴가 생기도록 하는 부재 단면을 선택하는 것이다. 하중계수를 적당히 선택함으로써 실제로 소성붕괴가 일어나는 가능성을 조절할 수 있지만, 일반적으로 하중계수는 설계규준에 규정된다.

소성설계법이 적절하면 그것은 탄성설계법에 비해 명확한 이점을 지닌다. 이것은 그림 2-9(a)에 나타난 골조에 대해 얻어낸 결과에서 명확해진다. 이 골조에는 비례하중 $H=V=W$ 대해 $W_c/W_y=1.24\nu$였다. 전형적인 H형 단면의 값 $\nu=1.14$에 대해서는 $W_c/W_y=1.41$이 된다.

예를 든 이 경우에 대해서 소성붕괴하중은 탄성해석의 적용한계인 초기 항복하중보다 41% 더 컸다. 탄성해석에 기초를 둔 설계에는 탄성한(彈性限) 이상의 여력을 이용할 수 없기 때문에 소성설계에 비해 비경제적이다. W_y 이상의 여력은 구조물의 형식이나 하중조건에 좌우되지만, 이러한 예는 상당히 전형적인 값을 준다고 보아도 좋다. 따라서 소성설계는 종국한계상태를 직접 고찰의 대상으로 하는 합리적인 설계이지만, 경제적인 면에서도 바람직하다고 할 수 있다.

그 밖에 소성설계에 대한 이점은 탄성응력분포에 중대한 영향을 미치는 인자인 접합부의 고정도, 지점의 이동, 잔류응력의 존재 등에 소성붕괴하중이 관계없다는 것이다. 또 소성붕괴해석은 제3장과 제4장에서 분명히 한 것처럼 탄성해석에 비해 매우 간단하다.

참고문헌

Baker, J.F. and Eickhoff, K.G. (1995), 'The behaviour of saw-tooth portal frame', prelim vol., Conf. Correlation between Calculated and Observed Stresses and Displacements in Structures, Inst. Civil Engrs, 107.

Baker, J.F. and Roderick, J.W. (1938), 'An experimental investigation of the strength of seven portal frames', *Trans. Inst. Weld.*, **1**, 206.

CP3, Chapter V(1972): Loading Part 2: Wind Loads, B.S.I.

Girkmann, K. (1932), 'Über die Auswirkung der "Selbsthilfe" des Baustahls in Rahmenartigen Stabwerken', *Stahlbau*, **5**, 121.

Haythornthwaite, R.M. (1957), 'Beams with full end fixity', *Engineering*, **183**, 110.

Hendry, A.W. (1950), 'An investigation of the strength of certain welded portal frames in relation to the plastic method of design', *Struct. Engr*, **28**, 311.

Heyman, J. (1961), 'On the estimation of deflexions in elastic-plastic framed structures', *Proc. Inst. Civil Engrs*, **19**, 39.

Horne, M.R. (1949), Contribution to 'The design of steel frames' by Baker, J. F., *Struct. Engr*, **27**, 421.

Horne, M.R. (1952), 'Experimental investigations into the behaviour of continuous and fixed-ended beams', prelim. publ., 4th Congr. Inst. Assoc. Bridge Struct. Eng., Cambridge, 1952, 147.

Kazinczy, G.v. (1914), 'Kisérletek befalazott tartókkal', *Betonszemle*, **2**, 68.

Kazinczy, G.v. (1934), 'Die Bemessung unvollkommen eingespannter Stahl I-Deckenträger unter Berücksichtigung der plastischen Formänderungen', *Proc. Int. Assoc. Bridge Struct. Eng.* **2**, 249.

Kazinczy, G.v. (1938), 'Versuche mit innerlich statisch unbestimmten Fachwerken', *Bauingenieur*, **19**, 236.

Maier-Leibnitz, H. (1928), 'Beitrag zur Frage der tatsächlichen Tragfähigkeit einfacher und durchlaufender Balkenträger aus Baustahl St. 37 und aus Holz', *Bautechnik*, **6**, 11.

Maier-Leibnitz, H. (1936), 'Versuche zur weiteren Klärung der Frage der tatsächlichen Tragfähigkeit durchlaufender Träger aus Baustahl', *Stahlbau*, **9**, 153.

Rusek, J.M., Knudsen, K.E., Johnston, E.R. and Beedle, L.S. (1954), 'Welded portal frames tested to collapse', *Weld. J., Easton, Pa.*, **33**, 469-s.

Stüssi, F. and Kollbrunner, C.F. (1935), 'Beitrag zum traglastverfahren', *Bautechnik*, **13**, 264.

문제

1. 길이 l, 소성 모멘트 M_p의 일정 단면보 AB가 양단 A, B에서 단순지지되어 있다. 아래의 하중조건에 대한 붕괴하중을 평형조건식과 가상일식을 이용해 계산하시오.

(a) 등분포하중 W

(b) A에서 $l/3$ 위치의 집중하중 W

2. 문제 1의 하중조건 (b)에 대해서 보 AB의 단부조건이 각각 다음과 같은 경우일 때 붕괴하중을 가상일식을 이용해 구하시오.

(a) A: 단순지지   B: 고정지지

(b) A: 고정지지   B: 단순지지

(c) A, B : 고정지지

3. 길이 l, 소성 모멘트 M_p인 양단고정의 일정 단면보를 생각한다. 하중은 등분포하중 W와 집중하중 W가 작용하고 있다. 소성붕괴를 일으키는 W값을 구하시오.

4. 길이 l, 소성 모멘트 M_p인 양단고정의 일정 단면보가 있다. 일단에서

각각 $l/4$, $l/2$, $3l/4$ 거리의 각 점에서 크기 W의 집중하중이 작용한다. 소성붕괴를 일으키는 W값을 구하시오.

5. 직사각형 골조 ABCD에서 기둥 AB와 CD의 높이는 h, 수평보 BC의 스팬 길이는 l이다. 주각 A와 D는 고정이고 절점 B와 C는 강절이다. 골조의 전 부재는 소성 모멘트 M_p의 일정 단면이다. 절점 B에서 거리 μl의 보 위에 연직 방향의 집중하중 W가 작용하고 있다. 소성붕괴를 일으키는 W값을 구하시오.

3 기본 정리와 간단한 예제

3-1 문제제기

제2장에서 설명한 것처럼 실제의 기구가 판명되면 소성붕괴하중은 매우 간단히 계산할 수 있다. 몇 개의 단순한 구조물에서는 가능한 붕괴기구가 하나밖에 존재하지 않지만 그러한 경우는 극히 드물다. 따라서 많은 기구 가운데 실제의 붕괴기구를 결정할 수 있는 정리가 필요하다. 이 장의 목적은 그들의 정리를 설명하고 적용 예를 몇 개 드는 데 있다. 소성붕괴하중을 결정하는 일반적인 방법은 제4장에서 설명한다.

어떤 부재에 소성 모멘트 M_p에 달하면 그곳에 소성 힌지가 형성되고 휨 모멘트가 일정값을 유지하는 한 임의의 회전이 가능하다는 기본 가정을 설정한다. 우선 M_p는 부재 사이에서 일정하며, 부재에 작용한다고 생각할 수 있는 축력이나 전단력에 영향을 주지 않는 것으로 가정한다. 실제로 소성 모멘트 값은 축력이나 전단력에 영향을 받고 집중하중의 작용점에 생기는 국부적인 응력집중 등의 영향도 받는다. 그러나 이들 여러 인자의 영향은 대부분의 경우 무시할 수 있을 정도로 작다. 그 효과에 대해서는 제6장에서 설명한다.

더욱이 대상으로 하는 골조의 변형은 대단히 작고, 정적평형조건식은 변형 전의 골조에 대한 것과 같다는 종래의 탄성해석법에서 설정된 가정을 이용한다.

3-2 기본 정리

제2장에서 설명한 간단한 예로는 붕괴하중에 달했을 때, 구조물이 기구를 형성하는 데에 충분한 수의 소성 힌지가 생기는 것은 분명했다. 그 후 이들의 소성 힌지가 회전함으로써 변위는 일정하중 아래서 증가하지만 한편 소성 힌지점의 휨 모멘트는 일정한 전소성값을 유지한다. 정적평형조건에서 구조물의 휨 모멘트는 붕괴상태에서 변화하지 않는 것을 안다. 더욱이 소성붕괴상태에서 외력이 하는 일은 소성 힌지에서 흡수되는 일과 같은 것도 확실하다. 이상에서, 지금까지의 단순한 경우에 대해서는 명확하게 올바르지만 일반적인 경우에 대해서도 검증해둘 필요가 있다. 수학적인 증명은 그린버그(Greenberg, 1949)가 트러스 구조물을 이용해 검증하지만, 그 이론의 골조 구조물에 대한 적용은 부록 A에 나타내고 있다.

3-2-1 하계정리

일반적으로 부정정 골조에는 주어진 하중계에 대해 정적평형조건을 모두 만족하는 많은 휨 모멘트 분포가 존재한다. 그린버그와 프레이저(Prager, 1952)는 이런 종류의 분포를 정적허용(statically admissible)이라 부르고, 더욱이 골조의 모든 부재에서 소성 모멘트를 초과하지 않는 휨 모멘트 분포를 안전(safe)이라 정의한다. 확실하게 골조가 주어진 하중계를 지지할 수 있기 위한 필요조건은 이 하중과 정적허용에서 또 안전한 휨 모멘트 분포가 적어도 한 개 존재하지 않으면 안 된다는 것이다. 하계정리는 이 조건이 골조가 하중을 지지할 수 있기 위해 충분조건임을 나타낸다.

이 정리의 수학적인 표현에서 골조는 하중 λP_1, λP_2, ……, λP_n을 받고, 각 하중은 주어진 점에서 지정된 방향으로 작용한다고 한다. P_1, P_2, ……, P_n값은 고정되어 작용하중으로 간주된다. λ는 하중계수다. 하중의 크기는 λ에 의해 완전히 지정되어 일조의 하중계는 λ에 의해 일괄적으로 표시된다. 소성붕괴를 생기게 하는 하중계수는 λ_c로 나타내며, 이 λ값은 붕괴하중계수(collapse load factor)라 불린다. 이때 하계정리는 다음과 같이 표현된다.

[하계정리] 일조의 하중 λ에 대해 골조 전체에 걸쳐서 안전과 동시에 정적허용 휨 모멘트 분포가 존재한다면 λ값은 붕괴하중계수 λ_c보다 작거나 같다.

바꾸어 말하면 주어진 일조의 하중 λ에 대해 안전과 동시에 정적허용 휨 모멘트 분포가 존재하지 않는다면 λ값은 붕괴하중계수 λ_c보다 크다. λ_c는 골조의 모든 점에서 소성 모멘트를 넘지 않고 정적평형조건이 성립하는 최대의 하중계수다. 따라서 골조는 붕괴하지 않고 지지할 수 있는 하중 가운데 최대의 하중을 지지한다.

하계정리는 초기 키스트(Kist, 1917)가 직감적인 공리로 제창하고 그보즈데브(Gvozdev, 1936), 그린버그와 프레이저(1952), 혼(1950) 등이 증명한 것이다(부록 A 참조).

더욱이 한 개 이상 부재의 소성 모멘트를 크게 한다는 골조의 보강효과에 관한 계(系)가 있다. 이 보강 때문에 골조가 약해지는 것은 아니다. 어떤 골조가 하중계수 λ_c에서 붕괴하면 일조의 하중 λ_c에 대해 안전과 동시에 정적허용 휨 모멘트 분포가 적어도 하나 존재한다. 이와 같이 휨 모멘트 분포는 1개소 이상의 단면에서 소성 모멘트가 커지면 정적허용조건이 변하지 않는 한, 안전과 동시에 정적허용상태를 유지한다. 또 원래 골조의 어느 부분에서도 소성 모멘트를 넘지 않으면 보강한 골조에서도 넘지 않는 것은 분명하다. 이 결과를 파인베르그(Feinberg, 1943)가 증명 없이 파인베르그의 공리(公理, Axiom)로 제시한 것이다.

3-2-2 상계정리

주어진 골조와 하중에 대해 실제의 붕괴기구를 이미 안다면 붕괴하중계수는 붕괴기구의 미소운동에 의해 하중이 하는 일양을 소성 힌지에서 흡수되는 일양과 같이 놓아서 구할 수가 있다. 실제의 붕괴기구를 모를 경우, 이런 종류의 일식(work equation)은 임의로 가정된 기구에 대해서 만들어진다. 이때 얻어진 λ값은 가정된 기구에 대응하는 것이다. 상계정리는 이와 같은 λ값에 관한 것으로 다음과 같이 표현된다.

[상계정리] 일조의 하중 λ를 받는 골조에서 임의로 가정된 기구에 대응하는 λ값은 붕괴하중계수 λ_c보다 크거나 같다. 모든 가능한 붕괴기구에 대응하는 λ값이 구해지면 실제의 붕괴하중계수는 그들의 값의 최소값이다.

이 정리의 수학적인 증명은 부록 A에 제시되어 있지만 그것은 그보즈데브(1936)나 그린버그, 프레이저(1952)가 유도한 것이고, 그들은 하계정리에서 바로 얻어지는 파인베르그의 공리를 사용해 물리적인 이론을 전개한다. 지금 일조의 하중 λ를 받는 어느 특정의 골조 A를 생각하고 λ의 붕괴값을 λ_c라고 한다. 임의의 기구를 가정하고 가상일식에 대응하는 λ값을 구한다. 다음에 가정된 골조 A의 기구에서 소성 힌지가 생기는 단면을 그대로 하고, 그것 이외의 모든 단면의 소성 모멘트를 무한대로 한 골조 B를 생각한다. 보강된 골조 B의 실제 붕괴기구는 원래의 골조 A에서 가정된 기구이고, 다른 기구는 불가능하다. 따라서 가상일식에서 얻어진 골조 B의 실제 붕괴하중계수는 λ다. 파인베르그의 공리에 따르면 골조 A의 붕괴하중계수 λ_c는 보강된 골조 B의 붕괴하중계수 λ보다 큰 것은 있을 수 없다. 이것이 상계정리의 증명이다.

3-2-3 해의 유일성정리

하계정리와 상계정리를 조합해서 해(解)의 유일성(唯一性)정리가 확립된다. 하계정리에 따르면 λ_c 이상의 임의의 λ값에 대해서 안전과 동시에 정적허용 휨 모멘트 분포는 존재하지 않는다. 또 상계정리에서부터 λ_c보다 작은 하중계수에 대응하는 어떠한 기구도 존재하지 않는 것을 알 수 있다. 이들의 결과를 조합하면 다음의 정리를 얻을 수 있다.

[유일성정리] 주어진 골조와 일조의 하중에 대해 적어도 하나의 안전과 동시에 정적허용 휨 모멘트 분포가 존재하고 붕괴기구(collapse mechanism)가 되는 데 충분한 수의 단면에서 소성 모멘트에 달하면 대응하는 하중계수는 붕괴하중계수 λ_c다.

이 정리를 혼(1950)이 증명했다. 이것과 앞의 정리 두 개를 종합하면 하계조건과 상계조건은 각각의 정리에서 규정된다.

하계조건 $\quad \lambda \leq \lambda_c$
상계조건 $\quad \lambda \geq \lambda_c$
$\Big\} \lambda = \lambda_c$

3-3 예제

여기서는 모든 정리의 중요성을 그림 3-1(a)에 치수와 하중이 제시된 골조를 예로 들어서 설명한다. 각 부재는 소성 모멘트 25kNm의 일정한 단면재이고 이 골조의 붕괴하중계수 λ_c를 구하는 것이 문제다. 휨 모멘트와 소성 힌지의 회전각에 관한 부호규약은 여기서도 점선 쪽의 응력도와 변형도가 인장이 되는 방향을 정(正)으로 한다.

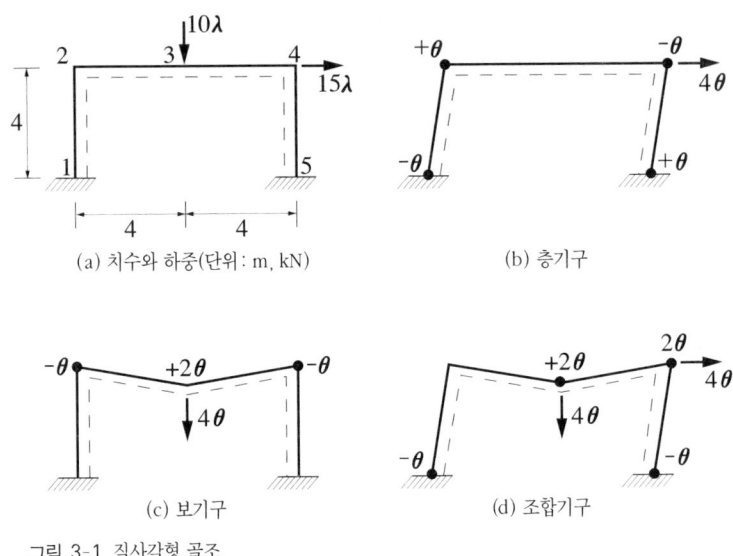

그림 3-1 직사각형 골조

이 골조는 하중을 제외하고 2-5절에서 설명한 골조(그림 2-9 참조)와 같다. 거기서 지적한 것처럼 소성 힌지가 형성 가능한 단면은 번호를 붙인 다섯 개 점이다. 또 가능한 붕괴기구는 세 종류이고 그림 3-1(b), (c), (d)에 나타난다.

그림 3-1(b)에 그려진 층기구의 미소한 운동은 왼쪽 기둥의 시계 방향의 회전에 따라 완전하게 표시되고, 소성 힌지 회전각과 보의 수평변위는 그림 중에 나타나 있다. 그림 3-1(c)에 나타난 보기구의 운동은 그림에 명백하게 표시된다. 그림 3-1(d)에 나타난 세번째 기구는 층기구와 보기구 각각의 운동을 합한 결과에서 얻을 수 있고 조합기구라고 한다.

3-3-1 가상변위원리에 따른 평형조건식

이 문제를 풀기 위해서 2-5-2항에서 설명한 가상변위원리로 얻을 수 있는 평형조건식을 이용한다. 평형력계는 작용외력과 이 외력의 평형조건을 만족하는 임의의 휨 모멘트의 조(組) M_1, M_2, M_3, M_4, M_5로 구성된다.

이 골조는 3차 부정정이기 때문에 다섯 개의 휨 모멘트와 작용외력을 관계짓는 두 개의 평형조건식이 없으면 안 된다. 이 두 개의 평형조건식은 그림 3-1(b)와 (c)의 층기구, 보기구를 가상변위계로 이용함으로써 얻을 수 있다. 이 경우 힌지를 소성 힌지로 간주하지 않고 미소한 가상운동(virtual movements)을 허용하는 가상 힌지로 생각한다.

이들 두 종류의 기구에서 외력에 의한 일과 힌지에서 흡수되는 가상응력을 등치하면 다음의 식을 얻을 수 있다.

$$60\lambda\theta = M_1(-\theta) + M_2(+\theta) + M_4(-\theta) + M_5(+\theta) \quad (3.1)$$
$$60\lambda = -M_1 + M_2 - M_4 + M_5 \quad (3.2)$$
$$40\lambda\theta = M_2(-\theta) + M_3(+2\theta) + M_4(-\theta) \quad (3.3)$$
$$40\lambda = -M_2 + 2M_3 - M_4 \quad (3.4)$$

3-3-2 층기구

우선 그림 3-1(b)의 층기구를 실제의 붕괴기구로 간주해서 해석한다. 그림에 나타난 기구의 미소한 운동에 따라 수평력 15λ는 4θ 이동해서 $60\lambda\theta$의 일을 한다(간단하게 설명하기 위해 단위는 생략한다). 미소변위이기 때문에 보는 연직 방향으로 이동하지 않고 연직력은 일하지 않는다. 각 소성 힌지에서 흡수되는 일은 소성 힌지 회전각의 부호에 관계없이 정(正)이 되지 않으면 안 된다. 네 개의 소성 힌지 회전각은 모두 θ이고 흡

수되는 일은 25θ다. 외력일과 흡수되는 일을 등치해서

$$60\lambda\theta = 25\theta + 25\theta + 25\theta + 25\theta = 100\theta \tag{3.5}$$
$$\lambda = 1.667 \tag{3.6}$$

만약 층기구가 실제의 붕괴기구라면 이것은 λ_c값이지만, 실제는 이 기구에 대응하는 λ값이 계산되었을 뿐이다. 상계정리에 따르면 이 λ값은 λ_c보다 크거나 같고 다음의 부등식이 성립한다.

$$\lambda_c \leq 1.667 \tag{3.7}$$

이상의 해석에 따라서 λ_c의 상계가 주어졌다.
 다음은 평형조건식을 이용해서 해석한다. 만약 이 기구가 실제의 붕괴기구라면 4개소의 소성 힌지점의 휨 모멘트의 크기는 25이며 부호는 소성 힌지 회전의 부호와 같다. 따라서

$$M_1 = -25, \quad M_2 = +25, \quad M_4 = -25, \quad M_5 = +25 \tag{3.8}$$

식 (3.1)에는 이 네 개의 모멘트가 포함되어 있고, 식 (3.8)의 값을 대입하면 다음과 같아진다.

$$60\lambda\theta = -25(-\theta) + 25(+\theta) - 25(-\theta) + 25(+\theta)$$
$$= 25\theta + 25\theta + 25\theta + 25\theta = 100\theta \tag{3.9}$$

이것은 식 (3.5)와 같다.
 평형조건식과 가상일식에 따른 해석결과가 일치하는 것은 일반적이고, 동시에 기본적으로 중요한 것이다. 이 특수한 예에서 양자가 일치하

는 것은 평형조건식 (3.1)은 그림 3-1(b)의 층기구를 가상변위로 해서 유도된 것이고, 일식 (3.5)도 같은 기구를 소성붕괴기구로 해서 유도된 것이기 때문이다. 식 (3.8)의 각 소성 모멘트는 식 (3.9)에서 명확한 바와 같이 대응하는 소성 힌지 회전과 모두 같은 부호가 되어야 한다. 따라서 식 (3.9)의 우변의 곱은 모두 정(正)이다. 이것은 가상변위원리에 따른 해석에서 이용된 물리적인 논거, 즉 소성 힌지 회전의 부호에도 불구하고 소성 힌지에서 흡수되는 일은 항상 정(正)이라는 것과 같다.

더욱이 중요한 결과가 식 (3.2)에서 유도된다. 식 (3.2)을 다시 한 번 써보면

$$60\lambda = -M_1 + M_2 - M_4 + M_5 \qquad (3.2)$$

이 식의 우변에 나타나는 네 개의 휨 모멘트는 각각 한계값 ±25의 사이에 있다. 이 식에서도 λ가 취할 수 있는 최대값은 다음과 같이 놓고 얻어진다.

$$M_1 = -25, \quad M_2 = +25, \quad M_4 = -25, \quad M_5 = +25$$

이것은 식 (3.8)에서 지정한 대로 층기구에 대응하는 값이다. 이것에서 다음의 결과가 얻어진다.

$$60\lambda \leq 100; \quad \lambda \leq 1.667$$

이와 같이 해서 상계정리와 같은 결론, 즉 가정된 기구에서 얻어진 λ값은 λ_c보다 크고, λ_c의 상계라는 결론을 얻을 수 있다. 또 평형조건식 (3.2)에 따르면 λ가 1.667보다 크면 어딘가의 휨 모멘트 절대값이 소성 모멘트 값 25를 초과하는 것이 되나, 이것은 층기구에 대응하는 가상일식에

서도 같다.

이상의 논거에는 일반성을 줄 수가 있다. 가정한 기구에 대해서 가상변위원리를 적용하면 λ_c의 상계를 얻을 수 있고, 같은 상계를 주어 대응하는 평형조건식이 반드시 존재한다.

평형조건에 근거로 하여 골조 전체의 휨 모멘트 분포를 결정하기 위해서는 평형조건식 (3.2)와 (3.4)의 두 식을 이용할 필요가 있다. 층기구의 네 개 점에서 생기는 소성 모멘트는 식 (3.8)에 주어진다. 이들의 값을 식 (3.2)에 대입하면 이미 나타난 것처럼 $\lambda_c = 1.667$를 얻을 수 있다. 식 (3.4)에서 다음 식을 얻을 수 있다.

$$2M_3 = 40\lambda + M_2 + M_4$$
$$= 40 \times 1.667 + 25 - 25 = 66.7$$
$$M_3 = 33.3$$

M_3는 소성 모멘트 25 이상의 값을 취할 수가 없으므로 층기구가 실제의 붕괴기구가 아닌 것은 명백하다.

평형조건에서 $\lambda = 1.667$일 때의 하중과 정적허용인 다음의 휨 모멘트 값을 얻을 수 있다.

$$M_1 = -25$$
$$M_2 = +25$$
$$M_3 = +33.3$$
$$M_4 = -25$$
$$M_5 = +25$$

평형조건식은 휨 모멘트와 하중에 관해서 선형이기 때문에 위에 나온 각 휨 모멘트에 임의의 정(正)의 승수(乘數) k를 곱해 얻어진 일조의 휨 모멘트는 하중계수 $k\lambda$로 지정되는 하중과 정적허용(靜的許容, statically admissible)이다. $k=0.75$로 한다면 M_3가 +25로 감소하고, 각 휨 모멘트 값은 다음과 같아진다.

$$M_1 = -18.75$$
$$M_2 = +18.75$$
$$M_3 = +25$$
$$M_4 = -18.75$$
$$M_5 = +18.75$$

이 분포는 $\lambda=0.75 \times 1.667 = 1.25$로 지정되는 하중과 정적허용이고 동시에 안전이다. 따라서 하계정리에서 다음의 부등식이 성립한다.

$$\lambda_c \geq 1.25$$

하계를 구하는 이 방법은 그린버그와 프레이저(1952)가 제안한 것이다. 이 하계와 이미 얻어진 상계와 조합하면 다음과 같이 된다.

$$1.25 \leq \lambda_c \leq 1.667$$

3-3-3 보기구

보기구는 그림 3-1(c)에 나타난다. 이 기구를 실제의 붕괴기구로 생각하면 가상일식에서 대응하는 λ값이 얻어진다. 미소변위이기 때문에 기둥의 수평이동이 없고 수평력은 일을 하지 않는다. 연직력 10λ는 4θ만큼 이동해 $40\lambda\theta$의 일을 한다. 세 점의 각 소성 힌지 회전각은 각각 $\theta, 2\theta, \theta$이고 일식은 다음과 같이 된다.

$$40\lambda\theta = 25\theta + 25(2\theta) + 25\theta = 100\theta$$
$$\lambda = 2.5 \qquad (3.10)$$

상계정리에서 다음의 부등식이 성립한다.

$$\lambda_c \leq 2.5$$

이 상계는 층기구에서 얻어진 값보다 크므로, 보기구는 실제의 붕괴기구가 아니다. 그러나 여기서도 하계정리의 활용법을 설명하기 위해서 평형조건에 기초해 해석을 한다. 그림 3-1(c)에서 세 점의 소성 힌지에서 휨 모멘트는 다음과 같다.

$$M_2 = -25, \quad M_3 = +25, \quad M_4 = -25 \qquad (3.11)$$

이들 휨 모멘트는 보기구에서 유도된 평형조건식 (3.4)에 포함되어 있다. 식 (3.4)가 유도한 식 (3.3)에 대입하면 아래와 같다.

$$40\lambda\theta = -25(-\theta) + 25(+2\theta) + 25(-\theta)$$
$$= 25\theta + 25(2\theta) + 25\theta = 100\theta$$

이 식도 가상일식 (3.10)과 같다. 따라서 보기구는 식 (3.4)에 대응한다. 여기서 얻은 λ값을 또 하나의 평형조건식에 대입하면 다음 식을 얻을 수 있다.

$$M_5 - M_1 = 60\lambda - M_2 + M_4$$
$$= 60 \times 2.5 + 25 - 25 = 150 \qquad (3.12)$$

M_1과 M_5의 유일한 값은 결정되지 않는다. 왜냐하면 이 문제의 미지량의 수는 네 개, 즉 세 개의 부정정력과 λ값이기 때문이다. 그러나 보기구에서 세 개의 점 소성 힌지는 세 개의 응력값밖에 주지 않는다. M_1과 M_5는 어느 쪽도 소성 모멘트 값 25보다 커질 수 없기 때문에 식 (3.12)는 M_1, M_5의 어떠한 안전값에 의해서도 만족되지 않는다. 가장 가까운 하계는 다음과 같이 값을 설정함으로써 얻을 수 있다.

$$M_1 = -75, \quad M_5 = +75$$

이들 두 개의 휨 모멘트와 식 (3.11)에서 주어지는 소성 힌지점의 모멘트에서 구성되는 휨 모멘트 분포는 $\lambda=2.5$에 대해서 정적허용이다. 이 모멘트와 λ값을 3분의 1배 하면, $\lambda=2.5/3=0.833$과 정적허용인 다음 분포가 얻어진다.

$$\begin{aligned} M_1 &= -25 \\ M_2 &= -8.33 \\ M_3 &= +8.33 \\ M_4 &= -8.33 \\ M_5 &= +25 \end{aligned}$$

이 분포도 안전하고, $\lambda=0.833$의 값은 λ_c의 하계다. 이것을 상계와 조합하면 다음의 부등식이 얻어진다.

$$0.833 \leq \lambda_c \leq 2.5$$

이 λ_c의 범위는 층기구의 해석에서 얻어진 결과 만큼에는 좁지 않다.

3-3-4 조합기구

이 조합기구는 그림 3-1(d)에 나타난다. 이 동적해석(kinematical analysis)에서는 수평력 15λ와 연직력 10λ가 어느 쪽도 4θ만큼 이동하기 때문에 전(全) 일양(the total work)은 100λθ다.

이것을 소성 힌지에서 흡수되는 일에 같게 놓으면 다음 식이 얻어진다.

$$100\lambda\theta = 25\theta + 25(2\theta) + 25(2\theta) + 25\theta = 150\theta$$
$$\lambda = 1.5 \qquad (3.13)$$

이것은 λ_c의 상계이고 상계정리에서 다음과 같은 결론이 나온다.

$$\lambda_c \leq 1.5$$

이 상계는 세 종류의 가능한 붕괴기구에서 얻어진 상계 중에서 가장 작다. 따라서 이것은 실제의 값이고 조합기구는 실제 붕괴기구라고 결론을 낼 수 있다.

그림 3-1(d)에서 네 개의 점의 소성 힌지에서 휨 모멘트는 다음의 값이 됨을 알 수 있다.

$$M_1 = -25, \ M_3 = +25, \ M_4 = -25, \ M_5 = +25 \qquad (3.14)$$

이들 휨 모멘트 값을 두 개의 평형조건식 (3.2), (3.4)에 대입하면 다음의 값이 얻어진다.

$$\lambda = 1.5, \ M_2 = 15$$

M_2는 소성 모멘트보다 작기 때문에 이 해석에서 얻어진 휨 모멘트의 분포는 $\lambda=1.5$에 대해서 안전과 동시에 정적허용이다. 붕괴기구를 형성하는 데에 충분한 수의 소성 힌지도 존재하기 때문에 하계정리와 상계정리의 어느 쪽 조건도 만족한다. 따라서 유일성정리에서

$$\lambda_c = 1.5$$

식 (3.1)과 (3.3)의 평형조건식을 더하면 다음의 평형조건식이 얻어지는 것은 주목할 만하다.

$$100\lambda\theta = M_1(-\theta) + M_3(+2\theta) + M_4(-2\theta) + M_5(+\theta) \quad (3.15)$$

이 식에는 조합기구에서 생기는 4개소의 소성 힌지점의 휨 모멘트만 포함되어 있고, λ가 취할 수 있는 최대값을 다음 식에서 얻을 수 있다.

$$100\lambda\theta = -25(-\theta) + 25(+2\theta) - 25(-2\theta) + 25(+\theta) = 150\theta$$

이 식은 조합기구에서 소성 힌지점의 휨 모멘트 식 (3.14)를 대입한 것에 해당한다. 식 (3.1)과 식 (3.3)을 더해서 식 (3.15)가 얻어진 것은 층기구와 보기구를 운동학적으로 더해서 조합기구가 얻어지는 것에 해당한다. 조합기구를 가상변위로 하여 가상일의 원리를 적용함으로써 식 (3.15)가 얻어지는 것을 쉽게 확인할 수 있다.

골조의 소성설계 문제는 지정된 하중계수에 대해서 소성붕괴하도록 부재의 소성 모멘트 값을 결정하는 것이다. 그림 3-1(a)의 골조에서는 각 부재의 소성 모멘트가 25kNm라면 $\lambda_c=1.5$가 되는 것이 확실해졌다. 예를 들면 설계하중계수가 1.6으로 지정되면 해석 결과에서 소성 모멘트를 다음과 같이 증가시킬 필요가 있다.

$$\left(\frac{1.6}{1.5}\right)25 = 26.7 \text{ kNm}$$

이 문제의 해석과정에서 붕괴하중을 구하기 위한 두 가지 방법을 제시했다. 제1의 방법에서는 우선 붕괴기구를 가정하고 평형조건에 기초로 해서 해석을 하고 휨 모멘트 분포를 구한다. 이 분포가 골조의 모든 점에서 소성 모멘트를 초과하지 않는다면 대응하는 하중계수는 유일성정리에 따라 실제의 붕괴하중계수다. 만약 그렇지 않다면 실제의 붕괴기구를 얻을 때까지 다른 붕괴기구에 대해 같은 해석을 계속한다. 시행오차법 (trial-and-error method)이라 불리는 이 방법은 베이커(1949)가 제안한 것으로 적용 예는 제4장에 나타난다.

제2의 방법에서는 모든 가능한 붕괴기구를 열거하고 가상일식을 이용해 각 기구에 대한 하중계수값을 구한다. 상계정리에서 실제 붕괴하중계수는 이 가운데 최소값이다. 단순한 골조에서는 필요한 계산을 실행하는 것이 비교적 간단하지만, 꽤 복잡한 골조에서는 가능한 기구가 매우 많기 때문에 이 방법은 극히 복잡해진다. 모든 가능한 붕괴기구를 조사할 필요성을 회피하는 방법에 대해서는 제4장에서 설명한다.

수평력과 연직력을 받는 1층 1스팬 직사각형 골조에 대해서는 많은 실험적 연구가 행해지고 있고, 소성이론에 따라서 예측된 붕괴하중과 대변위가 시작되는 하중의 측정값이 매우 잘 일치하는 것을 확인할 수 있다. 가장 광범한 일련의 모형실험을 베이커와 헤이먼(1950), 그리고 그 결과는 베이커와 로데릭(1952)이 행한 실물크기 실험에서 확인된다. 그 밖에 실링(Schilling), 슈츠(Schuts), 비들(1956) 등이 보고한 실물크기 실험의 결과가 있다.

3-4 분포하중

골조 가운데 부재가 등분포하중을 받는 경우, 휨 모멘트 분포는 포물선이 되고 최대휨 모멘트가 부재 내의 어느 위치에서 일어난다. 실제의 붕괴기구에 최대휨 모멘트 점의 소성 힌지가 포함될 때에는 이 소성 힌지의 위치를 결정할 필요가 있다. 그러한 경우 상·하계의 수법을 이용해서 붕괴하중의 양호한 근사값을 구할 수도 있으나 계산이 조금 귀찮아진다.

3-4-1 부재 내의 최대휨 모멘트

우선 부재 내의 최대휨 모멘트의 위치와 값에 대해서 설명한다.

그림 3-2는 길이 L에서 전 하중 W의 등분포하중을 받는 부재를 표시한다. M_C, M_L, M_R은 이미 알고 있는 것으로 한다. 여기서 C는 부재 중앙, L과 R은 각각 좌단과 우단을 표시한다. 최대휨 모멘트 M^{max}는 x_0, y_0, z_0에 의해서 지정되는 위치에 생긴다.

초보의 정역학에서 다음의 결과가 얻어진다.

$$\begin{aligned} x_0 &= (4M_C - 3M_L - M_R)/W \\ y_0 &= (M_R - M_L)/W \\ z_0 &= (4M_C - M_L - 3M_R)/W \end{aligned} \quad (3.16)$$

$$\begin{aligned} M^{max} &= M_L + Wx_0^2/2L \\ &= M_C + Wy_0^2/2L \\ &= M_R + Wz_0^2/2L \end{aligned} \quad (3.17)$$

M^{max}의 위치와 값의 계산에는 세 종류의 거리 x_0, y_0, z_0 가운데 어느 것을 이용해도 좋다.

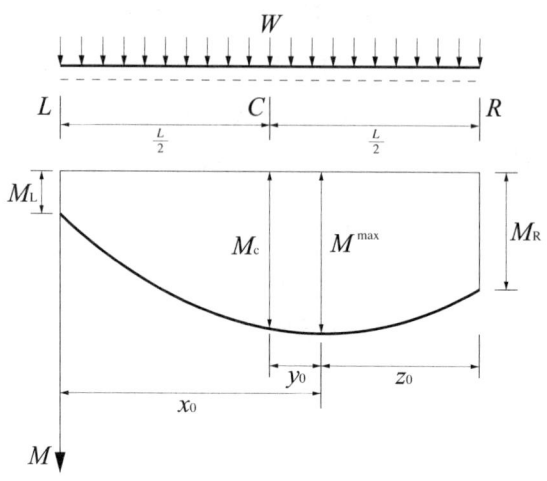

그림 3-2 등분포하중을 받는 부재의 휨 모멘트 도

최대휨 모멘트 위치가 부재 내에 존재하지 않는 경우가 있고 그때 휨 모멘트는 일단에서 다른 단으로 단순하게 증가하거나 감소한다. 가령 z_0 가 부(負)일 경우다.

3-4-2 예제

치수와 하중이 그림 3-3(a)에 나타난 직사각형 골조를 생각한다. 보 위의 전 하중은 48λkN의 등분포하중이다. 부재는 모두 소성 모멘트가 40kNm의 일정 단면이다.

우선 최초로 소성 힌지는 보 중앙의 단면 3에 생기는 것으로 가정한다. 이 위치는 뒤에 보정되지만, 이 가정 아래서 세 가지 종류의 가능한 붕괴기구는 그림 3-3(b), (c), (d)에 나타나며, 그림 3-1의 기구와 같다. 그림 3-3(b)와 (c)의 기구를 가상기구로 해서 두 개의 평형조건식을 다음과 같이 얻을 수 있다. 층기구에서는 수평력 18λ는 4θ 이동해서 $72\lambda\theta$의 일을 하지만 연직력은 일하지 않는다. 따라서 가상일식은 다음과 같다.

$$72\lambda\theta = M_1(-\theta) + M_2(+\theta) + M_4(-\theta) + M_5(+\theta)$$
$$72\lambda = -M_1 + M_2 - M_4 + M_5 \tag{3.18}$$

보기구에서는 수평력이 일을 하지 않는다. 보 중앙은 연직 방향으로 3θ 이동하기 때문에 등분포하중 48λ의 연직 방향 이동의 평균은 1.5θ이고, 이 하중은 $72\lambda\theta$의 일을 한다. 가상일식은 다음과 같다.

$$72\lambda\theta = M_2(-\theta) + M_3(+2\theta) + M_4(-\theta)$$
$$72\lambda = -M_2 + 2M_3 - M_4 \tag{3.19}$$

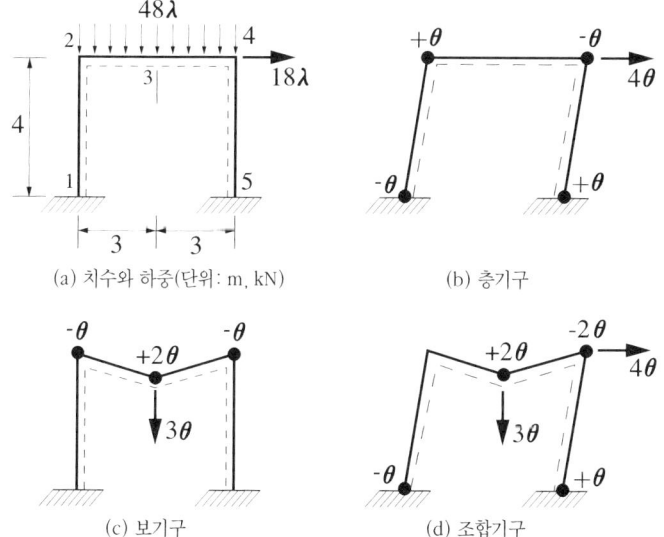

(a) 치수와 하중(단위: m, kN)　(b) 층기구
(c) 보기구　(d) 조합기구

그림 3-3 등분포 연직하중을 받는 골조

세 종류의 각 붕괴기구에 대해서 소성 힌지점의 휨 모멘트는 그림 3-3(b), (c), (d)를 조사해서 구해진다. 그들의 휨 모멘트 값을 관련된 평형 조건식에 대입하면 각 기구에 대응하는 λ값이 다음과 같이 얻어진다.

층기구 $\quad \lambda = 2.222$

보기구 $\quad \lambda = 2.222$

조합기구 $\quad \lambda = 1.667$

상계정리에 따르면 1.667이 λ값의 상계이고 보 중앙과 가정된 소성 힌지의 위치가 정(正)이면, 조합기구는 실제의 붕괴기구가 된다. 다음은 이 기구를 더욱 상세히 검토한다.

가정된 소성 힌지 점의 휨 모멘트는 다음과 같다.

$$M_1 = -40, \ M_3 = +40, \ M_4 = -40, \ M_5 = +40 \quad (3.20)$$

이것을 식 (3.18)과 (3.19)에 대입하면 다음 값이 얻어진다.

$$\lambda = 1.667, \ M_2 = 0$$

여기서 보의 최대휨 모멘트를 구하는 데에 식 (3.16), (3.17)을 이용한다. 이 경우 그림 3-2를 참조해서

$$M_L = M_2 = 0$$
$$M_C = M_3 = +40 \qquad W = 48 \times 1.667 = 80$$
$$M_R = M_4 = -40 \qquad L = 6$$

이들의 값을 이용해 다음을 알 수 있다.

$$y_0 = -0.5$$
$$M^{max} = 40\left(\frac{25}{24}\right) = 41.67$$

그림 3-3(d)의 기구에 대한 휨 모멘트의 분포는 $\lambda=1.667$과 정적허용이지만 안전하지 않다. 휨 모멘트와 λ에 계수 $24/25=0.96$을 곱하면 안전과 동시에 정적허용 휨 모멘트 분포가 다음과 같이 얻어진다.

λ	1.667	1.6
M_1	-40	-38.4
M_2	0	0
$M^{\max}$	$+41.67$	$+40$
M_4	-40	-38.4
M_5	$+40$	$+38.4$

$\lambda=1.6$의 값은 λ_c의 하계를 준다. 이것을 이미 구해놓은 상계와 조합하면 다음과 같다.

$$1.6 \leq \lambda_c \leq 1.667$$

이 결과에서 λ_c값은 $\pm2\%$ 이내에 머문다는 것을 알고 있다. 만약 λ_c의 정확한 값을 필요로 한다면 보의 소성 힌지의 정확한 위치를 구해야 한다. 이 위치는 그림 3-4에 나타난 깃처럼 보의 소성 힌지를 보 중앙에서 오른쪽으로 y만큼 떨어진 위치에 설정한 기구의 운동학적인 해석에 따라서 구할 수 있다. ±3의 범위 내에 있는 y의 임의값에 대한 기구에서 얻어진 λ값은 λ_c의 상계다. 상계정리에서 이 λ의 최소값이 실제의 붕괴하중계수다.

기구의 운동은 각 기둥의 시계 방향의 회전각 θ에 따라 정해진다. 보의 힌지점 왼쪽 부분의 회전각도 θ이기 때문에 힌지점의 연직 이동은 $(3+y)\theta$다. 보의 오른쪽 부분의 회전각을 ϕ로 한다면 다음 식이 성립한다.

$$(3-y)\phi = (3+y)\theta \qquad (3.22)$$

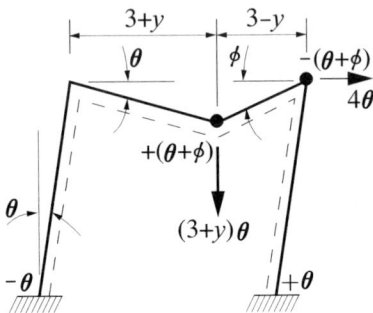

그림 3-4 조합기구(단위: m)

보 위에서 등분포하중의 연직 방향 이동의 평균은 $0.5(3+y)\theta$이기 때문에 이 하중이 하는 일은 $24\lambda(3+y)\theta$다. 수평력 18λ는 4θ 이동해서 72θ의 일을 한다. 외력일과 힌지에서 흡수되는 일을 같게 놓으면

$$24\lambda(3+y)\theta + 72\lambda\theta = 2\times 40\theta + 2\times 40(\theta+\phi)$$

식 (3.22)를 이용해서 ϕ를 소거한다면 다음 식이 얻어진다.

$$\lambda = \frac{10}{3}\left[\frac{9-y}{(6+y)(3-y)}\right] \qquad (3.23)$$

λ를 최소화하는 y값은 -0.487m이고, 그것에 대응하는 λ가 실제의 붕괴하중계수이며 그 값은 1.645다.

y의 정확한 값은 보 중앙에 소성 힌지가 형성된다고 가정해서 얻어진 최대휨 모멘트점의 위치 $y_0 = -0.5$m와 조금밖에 틀리지 않는다. 보의 소성 힌지가 이 위치, 즉 중앙에서 왼쪽으로 0.5m의 위치에 생긴다고 가정한 기구에서 λ_c를 구해도 실용상 충분히 정확한 답이 얻어진다. 이 방법

에 따르면 λ_c 값은 1.645가 되고, 네 자리 유효숫자에서 정답과 일치한다.

3-5 부분붕괴와 과완전붕괴

부정정차수 r의 골조를 생각한다. $(r+1)$개의 소성 힌지를 갖는 붕괴기구는 1자유도다. 붕괴상태에서는 $(r+1)$개의 소성 힌지점의 휨 모멘트는 이미 알고 있고, 붕괴기구에 대응하는 하나의 평형조건식이 존재하며 이것에 따라 붕괴하중계수가 결정된다. 남은 r개의 평형조건식에 의해서 r개의 부정정력을 구할 수 있기 때문에 골조 전체는 붕괴상태에서 정정(靜定)이다. 이러한 붕괴를 완전붕괴(complete collapse)라고 한다. 3-3절, 3-4절에서 생각한 3차 부정정 골조의 붕괴기구에서는 네 개의 소성 힌지가 존재하기 때문에 붕괴는 이러한 종류의 붕괴형이다.

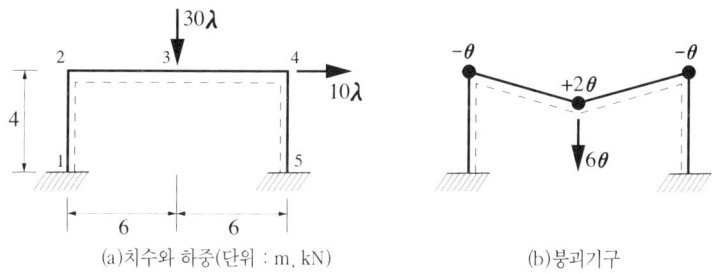

(a)치수와 하중(단위 : m, kN)   (b)붕괴기구

그림 3-5 부분붕괴의 예

이런 의미에서 붕괴가 완전하지 않을 때는 부분붕괴(partial collapse)든 과완전붕괴(overcomplete collapse)든 어느 한쪽이다. 여기서는 양자의 예를 다음과 같이 나타낸다.

3-5-1 부분붕괴의 예

간단한 부분붕괴의 예를 그림 3-5(a), (b)에 나타낸다. 이 골조의 부재는 모두 소성 모멘트가 70kNm의 일정 단면이다. 앞에서와 같이 가상변위원리에 따라서 평형조건식이 다음과 같이 유도된다.

$$180\lambda = -M_2 + 2M_3 - M_4 \qquad (3.24)$$

$$40\lambda = -M_1 + M_2 - M_4 + M_5 \qquad (3.25)$$

그림 3-5(b)의 보기구가 가장 작은 하중계수를 주므로 실제의 붕괴기구인 세 개의 소성 힌지에서 휨 모멘트는 다음과 같다.

$$M_2 = -70, \ M_3 = +70, \ M_4 = -70 \qquad (3.26)$$

이들의 값을 두 개의 평형조건식 (3.24), (3.25)에 대입하면 다음과 같아진다.

$$\lambda_c = 1.556$$
$$M_5 - M_1 = 62.2 \qquad (3.27)$$

이 기구에 대해서 M_1과 M_5값은 하나로만 결정되는 것이 아니다. 왜냐하면 이 골조의 부정정차수는 $r=3$이지만, 붕괴기구에서 세 개의 소성 힌지만 생기기 때문이다.

식 (3.27)을 만족하고 더욱이 70kNm의 소성 모멘트 값을 넘지 않는 M_1과 M_5의 일대(一對)의 값을 선택하는 것은 쉽다. 예를 들어 $M_1=0$, $M_5=62.2$와 $M_1=-31.1$, $M_5=31.1$은 그러한 두 종류의 조합이다. 이 같은 임의의 일대(一對)의 모멘트와 식 (3.26)에서 주어지는 각 모멘트는 $\lambda_c=1.556$에 대해 안전과 동시에 정적허용이다. 유일성정리에서 실제의 붕괴기구는 그림 3-5(b)의 보기구이고, 붕괴하중계수는 1.556임이 확인된다.

일반적으로 부분붕괴의 경우에는 기구 형성에 따라 골조의 일부가 정적이 된다. 가정된 부분붕괴기구에 대응하는 λ값은 이 기구에 대한 일식을 세움으로써 또는 같은 일이지만 대응하는 평형조건식을 이용함으로써 항상 계산할 수 있다. 이 경우 붕괴상태에서 골조의 부정정 부분의 실제 휨 모멘트 분포를 구할 필요가 없다. 하중계수 λ에 대해서 안전과 동시에 정적허용인 임의의 휨 모멘트 분포를 찾아내기만 하면 실제의 붕괴기구는 부분기구이고, $λ=λ_c$인 것이 알려져 있다.

이 예에서는 그림 2-1에 표시하는 이상화된 휨 모멘트-곡률관계를 이용하면 비례하중을 받아서 붕괴할 때의 M_1과 M_5값은 각각 3.9, 66.1이다. 그러나 실제의 붕괴기구가 보기구인 것을 확인하는 데 이들의 모멘트에 관한 정보는 필요하지 않다.

3-5-2 과완전붕괴의 예

그림 3-6(a)에 표시한 골조를 생각한다. 그림 가운데 표시한 것처럼, 기둥의 소성 모멘트는 40kNm, 한편 보의 소성 모멘트는 60kNm다. 이것은 부재에 따라 소성 모멘트가 다른 골조의 최초의 예다. 이와 같은 골조에서는 소성 힌지가 절점 2 또는 절점 4의 어느 쪽에 형성되든 간에 보보다 소성 모멘트가 작은 기둥 쪽에 생기는 것에 주의하면 된다.

그림 3-6(b)의 층기구에 대한 가상일식을 다음과 같이 쓸 수 있다.

$$20λ(5θ) = 40θ + 40θ + 40θ + 40θ$$
$$100λθ = 160θ$$
$$λ = 1.6 \qquad (3.28)$$

또 그림 3-6(c)의 조합기구에 대한 일식은

$$30\lambda(2.5\phi) + 20\lambda(5\phi) = 40\phi + 60(2\phi) + 40(2\phi) + 40(\phi)$$
$$175\lambda\phi = 280\phi$$
$$\lambda = 1.6 \qquad (3.29)$$

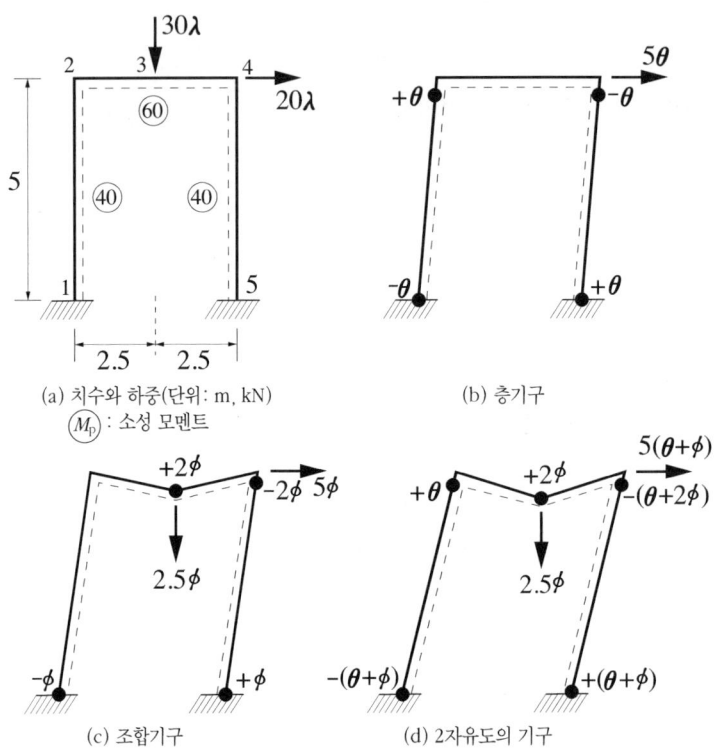

그림 3-6 과완전붕괴의 예

이와 같이 층기구와 조합기구 양쪽에 대응하는 λ값은 같고 보기구에 대응하는 λ는 이것보다 큰 값, 즉 2.67임이 쉽게 확인된다. 상계정리에서 붕괴하중계수는 1.6이 되지만 붕괴기구는 층기구와 조합기구 양자에서 구성된다.

이상의 결과에서 이 경우의 붕괴기구의 바른 표현은 그림 3-6(d)에 나타난 대로 됨을 알 수 있다. 이 기구는 그림 3-6(b)와 (c) 두 개의 기구 변위와 힌지 회전을 더한 것이고, 회전각 θ와 ϕ로 지정되는 2자유도의 기구다. 여기서 θ와 ϕ에 관한 유일한 제한은 이들의 회전각이 정(正)이 아니면 안 되고, θ와 ϕ의 상대적인 크기를 지정할 필요는 없다. 이 기구에서 직접 유도된 일식은 다음과 같다.

$$30\lambda(2.5\phi) + 20\lambda(5\theta + 5\phi) = 40(\theta + \phi) + 40(\theta) + 60(2\phi)$$
$$+ 40(\theta + 2\phi) + 40(\theta + \phi)$$
$$\lambda(100\theta + 175\phi) = 160\theta + 280\phi$$
$$\lambda = 1.6 \qquad (3.30)$$

이 일식은 두 개의 일식 (3.28)과 (3.29)를 더해도 얻어진다. 왜냐하면 이들의 일식에 대응하는 기구의 변위와 힌지 회전각을 더해서 그림 3-6(d)의 기구를 얻을 수 있기 때문이다. 식 (3.30)에서 θ와 ϕ 크기의 차이에도 불구하고 같은 λ값을 얻을 수 있다.

이와 같이 실제 붕괴기구에서는 다섯 개의 소성 힌지가 생기고 자유도는 2다. 이 골조의 부정정차수는 $r=3$이기 때문에 붕괴기구에는 $(r+2)$의 소성 힌지가 존재하게 된다. 이 원인의 결과는 작용하는 몇 개의 하중의 비가 어느 특정값을 취할 경우에 한해서 생긴다. 수평력이 20λkN이고 연직력이 29λkN이라면 층기구에서 붕괴하고, 수평력은 같으나 연직력이 31λkN이라면 조합기구로 붕괴한다.

3-5-3 연속보

몇 개의 지점에 지지되는 연속보는 통상 부분이든 과완전이든 어느 쪽의 기구에서 붕괴한다. 예를 들어 그림 3-7(a)에 나타나는 네 개의 점에서 단순지지이고 소성 모멘트가 10kNm의 일정 단면의 연속보를 생각한다. 그림 중에 나타난 하중에 대해서 그림 3-7(b), (c)에 나타난 두 종류의 기구 가운데 어느 한쪽이 붕괴하는 것은 확실하다.

이 보는 2차 부정정이기 때문에 번호를 붙인 네 개 단면의 휨 모멘트를 관계짓는 두 개의 평형조건식이 있을 것이다. 이들 식은 가상변위법을 이용해서 다음과 같이 얻을 수 있다.

$$20\lambda = -M_1 + 2M_2 - M_3 \qquad (3.31)$$
$$20\lambda = -M_3 + 2M_4 \qquad (3.32)$$

그림 3-7(c)의 기구를 실제의 붕괴기구로 가정하면 소성 힌지점의 휨 모멘트는 아래와 같이 표시된다.

$$M_3 = -10, \ M_4 = +10$$

이들의 값을 식 (3.31)과 (3.32)에 대입하면 다음 식을 얻을 수 있다.

$$\lambda = 1.5$$
$$-M_1 + 2M_2 = 20 \qquad (3.33)$$

소성 모멘트 10kNm 이하의 M_1과 M_2값에 대해서 식 (3.33)이 만족 되는 것은 쉽게 확인할 수 있다. 다음의 예를 보자.

$$M_1 = -6, \ M_2 = +7$$

따라서 유일성정리에 따라 그림 3-7(c) 기구가 실제의 붕괴기구이고 λ_c가 1.5인 것을 알 수 있다. 이 보는 2차 부정정이지만 붕괴기구에는 두 개의 소성 힌지밖에 형성되지 않으므로 붕괴는 부분붕괴다.

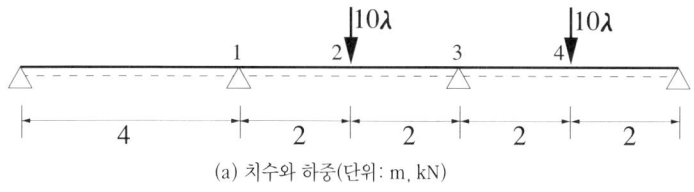

(a) 치수와 하중(단위: m, kN)

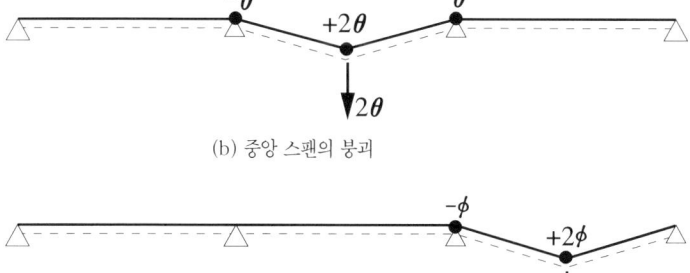

(b) 중앙 스팬의 붕괴

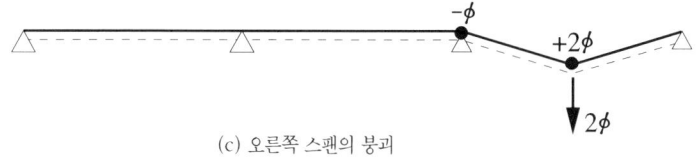

(c) 오른쪽 스팬의 붕괴

그림 3-7 연속보

이 보에서 오른쪽 스팬의 하중이 7.5λ로 감소하면 과완전붕괴가 된다. 그림 3-7(c) 기구에 대응하는 λ값이 1.5에서 2로 증가하며, 이것이 그림 3-7(b) 기구에 대응하는 값인 것도 가상일식에 따라 쉽게 확인될 수 있다. 이 경우 이들 두 종류 기구의 힌지 회전과 변위를 더하기 때문에 2자유도의 기구가 형성된다.

연속보의 붕괴하중이 단순소성이론에 따라 충분히 정확하게 예측될 수 있는 것은 많은 실험적 연구로 검증되었다. 마이어 라이프니츠(1936)는 그 자신이나 다른 연구자가 행한 많은 실험 결과를 재검토해 유용한 결과를 얻었다. 마이어 라이프니츠(1928)가 행했던 몇 개의 초기 실험에서는 재하 전에 중간 지점을 아래 방향으로 이동시킨다. 이런 종류의 실험을 혼(1952a)도 했지만, 그것에 따라 붕괴하중이 영향을 받지 않는다는 결과를 얻고 있다. 더욱이 혼은 붕괴하중이 비비례(非比例) 재하에 대해서

기본 정리와 간단한 예제 111

도 변하지 않는 것을 나타낸다.

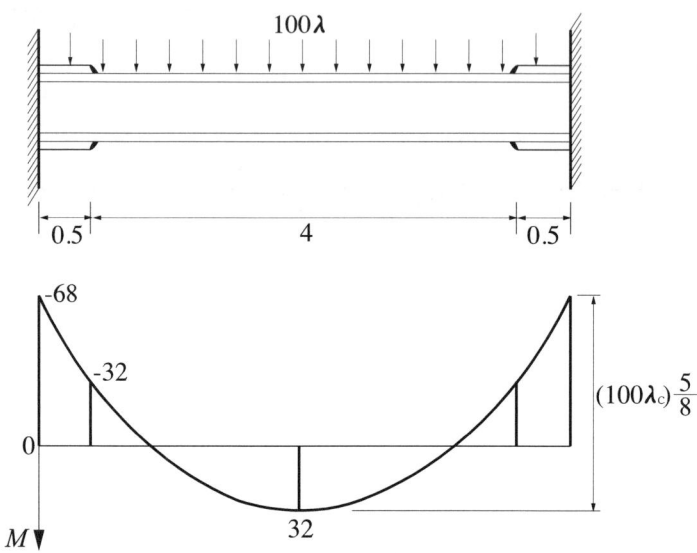

그림 3-8 플랜지 플레이트로 보강된 양단고정보(단위: m, kN)

3-5-4 플랜지 플레이트로 보강된 양단고정보

과완전붕괴의 마지막 예로 그림 3-8에 나타낸 것처럼 양단에 플랜지 플레이트를 용접해서 보강된 양단고정보를 생각한다. 이런 종류의 문제에 대해서는 혼과 포포프(Popov), 윌리스(Willis, 1957) 등이 상세히 검토하고 있다. 여기서는 그림에 나타낸 바와 같이 플랜지 플레이트가 양단에서부터 0.5m의 곳까지 용접되고 보의 전 길이는 5m로 한다. 보의 보강 없는 단면의 소성 모멘트는 32kNm이고, 100λkN의 등분포하중을 받은 것으로 한다. 붕괴상태에서 양쪽 고정단에서 보강 단면의 소성 모멘트에 달하고 더욱이 보 중앙과 보강 개시점에서 무보강 단면의 소성 모멘트가 될 때 최대의 보강효과가 발휘된다. 이 경우의 휨 모멘트 분포가 그림 3-8에 표시되어 있다. 간단한 계산을 통해 보 양단의 소성 모멘트는 32

×2.125=68kNm가 되고, 그림에서 붕괴하중계수 λ_c를 다음과 같이 구할 수 있다.

$$(100\lambda_c)\frac{5}{8} = 32+68$$
$$\lambda_c = 1.6$$

이 보에는 두 종류의 가능한 붕괴기구가 있다. 한쪽은 양단과 중앙에 힌지가 생기는 기구이고, 다른 쪽은 보강의 단부와 중앙에 힌지가 생기는 기구다. 따라서 2자유도의 붕괴기구는 쉽게 만들 수가 있다.

참고문헌

Baker, J.F. (1949), 'The design of steel frames', *Struct. Engr,* **27**, 397.

Baker, J.F. and Heyman, J. (1950), 'Tests on miniature portal frames', *Struct. Engr,* **28**, 139.

Baker, J.F. and Roderick, J.W. (1952), 'Tests on full-scale portal frames', *Proc. Inst. Civil Engrs,* **1**, (part I), 71.

Feinberg, S.M. (1948), 'The principle of limiting stress' (Russian), *Prikladnaya Matematicka i Mekhanika,* **12**, 63.

Greenberg, H.J. (1949), 'The principle of limiting stress for structures', 2nd Symposium on Plasticity, Brown Univ., April 1949.

Greenberg, H.J. and Prager, W. (1952), 'On limit design of beams and frames', *Trans. Am. Soc. Civil Engrs,* **117**, 447. (First published as Tech. Rep. A18-1, Brown Univ., 1949).

Gvozdev, A.A. (1936), 'The determination of the value of the collapse load for statically indeterminate systems undergoing plastic deformation', Proceedings of the Conference on Plastic Deformations, December

1936, Akademiia Nauk S.S.S.R., Moscow-Leningrad, 1938, 19, (tr., R.M. Haythornthwaite, *Int. J. Mech. Sci.*, **1**, 322, 1960).

Horne, M.R. (1950), 'Fundamental propositions in the plastic theory of structures', *J. Inst. Civil Engrs*, **34**, 174.

Horne, M.R. (1952a), 'Experimental investigations into the behaviour of continuous and fixed-ended beams', prelim. publ., 4th Congr. Int. Assoc. Bridge Struct. Eng., Cambridge, 1952, 147.

Horne, M.R. (1952b), 'Determination of the shape of fixed-ended beams for maximum economy according to the plastic theory', prelim. publ., 4th Congr. Int. Assoc. Bridge Struct. Eng., Cambridge, 1952, 111.

Kist, N.C. (1917), 'Leidt een Sterkteberekening, die Uitgaat van de Evenredigheid van Kracht en Vormverandering, tot een goede Constructie van Ijzeren Bruggen en gebouwen?', Inaugural Dissertation, Polytechnic Institute, Delft.

Maier-Leibnitz, H. (1928), 'Beitrag zur Frage der tatsächlichen Tragfähigkeit einfacher und durchlaufender Balkenträger aus Baustahl St. 37 und aus Holz', *Bautechnik*, **6**, 11.

Maier-Leibnitz, H. (1936), 'Versuche, Ausdeutung und Anwendung der Ergebnisse', prelim. publ., 2nd Congr. Int. Assoc. Bridge Struct. Eng., Berlin, 1936, 97.

Popov, E.P. and Willis, J.A. (1957), 'Plastic design of cover plated continuous beams', *J. Eng. Mech. Div., Proc. Am. Soc. Civil Engrs*, **84**, Paper 1495.

Schilling, C.G., Schutz, F.W. and Beedle, L.S. (1956), 'Behaviour of welded single-span frames under combined loading', *Weld. J., Easton, Pa.*, **35**, 234-s.

문제

1. 소성 모멘트가 28kNm인 일정 단면 연속보가 A, B, C, D, E 의 다섯 개 점에서 단순지지되어 있고, AB=3m, BC=CD=4m, DE=5m다. 각 스팬의 중앙에는 다음 크기의 집중하중이 작용한다.

$$AB=25\lambda kN,\ BC=25\lambda kN,\ CD=35\lambda kN,\ DE=12.5\lambda kN$$

붕괴하중계수를 구하고 붕괴할 때 점 A의 반력이 취할 수 있는 범위를 결정하시오.

2. 소성 모멘트가 M_p인 일정 단면 연속보가 A, B, C의 세 점에서 단순지지되어 있고 AB=BC=l이다. 스팬 AB는 하중이 작용하지 않고 스팬 BC에는 전장에 걸쳐서 등분포하중 W가 작용하고 있다. 붕괴시에 소성 힌지는 BC 중의 C에서 거리가 $(\sqrt{2}-1)l$의 위치에 형성되는 것을 나타내고 붕괴를 일으키게 하는 W값을 구하라. 더욱이 W가 0에서부터 점차 증가하는 경우 초기 항복이 C에서부터 $7l/16$의 위치에 생기는 것을 탄성해석에 따라 나타내시오.

3. A, B, C, D 네 개의 점에 단순지지된 연속보가 있고, AB=BC=CD= 3m다. 각 스팬에는 아래의 등분포하중이 작용한다.

$$AB=50kN,\ BC=100kN,\ CD=60kN$$

각 스팬 내에서 단면은 일정하지만 각 스팬의 소성 모멘트는 다르다. 단위하중계수에 대해서 곧 붕괴하려고 하는 각 스팬의 소성 모멘트의 필요한 값을 구하시오. 다만 BC의 소성 모멘트는 AB나 CD의 것보다 크다고 가정해도 좋다. AB와 CD에는 문제 2의 답을 이용하고 BC를 생각할 경우에는 식 (3.16)과 (3.17)을 이용하시오.

4. 일정 단면의 양단고정보가 있고 길이 l, 소성 모멘트는 M_p로 등분포

하중 W와 보 단부에서부터 $l/3$의 지점에 집중하중 P를 받고 있다. P값이 $0.25W$, $0.5W$, W의 각 경우에 대해서 붕괴를 일으키게 하는 W값을 구하시오.

5. 그림 3-8의 양단고정보에서는 보 단부에서부터 0.5m의 범위를 플랜지 플레이트로 보강하고 소성 모멘트를 32kNm에서 68kNm로 증가시킨 경우의 붕괴하중계수 λ_c는 1.6이었다. 보 양단을 이와 같이 보강하지 않고 중앙부를 위와 같은 소성 모멘트가 되도록 보강하는 경우를 생각한다. 같은 λ_c값이 되는 데 필요한 중앙부의 보강 길이를 구하시오.

6. 그림 3-6(a)의 골조에 대한 두 개의 평형식을 유도하라. 또 조합붕괴기구를 가정해서 대응하는 λ값이 1.6이고, 단면 2의 휨 모멘트가 +40kNm임을 확인하시오.

7. 높이 l, 스팬 $2l$의 주각고정 직사각형 골조를 생각한다. 전 부재는 소성 모멘트가 M_p인 일정 단면이다. 이 골조는 주두에 수평력 H와 보 중앙에 연직력 V를 받는다. 아래에 나타낸 H와 V값에 대해서 붕괴를 일으키는 W값을 구하고, 각각의 경우 붕괴시의 휨 모멘트 분포를 결정하시오.

   (a) $H = W$, $V = 0$
   (b) $H = W$, $V = 0.5W$
   (c) $H = W$, $V = W$
   (d) $H = W$, $V = 2W$
   (e) $H = W$, $V = 3W$

(b)와 (c)인 경우 과완전붕괴형인 것을 확인하라. (d)인 경우에 대해서는 2자유도의 과완전붕괴기구를 그림으로 나타내고 이 기구에 대응하는 일식에서 얻어지는 W_c값을 구하시오.

8. 주각 힌지의 직사각형 골조 ABCD에서 기둥 AB와 CD의 높이는 3m, 보 BC의 길이는 9m다. 전 부재는 소성 모멘트 30kNm의 일정 단면이다. 이 골조의 점 C에 10λkN의 수평력이, 또 점 B에서부터 3m 떨어진 점에 10λkN의 연직력이 작용한다. 수평력이 BC 방향으로 작용하는 경우와 CB 방향으로 작용하는 경우의 붕괴하중계수를 구하시오.

9. 그림 3-3(a)의 골조에 대해서 층기구를 가정해 휨 모멘트 분포를 구하시오. 식 (3.16), (3.17)을 이용해 보에 생기는 최대휨 모멘트의 위치와 크기를 구하고 여기서 λ_c값의 하계를 결정하시오.

10. 그림 3-3(a)의 골조를 대상으로 문제 9에서 구한 보의 최대휨 모멘트 위치에 소성 힌지를 설치한 조합기구에 대응하는 λ값을 구하시오. 식 (3.16)과 (3.17)을 이용해 대응하는 휨 모멘트 분포에서부터 보에 생기는 최대휨 모멘트 값을 구하고 이것에서 λ_c값의 하계를 결정하시오.

11. 높이와 스팬이 모두 5m의 주각고정 직사각형 골조를 생각한다. 기둥의 소성 모멘트는 24kNm, 보의 소성 모멘트는 12kNm다.
한쪽 기둥은 15λkN의 등분포하중을 받는다. 붕괴기구는 양쪽의 주각과 보 기둥의 절점에 소성 힌지가 생기는 층기구가 되는 것을 나타내고 붕괴하중계수값을 구하시오. 식 (3.16), (3.17)을 이용해 분포하중이 작용하는 기둥의 휨 모멘트 분포를 조사하고, 더욱이 기둥의 소성 모멘트가 12kNm로 저하된 경우의 붕괴하중계수값을 구하시오.

12. 주각 힌지의 직사각형 골조 ABCD에서 AB와 CD의 높이는 각각 4m와 6m다. 주각 D의 높이는 주각 A보다 2m 낮고, 길이 4m의 보는 수평이다. 골조 전 부재의 소성 모멘트는 전부 20kNm다.
보 BC는 20λkN의 중앙집중하중을 받고 8λkN의 수평력이 점 C에서

BC 방향으로 작용한다. 붕괴가 생길 때의 λ값을 구하시오. 또 수평력이 역방향으로 작용하는 경우의 붕괴하중계수값을 구하시오.

13. 길이 l, 소성 모멘트 M_p의 일정 단면보가 일단에서 단순지지, 타단에서 고정지지되어 있다. 집중하중 W가 스팬 내의 어느 점에 작용한다. 하중이 가장 불리한 위치에 작용해서 붕괴될 경우 M_p의 필요한 값을 구하시오.

4 소성설계법

4-1 문제제기

 이 장에서는 주어진 설계용 하중계수 아래서 곧 소성붕괴가 일어나도록 골조를 설계하기 위한 방법 두 가지를 설명한다. 소성붕괴하중에 달하기 전에 좌굴에 의한 파괴는 생기지 않는 것으로 가정한다. 소성역에서 부재의 좌굴에 관한 문제는 이 책의 범위 밖이다.
 최초로 설명하는 방법은 시행오차법(trial-and-error method)이다. 이 방법은 예비 계산결과를 통해 붕괴기구를 이미 아는 경우에 적합하다. 이 방법에서는 가정된 붕괴기구에 대해서 안전과 동시에 정적허용인 휨 모멘트 분포가 존재하는 것을 확인하는 수속이 필요하다.
 붕괴기구를 알 수 없을 경우에는 기구조합법(method of combining mechanisms)을 이용, 여러 종류의 독립기구(independent mechanisms)를 조합해서 구성되는 몇 개의 가능한 붕괴기구를 조사하는 작업이 필요하다.
 실제의 붕괴기구를 얻었다고 판단할 경우 그 결과는 시행오차법과 같은 방법으로 검정된다. 선형계획법을 이용하는 다른 방법도 고안되어 있지만 이 책의 범위 밖이고 4-4절에서 간단하게 기술한다.

4-2 시행오차법

그림 4-1(a)에 표시된 ㅅ자형 골조(pitched-roof portal frame)를 예로 들어서 시행오차법을 설명한다. 그림 중에 나타난 하중은 고정하중과 풍하중을 합한 것이다. 모든 하중은 부재에 따라서 등분포하중이지만 편의상 부재 중앙에 작용하는 합력으로써 점선의 화살로 표시된다.

주각을 포함한 모든 접합부는 소성 모멘트를 전달할 수 있는 것으로 가정한다. 부재의 소성 모멘트는 모두 같은 값 M_p로 하고 1.6의 하중계수에 대해서 곧 붕괴하도록 M_p값을 결정하는 것이 문제다.

이 방법은 기본적으로 가정된 기구를 평형조건에 기초해서 검토하는 절차가 필요하기 때문에 제1단계에서는 가상변위법을 이용해서 평형조건식을 만든다. 우선 그림 4-1(a)에서 1~9의 번호가 붙어 있는 네 부재의 양단과 중앙의 휨 모멘트에 주목한다. 이 골조는 3차 부정정이기 때문에 아홉 개의 휨 모멘트를 관계짓는 여섯 개의 독립 평형조건식이 존재할 것이다.

이 가운데 네 개의 평형조건식은 각 부재의 보기구에서 유도될 수 있다. 왼쪽의 보에 대해서 이런 종류의 전형적인 기구가 그림 4-1(b)에 표시되어 있다. 그 운동은 절점 3 주위의 시계 방향으로 회전각 θ에 따라서 표시된다. 절점 3에서 중앙점 4까지 수평거리가 3.5m이기 때문에 절점 4의 연직력 방향 이동은 아래쪽으로 3.5θm다. 또 중앙점 4의 좌단 높이는 1.0m이므로, 그 점의 수평 이동은 그림에 나타난 것처럼 오른쪽 방향으로 1.0θm다.

다른 두 개의 기구는 그림 4-1(c)와 (d)에 나타나 있다. 그림 4-1(c)의 층기구는 이미 나타난 것으로 여기서는 설명하지 않는다. 그러나 그림 4-1(d)에 나타난 층기구는 좀 복잡하다. 이 기구에서 왼쪽의 보 3-5는 절점

3 주위로 회전하기 때문에 정점(頂点) 5는 3-5 부재의 직교 방향으로 이동한다. 기둥 7-9는 주각 9 주위로 회전하므로, 따라서 절점 7은 수평 방향으로 이동한다.

이상에서 오른쪽의 보 5-7의 부재단 5와 7의 이동 방향이 결정되며, 이 부재는 그림 4-1(d)에 나타난 순간회전중심(instantaneous centre) I 주위로 회전하는 것이 된다. 이 기구의 운동은 보 5-7의 회전중심 I 주위의 시계반대 방향 회전각 θ에 따라 표시할 수 있다.

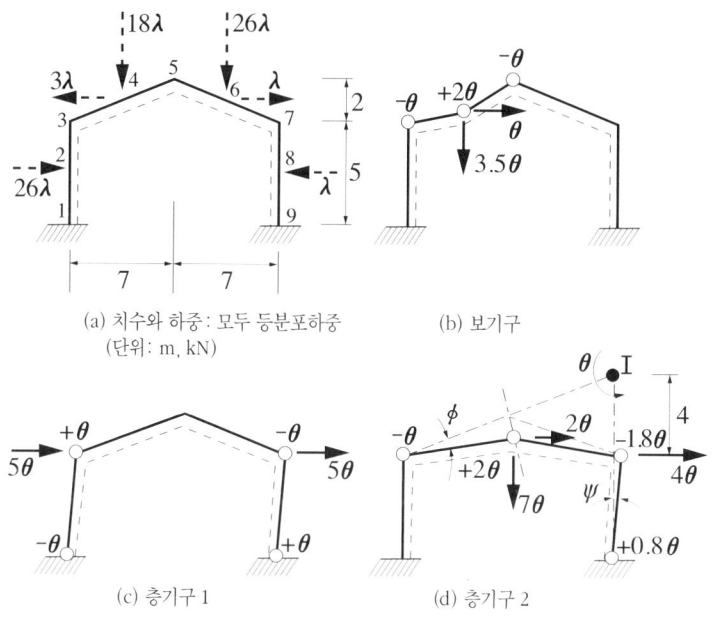

그림 4-1 ∧자형 골조

그림에서 절점 7의 수평 방향 이동은 4θm인 것을 안다. 기둥 7-9의 시계 방향의 회전각을 ψ로 표시하면 $4\theta=5\psi$이기 때문에 $\psi=0.8\theta$가 된다. 같은 방식으로 하여 보 3-5의 회전각 ψ는 θ와 같다.

보 5-7은 시계반대 방향으로 θ회전하고, 기둥 7-9는 시계 방향으로 0.8θ 회전하기 때문에 절점 7에서 힌지 회전각의 크기는 1.8θ이며, 그림에서 알 수 있듯이 그 부호는 부(負)다. 같은 모양으로 해서 정점 5의 힌지 회전각은 +2θ임을 표시할 수가 있다. 이것으로 이 기구의 운동학적인 해석은 완료된다.

여섯 종류의 기구에서 유도되는 여섯 개의 평형조건식은 다음과 같다.

$$32.5\lambda = -M_1 + 2M_2 - M_3 \tag{4.1}$$
$$30\lambda = -M_3 + 2M_4 - M_5 \tag{4.2}$$
$$45\lambda = -M_5 + 2M_6 - M_7 \tag{4.3}$$
$$1.25\lambda = -M_7 + 2M_8 - M_9 \tag{4.4}$$
$$52.5\lambda = -M_1 + M_3 - M_7 + M_9 \tag{4.5}$$
$$152\lambda = -M_3 + 2M_5 - 1.8M_7 + 0.8M_9 \tag{4.6}$$

우선 M_p에 적당한 값 40kNm를 가정하고 앞 장과 같이 붕괴하중계수를 결정하는 문제로 해서 계산을 한다. 1.6의 하중계수를 확보하기 위해서 필요한 M_p값은 최후에 간단한 비례계산을 하여 구할 수가 있다.

이런 형태의 골조와 하중에 대한 실제의 붕괴기구는 그림 4-1(d)에 표시한 것을 알고 있다. 단지 부재에 작용하는 하중은 등분포하중이기 때문에 힌지 위치에 대해서는 약간의 보정이 필요하다. 이상에서 다음과 같이 가정을 한다.

$$M_3 = -40, \quad M_5 = +40, \quad M_7 = -40, \quad M_9 = +40 \tag{4.7}$$

간단히 하기 위해서 단위를 생략한다.

이 모멘트 값을 (4.6)에 대입하면 λ값을 얻고 다른 다섯 개의 식은 순차적으로 쉽게 풀 수 있으며, 다음 값을 얻을 수 있다.

$$\lambda = 1.474$$

$$M_1 = -37.4, \quad M_2 = -14.7, \quad M_4 = +22.1,$$
$$M_6 = +33.2, \quad M_8 = +0.9 \qquad (4.8)$$

이들 휨 모멘트의 절대값은 어느 것도 소성 모멘트 40을 넘지 않기 때문에 그림 4-1(d)의 기구는 실제 붕괴기구다. 단지 각 부재는 등분포 하중을 받고 있기 때문에 검토된 단면 이외의 부분에서 소성 모멘트보다 큰 휨 모멘트가 생기지 않는 것이 유일한 조건으로 제시되어 있다.

이것을 검토하기 위해서 골조 전체의 휨 모멘트 도를 그림 4-2에 표시한다. 이 그림에서 골조는 수평선 위에 전개되고 있다. 양쪽 기둥에서는 휨 모멘트 분포 모양에서부터 소성 모멘트를 초과하지 않는 것은 명확하지만, 각 보에서는 초과할 가능성이 있다. 제3장에서 설명한 방법에서 식 (3.16)과 (3.17)을 이용하면 두 개의 보에서는 부재의 중앙에 최대휨 모멘트가 생기고, 이들의 휨 모멘트 가운데 큰 쪽은 오른쪽 보의 +45.2이며, 정점에서 1.44m 떨어진 위치에 생기는 것을 알 수 있다.

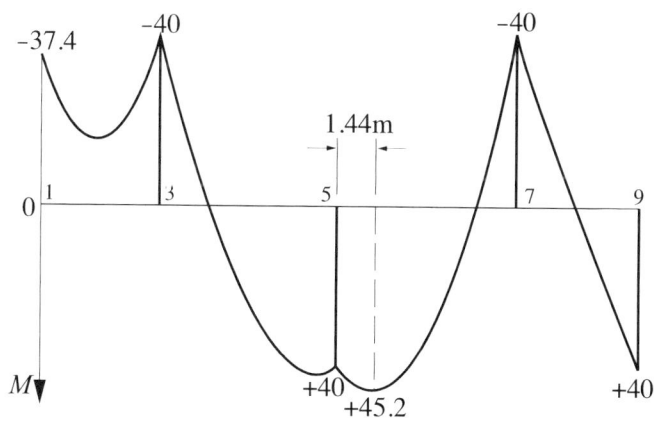

그림 4-2 ㅅ자형 골조의 휨 모멘트 도

다음은 정점이 소성 힌지 대신에 최대휨 모멘트가 생기는 이 위치에 힌지를 가정하고 단면 3, 7, 9의 소성 힌지 세 개는 그대로 두고 새롭게 해석을 한다. 이 위치의 휨 모멘트를 M_{10}으로 표시하면 이 모멘트를 포함한 평형조건식이 필요하지만, 이것은 그림 4-3에서 표시한 보기구에서 얻을 수 있다. 이 기구에서 다음 식이 나온다.

$$5.61\psi = 1.39\theta$$
$$\psi = 0.25\theta$$

따라서 대응하는 식은 다음과 같다.

$$17.85\lambda = -M_5 + 1.25M_{10} - 0.25M_7 \qquad (4.9)$$

새로운 기구에서 소성 모멘트는 아래와 같다.

$$M_3 = -40, \quad M_{10} = +40, \quad M_7 = -40, \quad M_9 = +40 \qquad (4.10)$$

이것을 식 (4.1)~(4.6)과 식 (4.9)에 대입하면 다음과 같다.

$$\lambda = 1.404$$
$$M_1 = -33.7, \quad M_2 = -14.1, \quad M_4 = +18.4, \quad M_5 = +34.7,$$
$$M_6 = +29.0, \quad M_8 = +0.9 \qquad (4.11)$$

휨 모멘트 분포는 그림 4-2의 분포와 유사하기 때문에 그릴 필요는 없다. 이때 왼쪽 보의 최대휨 모멘트는 +35.0으로 감소하고 있다. 오른쪽 보에서는 최대휨 모멘트가 정점에서 1.49m, 즉 단면 10에서 0.05m의 위치에 생기고 네 자리의 유효숫자로 쓰면 +40.00이다.

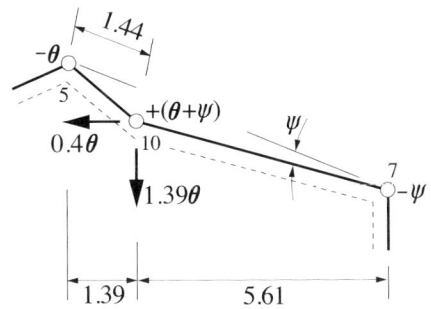

그림 4-3 지붕재의 보기구

이와 같이 식 (4.10)과 (4.11)에서 얻어진 휨 모멘트 분포는 1.404의 하중계수에 대해서 안전과 동시에 정적허용이다. 유일성정리에서 이 하중계수는 $M_p = 40\text{kNm}$인 골조의 붕괴하중계수다.

모든 하중과 휨 모멘트를 1.6/1.404의 비율로 증가시키고 소성 모멘트도 다음의 값으로 증가시키면 휨 모멘트 분포는 안전 그대로이고 하중계수 1.6에 대해서 정적허용이 된다.

$$M_p = \left(\frac{1.6}{1.404}\right)40 = 45.6\text{kNm}$$

따라서 M_p의 필요값은 45.6kNm다.

시행오차법은 지금까지 경험에 따르면 일반적으로 붕괴기구가 판명된 1스팬 골조에 특히 적합하다. 이 방법은 자주 반도식(半圖式) 해법(semi-graphical method)을 이용해서 행해지며, 그 경우 휨 모멘트 도는 자유 모멘트 도와 반력 모멘트 도의 차로 표시된다.

이 방법에 따른 직사각형 골조의 광범위한 계산 예를 헤이먼(1957)이 보여준다. 1스팬 직사각형 골조의 설계에 대해서도 해리슨(Harrison, 1960) 등 연구자 몇 사람이 검토했다. 이 방법에 따른 3스팬 골조해석 예는 베이커(1949)가 밝혔다. 또한 헨드리(Hendry, 1955)는 비렌딜(Vierendeel) 보의 해석에 이 방법을 적용했다. 직사각형 골조에 대해서는 여러 종류의 실험 결과가 보고되어 있다. 예를 들면 베이커, 아이크호프(1955, 1956)와 드리스콜(Driscoll), 비들(1957) 등의 실물크기 실험 보고가 있다.

실제의 붕괴기구가 부분형, 즉 r차의 부정정 골조의 붕괴상태에서 소성 힌지의 수가 ($r+1$)개보다 적을 경우 시행오차법에 따른 해석은 곤란해진다. 붕괴상태에서 정정이 되는 골조 일부의 정적허용 휨 모멘트 분포를 구하고, 이 분포가 안전한지 어떤지를 검토하는 것은 쉽다. 그러나 휨 모멘트 분포가 하나만으로 결정되지 않는 골조의 남은 부분에 대해서는 모든 가능한 정적허용 휨 모멘트 분포 가운데 적어도 한 개의 안전한 분포가 존재하는 것을 확인할 필요가 있다. 이러한 검토는 골조의 남은 부분의 부정정차수가 높아질수록 번거로워진다.

지금까지 행한 유사한 구조물의 설계 예는 가정된 붕괴기구가 바른지 어떤지를 판단하기 위한 지침이 된다. 그러나 특수한 문제에 직면했을 때에는 실제의 붕괴기구가 부분형이어도 그것에 가까운 기구를 신속히 찾아낼 수 있는 방법이 필요해진다. 그것을 가능하게 하는 기구조합법을 다음에 설명한다.

4-3 기구조합법

닐과 시먼스(Symonds, 1952a, 1952b)가 고안한 이 방법의 기본개념은 주어진 골조와 하중에 대한 모든 가능한 붕괴기구가 얼마 간의 독립기구(independent mechanisms)를 조합해서 얻을 수 있다는 데 있다. 각각의 가능한 붕괴기구에 대해서 일식을 만들고, 그것에 대응하는 하중계수 λ값을 구한다. 실제의 붕괴기구는 상계정리에서 대응하는 λ의 최소값을 갖는다는 사실에 따라 모든 가능한 붕괴기구 가운데 구별된다. 따라서 대응하는 λ값이 작은 독립기구를 조합하고 더욱이 작은 λ값을 주는 기구를 만들 수 있는가 어떤가를 검토한다. 실제 붕괴기구에 도달하기 위해서는 몇 개인가의 그럴싸한 조합을 검토하는 것만으로도 좋다. 그리고 평형조건을 기초로 해 결과를 확인하기 위한 작업을 행한다. 처음에는 단순한 골조의 문제를 이용해서 기본적인 방법을 설명하고, 몇 개의 복잡한 예제를 나타낸다.

4-3-1 1층 1스팬 직사각형 골조

그림 4-4(a)에 치수와 하중이 표시된 직사각형 골조를 생각한다. 기둥의 소성 모멘트는 보에 비해서 50% 크다. 문제는 1.5의 하중계수에 대해서 소성붕괴하도록 소성 모멘트 값을 구하는 것이다. 우선 그림 가운데 나타난 것처럼 45kNm와 30kNm값을 가정하고 해석이 종료된 후에 이 값을 수정한다.

소성 힌지 형성 가능 단면의 수 n은 5이고, 이들의 위치에는 그림 가운데 번호가 붙어 있다. 부정정차수 r은 3이기 때문에 다섯 군데의 단면의 휨 모멘트를 관계짓는 $(n-r)=2$개의 독립적인 평형조건식이 있다. 휨 모멘트 분포의 계산에 필요한 이들의 식은 그림 4-4(b)와 (c)에 나타난 두 종류의 기구에 가상변위법을 적용해서 다음과 같이 유도된다.

$$90\lambda\theta = M_2(-\theta) + M_3(+2\theta) + M_4(-\theta)$$
$$90\lambda = -M_2 + 2M_3 - M_4 \qquad (4.12)$$

$$120\lambda\theta = M_1(-\theta) + M_2(+\theta) + M_4(-\theta) + M_5(+\theta)$$
$$120\lambda = -M_1 + M_2 - M_4 + M_5 \qquad (4.13)$$

우선 그림 4-4(b)의 보기구를 가능한 붕괴기구로 생각한다. 힌지를 소성 힌지로 취급하면 그곳에서 흡수되는 일은 회전의 방향에도 불구하고 정(正)이다. 단면 2와 4에서는 기둥보다 소성 모멘트가 작은 보 쪽으로 소성 힌지가 형성된다. 일식은 다음과 같다.

$$90\lambda\theta = 30(\theta) + 30(2\theta) + 30(\theta) = 120\theta$$
$$\lambda = 1.333 \tag{4.14}$$

같은 방식으로 그림 4-4(c)의 층기구에 대한 일식은 다음과 같다.

$$120\lambda\theta = 45(\theta) + 30(\theta) + 30(\theta) + 45(\theta) = 150\theta$$
$$\lambda = 1.25 \tag{4.15}$$

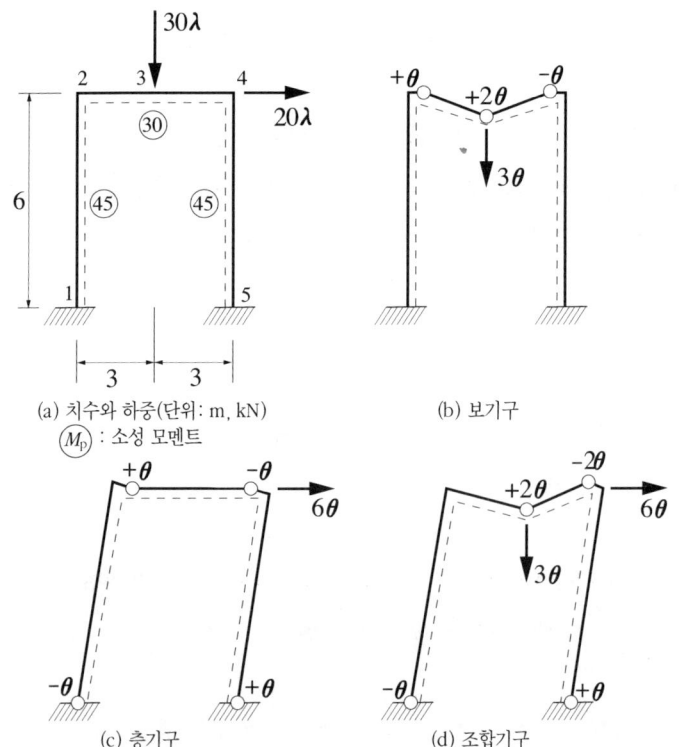

그림 4-4 직사각형 골조

다음은 그림 4-4(d)의 기구를 생각한다. 이 조합된 기구는 보기구와 층기구의 변위와 힌지 회전을 더해서 얻어진다. 여기서는 이 조합기구의 일식을 가상변위법에 따라 직접 구하지 않고 조합되는 두 종류의 붕괴기구의 일식 (4.14)와 (4.15)로부터 만드는 방법을 설명한다.

그림 4-4(b), (c), (d)의 각 그림을 조사하면 조합기구에서 변위는 보기구와 층기구의 변위를 더해서 얻어지는 것을 알 수 있다. 따라서 조합기구에서 하중이 이루는 일은 보기구와 층기구에서 외력일의 합계다.

조합기구에서 힌지 회전각도 조합되는 두 종류의 기구의 힌지 회전각을 더해서 얻어진다. 그러나 표 4-1에서 알 수 있듯이, 힌지에서 흡수되는 일에 대해서는 각 기구에서 흡수되는 일을 더할 수는 없다.

표 4-1 소성 힌지 회전각과 소성 힌지에서 흡수되는 일

단면	보기구		층기구		조합기구	
	소성 힌지 회전각	소성 힌지에서 흡수되는 일양	소성 힌지 회전각	소성 힌지에서 흡수되는 일양	소성 힌지 회전각	소성 힌지에서 흡수되는 일양
1	-	-	$-\theta$	45θ	$-\theta$	45θ
2	$-\theta$	30θ	$+\theta$	30θ	-	-
3	$+2\theta$	60θ	-	-	$+2\theta$	60θ
4	$-\theta$	30θ	$-\theta$	30θ	-2θ	60θ
5	-	-	$+\theta$	45θ	$+\theta$	45θ

보기구와 층기구 모두 단면 2에서 흡수되는 일은 30θ다. 그러나 $-\theta$와 $+\theta$의 힌지 회전각을 더하면 0이기 때문에 조합기구의 단면 2에서 흡수되는 일은 0이다. 다른 네 군데의 단면에서는 흡수되는 일을 더할 수가 있다. 따라서 조합기구의 일식은 다음과 같아진다.

$$\text{보기구}: \quad 90\lambda\theta = 120\theta; \quad \lambda = 1.333 \qquad (4.14)$$
$$\text{층기구}: \quad \underline{120\lambda\theta = 150\theta}; \quad \lambda = 1.25 \qquad (4.15)$$
$$\text{조합기구}: \quad 210\lambda\theta = 270\theta - 2 \times 30\theta$$

$$= 210\theta$$
$$\lambda = 1 \tag{4.16}$$

단면 2의 소성 힌지를 소실함으로써 조합기구에서 흡수되는 일이 감소하고 대응하는 λ값은 조합되는 각 기구의 것보다 작아진다. 이 단순한 예에서 가능한 조합기구는 한 개밖에 없기 때문에 조합기구는 실제의 붕괴기구라고 결론지어진다.

답은 평형조건에서 쉽게 검토될 수 있다. 붕괴기구에서 소성 모멘트는 다음과 같다.

$$M_1 = -45, \quad M_3 = +30, \quad M_4 = -30, \quad M_5 = +45$$

이들의 값을 식 (4.12), (4.13)에 대입하면 $M_2 = 0$, $\lambda = 1$이 나오며, 답이 바르다는 것을 확인할 수 있다.

필요한 하중계수는 1.5이기 때문에 소성 모멘트의 필요값도 최초에 가정된 값을 1.5배 해서, 보에서는 $30 \times 1.5 = 45\text{kNm}$, 기둥에서는 $45 \times 1.5 = 67.5\text{kNm}$가 된다.

소성붕괴기구와 평형조건식의 관계에 대해서는 제3장에서 검토했다. 기구조합법은 이 기본원리를 이해하는 데 유용할 것이다. 보기구와 층기구에 대응하는 두 개의 독립된 평형조건식은 다음과 같다.

$$90\lambda\theta = M_2(-\theta) + M_3(+2\theta) + M_4(-\theta) \tag{4.12}$$
$$120\lambda\theta = M_1(-\theta) + M_2(+\theta) + M_4(-\theta) + M_5(+\theta) \tag{4.13}$$

이들 두 개의 식을 더하면 다음 식이 얻어진다.

$$210\lambda\theta = M_1(-\theta) + M_3(+2\theta) + M_4(-2\theta) + M_5(+\theta) \tag{4.17}$$

이것은 그림 4-4(d)의 조합기구에 가상변위법을 적용해서 얻어지는 식이다. 물론 이 식은 식 (4.12)와 (4.13)과 관계가 있다.

휨 모멘트의 절대값은 소성 모멘트를 초과할 수 없기 때문에 M_1과 M_5는 ±45의 사이에, 또 M_2, M_3, M_4는 ±30 사이가 되지 않으면 안 된다. 따라서 위의 세 개 식은 다음과 같이 표시된다.

$$90\lambda\theta = (-30)(-\theta) + 30(+2\theta) - 30(-\theta) = 120\theta$$
$$120\lambda\theta = (-45)(-\theta) + 30(+\theta) - 30(-\theta) + 45(+\theta) = 150\theta$$
$$210\lambda\theta = -45(-\theta) + 30(+2\theta) - 30(-2\theta) + 45(+\theta) = 210\theta$$

이 세 개 식은 각각 보기구, 층기구, 조합기구에 대해서 일식 (4.14), (4.15), (4.16)이 된다. 보기구와 층기구를 조합하는 것은 두 개의 평형조건식 (4.12)와 (4.13)을 조합해 식 (4.17)을 만드는 것에 해당한다. 특히 단면 2에서 힌지의 소실은 식 (4.12)와 (4.13)를 더하면 M_2가 소거되는 것에 대응한다.

일반적으로 독립한 평형조건식과 같은 수의 독립기구가 존재한다는 사실을 설명하기 위해서 이 예제를 나타냈다. 소성 힌지 형성 가능 단면의 수가 n이고 부정정차수가 r이면, (n−r)개의 독립된 평형조건식이 있으므로 (n−r)개의 독립기구가 존재한다.

기구 조합법의 요점은 우선 독립기구를 구하고, 이들을 조합해서 독립기구 가운데 가장 작은 하중계수보다 작은 하중계수가 소성 힌지의 소실에 따라서 얻어지는지 어떤지를 조사하는 것이다.

그림 4-4의 예에서는 거기에 나타난 세 종류의 기구 가운데 임의의 두 개를 독립기구로 해서 선택할 수 있다. 두 개의 독립기구로 보기구와 층기구를 선택한 이유는 독립기구의 한 개에 조합기구를 이용하면, 독립기구의 조합에서 소성 힌지 회전각과 변위에 뺄셈이 생기기 때문이다. 예를 들면 조합기구와 보기구를 두 개의 독립기구로 하면, 층기구는 조합기구의

변위와 소성 힌지 회전각에서 보기구의 그것들을 빼서 얻어진다. 이 계산은 조금 귀찮은 것이다.

4-3-2 1층 2스팬 직사각형 골조

그림 4-5(a)에 치수와 하중이 표시된 골조에 기구조합법을 적용한다. 이 골조 부재의 소성 모멘트는 모두 같고 소성붕괴에 대한 하중계수는 1.4다. 처음에 소성 모멘트를 30kNm로 가정한다.

10개의 가능한 소성 힌지 위치는 그림 가운데 번호를 붙여서 표시되며, 이 골조의 부정정차수는 6이다. 따라서 독립기구의 수는 아래와 같다.

$$n - r = 10 - 6 = 4$$

이 가운데 세 개의 기구는 쉽게 확인할 수 있고, 그림 4-5(b)의 층기구와 4-5(c), (d) 두 개의 보기구다. 네번째 독립기구는 그림 4-5(e)에 표시하는 절점기구다. 중앙 절점에 모멘트는 작용하지 않기 때문에 이 기구는 가능한 소성붕괴기구가 아니다. 그러나 이 기구는 확실히 다른 세 개의 기구와 독립되어 있고, 이하에 표시한 대로 다른 기구와 조합해서 가능한 붕괴기구를 형성하는 데 이용된다.

평형조건식은 가상변위법을 이용해서 네 종류의 독립기구에서 다음과 같이 유도할 수가 있다.

$$100\lambda\theta = M_1(-\theta) + M_2(+\theta) + M_5(+\theta) + M_{10}(-\theta) + M_8(-\theta) + M_9(+\theta)$$
$$60\lambda\theta = M_2(-\theta) + M_3(+2\theta) + M_4(-\theta)$$
$$72\lambda\theta = M_6(-\theta) + M_7(+2\theta) + M_8(-\theta)$$
$$0 = M_4(-\theta) + M_5(-\theta) + M_6(+\theta)$$

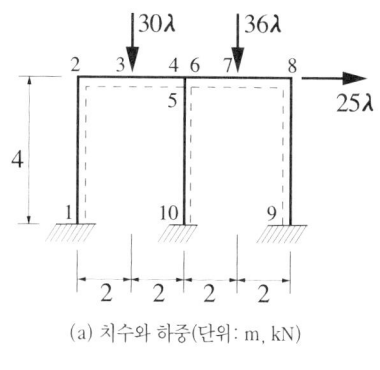

(a) 치수와 하중(단위: m, kN)

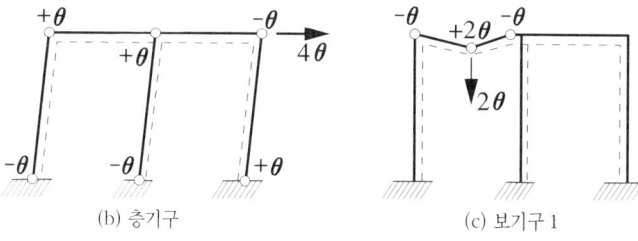

(b) 층기구   (c) 보기구 1

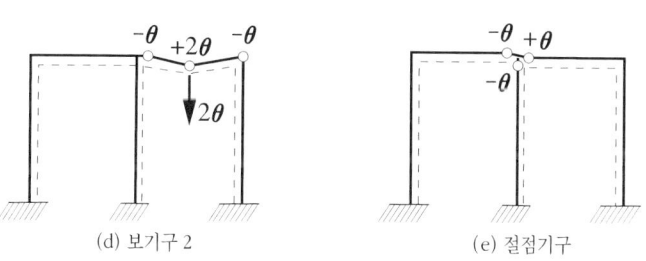

(d) 보기구 2   (e) 절점기구

그림 4-5 2스팬 직사각형 골조

이들 식은 다음과 같이 된다.

$$100\lambda\theta = -M_1 + M_2 - M_{10} + M_5 + M_9 - M_8 \qquad (4.18)$$

$$60\lambda\theta = -M_2 + 2M_3 - M_4 \qquad (4.19)$$

$$72\lambda\theta = -M_6 + 2M_7 - M_8 \qquad (4.20)$$

$$0 = -M_4 - M_5 + M_6 \qquad (4.21)$$

여기서 층기구와 보기구를 가능한 소성붕괴기구로 생각하면 그들의 일식은 위의 식에서 바로 유도된다. 각 경우 모두 외력일의 계산은 지금까지와 같은 요령이다. 각 소성 힌지의 소성 모멘트는 30이고 흡수되는 일은 항상 정(正)이다. 따라서 일식은 다음과 같다.

    층기구: 그림 4-5(b) $100\lambda\theta = 180\theta$; $\lambda = 1.8$
    보기구: 그림 4-5(c) $60\lambda\theta = 120\theta$; $\lambda = 2$
    보기구: 그림 4-5(d) $72\lambda\theta = 120\theta$; $\lambda = 1.667$

얻어진 세 개의 하중계수값에는 큰 차이가 없다. 최초의 하중계수가 작은 두 개의 기구조합을 검토하는 것이 보통이고, 우선 오른쪽의 보기구와 층기구를 조합한다. 이들의 기구의 변위와 소성 힌지 회전을 더해도, 그림 4-6(a)에 표시한 것처럼 소성 힌지는 소실하지 않는다. 그러나 그림 4-5(e)의 절점기구를 더하면 단면 4에 회전각 $-\theta$의 소성 힌지가 생기지만, 단면 5와 6에서 회전각 $+\theta$와 $-\theta$의 소성 힌지가 소실한다. 이 효과로 중앙 절점에서 흡수되는 일은 60θ에서 30θ로 감소한다. 이 결과에서 얻어진 기구가 그림 4-6(b)에 표시되어 있다.

이 조합에 대한 일식은 다음과 같이 유도된다.

    층기구: 그림 4-5(b) $100\lambda\theta = 180\theta$; $\lambda = 1.8$
  오른쪽 보기구: 그림 4-5(d)   <u>$72\lambda\theta = 120\theta$</u>; $\lambda = 1.667$
    조합기구: 그림 4-6(b) $172\lambda\theta = 300\theta - 30\theta = 270\theta$
                      $\lambda = 1.570$

λ값은 힌지의 소실에 따라 조합된 두 개의 기구에 대한 값보다 작게 되어 있다. 이상의 계산은 절점기구가 하는 역할을 설명한다. 임의의 조합에서 중앙 절점은 그곳의 소성 힌지에서 흡수되는 일을 최소화하는 방향

으로 회전한다. 이와 같이 절점기구는 그 자신이 가능한 붕괴기구는 아니지만 독립기구로 기능한다.

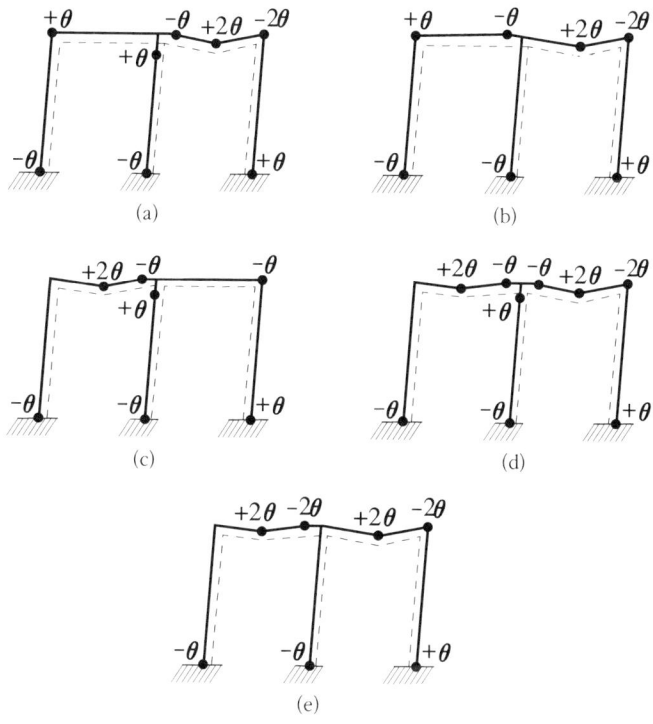

그림 4-6 2스팬 직사각형 골조: 기구조합

다른 가능한 조합은 그림 4-6(c)에 표시한 대로 왼쪽의 보기구와 층기구를 조합해 얻을 수 있다. 이 결과 단면 2에서 소성 힌지가 소실한다. 이 경우 중앙 절점이 회전해도 흡수되는 일은 감소하지 않는다. 조합되는 각 기구에서 소성 힌지에서 흡수되는 전 일에는 단면 2의 소성 힌지에서 30θ가 포함되어 있기 때문에 이 조합에 따라 전 흡수일은 60θ 감소한다. 지금부터 일식은 다음과 같이 유도된다.

$$\text{층기구: 그림 } 4\text{-}5(b) \quad 100\lambda\theta = 180\theta; \quad \lambda = 1.8$$

왼쪽 보기구: 그림 4-5(c) $60\lambda\theta = 120\theta$; $\lambda = 2$
조합기구: 그림 4-6(c) $160\lambda\theta = 300\theta - 60\theta = 240\theta$
$$\lambda = 1.5$$

이 값은 지금까지 얻어진 λ의 최소값이다. 이 밖에 유일하게 가능한 조합은 지금 유도한 그림 4-6(c)의 기구에 오른쪽의 보기구를 더해서 얻어진 것이고, 단순히 더하면 그림 4-6(d)에 표시하는 기구가 된다. 이 기구에 절점기구를 더한 효과가 그림 4-6(e)에 표시되고, 이것에 따라 중앙 절점에서 흡수되는 일이 90θ에서 60θ로 감소한다. 따라서 이 기구에 대한 일식은 다음과 같이 된다.

조합기구: 그림 4-6(c) $160\lambda\theta = 240\theta$; $\lambda = 1.5$
오른쪽 보기구: 그림 4-5(d) $72\lambda\theta = 120\theta$; $\lambda = 1.667$
조합기구: 그림 4-6(e) $232\lambda\theta = 360\theta - 30\theta = 330\theta$
$$\lambda = 1.422$$

이것은 생각할 수 있는 모든 기구에 대한 하중계수 가운데 최소값이다. 따라서 그림 4-6(e)의 기구는 실제의 붕괴기구라고 추정된다. 다음은 이 결론을 평형조건에 기초로 한 해석에 따라 검토해보자.

그림 4-6(e)의 기구에서 소성 힌지점의 휨 모멘트는 다음과 같다.

$M_1 = -30$, $M_3 = +30$, $M_4 = -30$, $M_7 = +30$,
$M_8 = -30$, $M_9 = +30$, $M_{10} = -30$

이들의 값을 식 (4.18)~(4.21)에 대입하면 네 개의 미지수, 즉 M_2, M_5, M_6와 λ값이 남는다. 답은 다음과 같다.

$$M_2 = +4.66, \quad M_5 = +17.59, \quad M_6 = -12.41$$
$$\lambda = 1.422$$

이 λ값은 조합기구의 해석에서 구해진 값과 일치한다. 더욱이 남은 세 개의 휨 모멘트는 절대값이 모두 소성 모멘트 30보다 작다. 이와 같이 그림 4-6(e)의 기구에 대응하는 휨 모멘트 분포는 $\lambda = 1.422$에 대해서 안전과 동시에 정적허용이고, 이것은 실제의 붕괴기구인 것이 확인된다. 최후로 소성 모멘트가 30kNm일 때의 붕괴하중계수는 1.422이기 때문에 1.4의 하중계수에 대한 필요소성 모멘트는 다음과 같다.

$$\left(\frac{1.4}{1.422}\right) 30 = 29.5 \text{kNm}$$

4-3-3 부분붕괴

앞 항에서 취급한 문제에서는 붕괴기구가 완전했다. 즉 골조의 부정정 차수 r이 6에 대해서, 붕괴기구에서 일곱 개의 소성 힌지가 존재하기 때문에 휨 모멘트 분포가 쉽게 계산될 수 있었다. 붕괴기구가 부분형에서 힌지 수가 $(r+1)$보다 적을 경우에는 휨 모멘트 분포의 계산은 본질적으로 어려워지지만, 조합기구에 대해서 나오는 해석결과는 지침으로써 매우 유용하다. 그 방법을 설명하기 위해서 그림 4-5의 예제에서 오른쪽 보 위의 연직력을 36λ에서 48λ로 크게 한 문제를 생각한다. 다른 두 개의 하중과 골조치수는 같고 모든 부재의 소성 모멘트는 최초에 준 30kNm 그대로 한다. 조합기구의 해석을 여기서 반복할 필요는 없고 결과만을 아래에 표시한다.

층기구: 그림 4-5(b) $100\lambda\theta = 180\theta$; $\lambda = 1.8$
왼쪽 보기구: 그림 4-5(c) $60\lambda\theta = 120\theta$; $\lambda = 2$

오른쪽 보기구: 그림 4-5(d)　　$96\lambda\theta = 120\theta$；$\lambda = 1.25$

조합기구: 그림 4-6(b)　　$196\lambda\theta = 270\theta$；$\lambda = 1.378$

조합기구: 그림 4-6(c)　　$160\lambda\theta = 240\theta$；$\lambda = 1.5$

조합기구: 그림 4-6(e)　　$256\lambda\theta = 330\theta$；$\lambda = 1.289$

여기서 최소의 하중계수는 세 개의 소성 힌지밖에 생기지 않는 그림 4-5(d)의 오른쪽 보기구에 대한 것이고, 이것을 실제의 붕괴기구라고 결론 내린다. 이 결과를 검토하기 위해서 앞의 문제의 경우와 같게 네 개의 독립된 평형조건식을 유도하면 다음과 같다.

$$100\lambda = -M_1 + M_2 - M_{10} + M_5 + M_9 - M_8 \qquad (4.22)$$

$$60\lambda = -M_2 + 2M_3 - M_4 \qquad (4.23)$$

$$96\lambda = -M_6 + 2M_7 - M_8 \qquad (4.24)$$

$$0 = -M_4 - M_5 + M_6 \qquad (4.25)$$

붕괴기구에서 소성 힌지점의 휨 모멘트는 다음과 같다.

$$M_6 = -30, \quad M_7 = +30, \quad M_8 = -30 \qquad (4.26)$$

이들의 값을 오른쪽 보기구에서 얻어진 식 (4.24)에 대입하면 바로 $\lambda = 1.25$인 것을 알 수 있다. 그러나 다른 세 개의 식에서 남은 일곱 개의 미지 휨 모멘트 값을 결정할 수는 없다.

실제의 붕괴기구가 얻어진 것을 확인하기 위해서는 $\lambda = 1.25$에 대해서 안전과 동시에 정적허용인 일조의 휨 모멘트 분포가 존재하는 것을 표시할 필요가 있다. 이 분포에는 식 (4.26)에서 주어지는 세 개의 모멘트 값이 포함되어야만 한다. λ 다음의 최소값은 그림 4-6(e)의 조합기구에 대한 값($\lambda = 1.289$)이고, 이 기구에 착안함으로써 지침이 얻어진다. 이 기구는 네 종류의 독립기구의 변위와 힌지 회전을 더해서 얻어진 것이다. 네 개의 평형조건식 (4.22)~(4.25)를 더함으로써 정적으로 같은 값인 다음 식을 얻을 수 있다.

$$256\lambda = -M_1 + 2M_3 - 2M_4 + 2M_7 - 2M_8 + M_9 - M_{10} \qquad (4.27)$$

다른 평형조건식을 무시하면 어느 휨 모멘트도 절대값은 소성 모멘트를 초과할 수 없기 때문에 이 식에 포함되는 일곱 개의 휨 모멘트가 다음의 값을 취할 때 λ는 최대값을 얻는다.

$$M_1 = -30, \quad M_3 = +30, \quad M_4 = -30, \quad M_7 = +30,$$
$$M_8 = -30, \quad M_9 = +30, \quad M_{10} = -30 \qquad (4.28)$$

이들의 값에 대해서 식 (4.27)은 다음과 같이 된다.

$$256\lambda = 330; \quad \lambda = 1.289$$

이와 같이 식 (4.27)은 $\lambda = 1.25$에 가까운 답을 준다. 따라서 구하려고 하는 휨 모멘트 분포가 식 (4.28)에서 주어지는 값과 크게 다르지 않은 것이 명백하다. 완전붕괴에서는 일곱 개의 소성 힌지가 필요하지만 실제의 붕괴기구에서는 세 개밖에 없기 때문에 평형조건식이 만족되도록 네 개의 모멘트 값을 선택할 필요가 있다.

식 (4.28)에서 $M_7 = +30$과 $M_8 = -30$의 두 개 값은 실제의 붕괴기구에서도 생기는 값이다. 남은 다섯 점 가운데 네 점의 모멘트 값을 다음과 같이 선택한다.

$$M_1 = -30, \quad M_3 = +30, \quad M_4 = -30, \quad M_9 = +30 \qquad (4.29)$$

이들의 값을 평형조건식에 대입하면 $\lambda = 1.25$에 대해서 다음의 값이 얻어진다.

$$M_2 = +15, \quad M_5 = 0, \quad M_{10} = -20 \qquad (4.30)$$

식 (4.29), (4.30)의 두 식에서 주어진 휨 모멘트와 붕괴기구에서 식 (4.26)의 세 개의 소성 모멘트에서 구성되는 일조의 휨 모멘트 분포는 $\lambda = 1.25$에 대해서 정적허용이고 어느 값도 절대값에서 30kNm을 넘지 못하기 때문에 안전하다. 여기서 실제의 붕괴기구는 오른쪽 보기구이고 붕괴하중계수는 1.25인 것이 증명된다. 따라서 1.4의 하중계수를 주는 데 필요한 소성 모멘트 값은 다음과 같다.

$$\left(\frac{1.4}{1.25} \right) 30 = 33.6 \text{kNm}$$

4-3-4 분포하중

분포하중을 취급하는 방법을 설명하기 위해 치수와 하중은 그림 4-7(a)에 표시된 골조를 해석한다. 각 부재는 등분포하중을 받고 그 합력은 점선의 화살표로 표시된다. 소성 모멘트의 시행값(trial values)은 각 부재의 ( ) 안에 표시되어 있다. 그리고 그들의 비는 골조의 상층부, 하층의 기둥, 하층의 보에 대해서 1:2:3이다. 소성붕괴에 대한 하중계수는 1.5이다.

우선 처음에 소성 힌지는 부재의 양단과 중앙에 형성되는 것으로 가정한다. 이 가정 아래서 실제의 붕괴기구를 얻은 후에 3-4절에서 설명한 방법으로 소성 힌지 위치를 수정한다.

이상의 가정에 따르면 소성 힌지점의 형성이 가능한 위치는 열여섯 개 있고, 그 단면에는 그림 가운데 번호가 붙어 있다. 이 골조는 6차 부정정이기 때문에 독립기구의 수는 아래와 같다.

$$n - r = 16 - 6 = 10$$

독립기구를 다음과 같이 표시한다. 보기구는 두 개의 보와 네 개의 기둥, 모두 합쳐서 여섯 개의 부재에 대해서 존재한다. 이들 여섯 개의 보기구는 그림 4-7(b)에 표시되어 있다. 더욱이 그림 4-7(c), (d)에 표시한 것처럼 각 층에서 독립된 층기구가 있고, 그 밖에 절점 C와 D에서 두 개의 절점기구가 있다. 이상 열 개의 독립기구는 다음과 같이 정리된다.

$$
\begin{array}{rl}
6 & \text{보기구} \\
2 & \text{층기구} \\
2 & \text{절점기구} \\ \hline
10 & \text{독립기구}
\end{array}
$$

이들 기구에서 유도되는 독립된 평형조건식을 다음과 같이 표시한다.

$$\begin{aligned}
37.5\lambda &= -M_1 + 2M_2 - M_3 \\
135\lambda &= -M_4 + 2M_5 - M_6 \\
6\lambda &= -M_1 + 2M_7 - M_8 \\
8\lambda &= -M_9 + 2M_{10} - M_{11} \\
6\lambda &= +M_3 - 2M_{12} + M_{13} \\
8\lambda &= +M_{14} - 2M_{15} + M_{16} \\
24\lambda &= -M_8 + M_1 - M_3 + M_{13} \\
96\lambda &= -M_{11} + M_9 - M_{14} + M_{16} \\
0 &= +M_4 + M_8 - M_9 \\
0 &= -M_6 - M_{13} + M_{14}
\end{aligned} \quad (4.31)$$

외력 일을 계산할 즈음 부재에 작용하는 등분포하중에는 하중 방향의 부재의 평균변위를 곱해야 한다는 것에만 주의하면 위 식의 유도는 쉽다.

기구를 조합할 때에만 이용되는 절점기구를 제외하고 가능한 붕괴기구인 독립기구에 대한 일식은 평형조건식에서 다음과 같이 구해진다.

보기구	AB	$37.5\lambda\theta = 80\theta$;	$\lambda = 2.133$
보기구	CD	$135\lambda\theta = 240\theta$;	$\lambda = 1.778$
보기구	AC	$6\lambda\theta = 80\theta$;	$\lambda = 13.3$
보기구	CE	$8\lambda\theta = 160\theta$;	$\lambda = 20$
보기구	BD	$6\lambda\theta = 80\theta$;	$\lambda = 13.3$
보기구	DF	$8\lambda\theta = 160\theta$;	$\lambda = 20$
층기구	ABCD	$24\lambda\theta = 80\theta$;	$\lambda = 3.333$
층기구	CDEF	$96\lambda\theta = 160\theta$;	$\lambda = 1.667$

이들의 기구에 대한 λ의 최소값은 층기구 CDEF에서 1.667이다.

네 개의 기둥 AC, CE, BD, DF의 보기구에 대한 λ값은 매우 크기 때문에 그들의 기구는 1.667보다 작은 λ를 구하기 위한 조합에는 필요없다고 판단되며, 이하에서 무시된다.

처음에 λ값이 가장 작은 두 개의 기구, 즉 보 CD의 기구와 층 CDEF의 기구의 조합을 생각한다. 두 개의 기구를 단순히 더해도 그림 4-8(a)에 표시한 것처럼 어느 소성 힌지도 소실되지 않는다. 그러나 절점 C에서 부재 CD와 CE 양쪽에 크기 θ의 소성 힌지 회전이 있고 이 절점에서 흡수되는 일은 $60\theta + 40\theta = 100\theta$다. 이 절점을 시계 방향으로 회전시키면 그림 4-8(b)에 표시한 대로 이들의 소성 힌지는 소실되고 대신에 부재 AC에 $+\theta$의 소성 힌지 회전이 생긴다. 이것에 의해서 절점 C에서 흡수되는 일은 80θ 감소해서 20θ가 된다. 한편 절점 D를 회전시켜도 흡수되는 일은 감소하지 않는다.

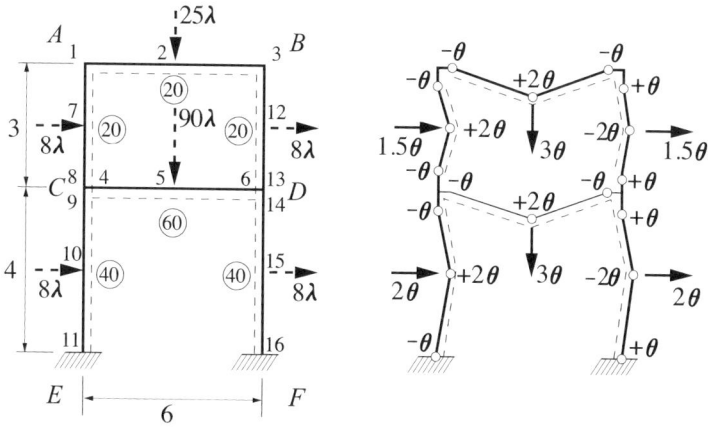

(a) 치수와 하중: 하중은 모두 등분포(단위: m, kN) (b) 보기구
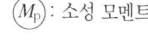: 소성 모멘트

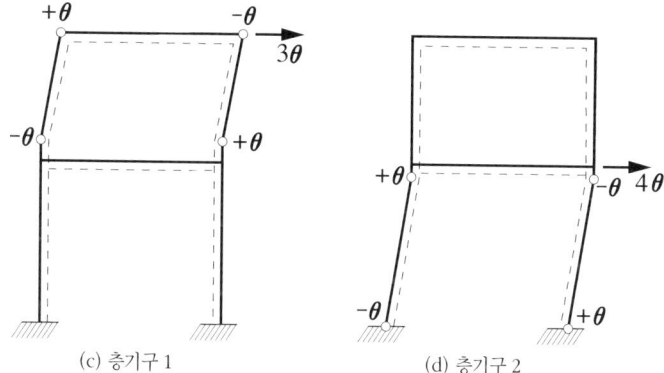

(c) 층기구 1   (d) 층기구 2

그림 4-7 2층 직사각형 골조

이상에서 조합기구에 대한 일식은 다음과 같이 된다.

층기구	CDEF	$96\lambda\theta = 160\theta;$	$\lambda = 1.667$
보기구	CD	$\underline{135\lambda\theta = 240\theta;}$	$\lambda = 1.778$
조합기구	그림 4-8(b)	$231\lambda\theta = 400\theta - 80\theta = 320\theta$	
		$\lambda = 1.385$	

그림 4-7(c)에 표시한 ABCD의 층기구를 이 조합기구에 더하면 절점 C
의 단면 8에서 소성 힌지가 소실한다. 그 결과 얻어진 기구는 그림 4-8(c)
에 표시되어 있다. 이 소성 힌지에서 흡수되는 일은 어느 쪽의 기구에서도
20θ이기 때문에 흡수되는 일의 감소는 40θ다.

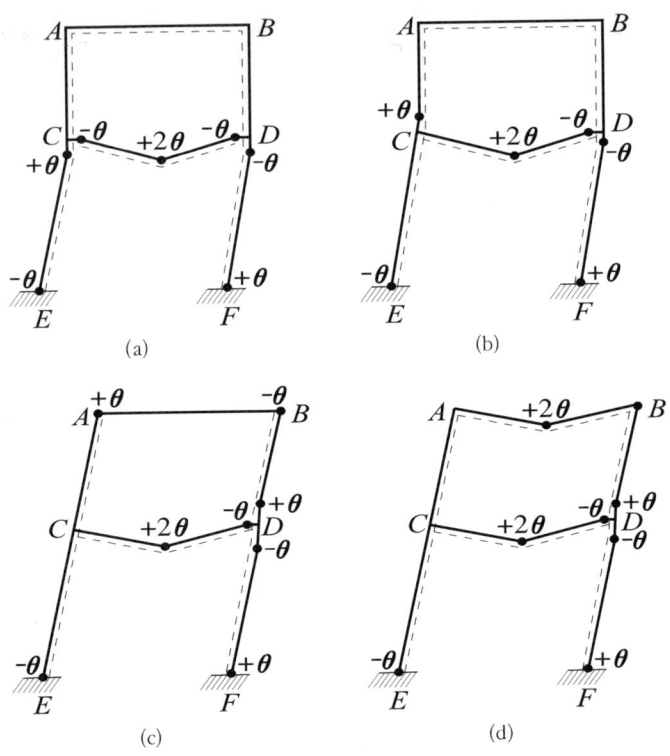

그림 4-8 2층 직사각형 골조: 기구의 조합

또 이 경우 절점 D를 시계 방향으로 θ 회전시켜도 흡수되는 일은 변하지
않는다. 그림 4-8(c)의 기구는 부정정차수가 6인데도 여덟 개의 소성 힌
지가 생기기 때문에 과완전형(overcomplete collapse)이다. 일식은 다
음과 같이 된다.

조합기구	그림 4-8(b)	$231\lambda\theta = 320\theta$;	$\lambda = 1.385$
층기구	ABCD	$24\lambda\theta = 80\theta$;	$\lambda = 3.333$
조합기구	그림 4-8(c)	$255\lambda\theta = 400\theta - 40\theta = 360\theta$	
		$\lambda = 1.412$	

  다음은 이 조합기구에 보기구 AB를 더한다. 그 결과 얻어진 기구는 그림 4-8(d)에 표시되어 있고 점 A의 힌지가 소실한다. 어느 쪽의 기구에서도 흡수되는 일은 20θ이기 때문에 흡수되는 일은 40θ 감소한다. 따라서 일식은

조합기구	그림 4-8(c)	$255\lambda\theta = 360\theta$;	$\lambda = 1.412$
보기구	AB	$37.5\lambda\theta = 80\theta$;	$\lambda = 2.133$
조합기구	그림 4-8(d)	$292.5\lambda\theta = 440\theta - 40\theta = 400\theta$	
		$\lambda = 1.368$	

  이것은 지금까지 얻어진 λ의 최소값이다. 모든 가능한 조합, 특히 기둥부재의 보기구나 AB의 보기구와 층 ABCD의 조합기구 등은 조사되지 않는다. 그러나 위의 조합에 따라서 λ의 최소값을 얻었다고 생각할 수 있기 때문에 그림 4-8(d)의 기구는, 이 단계에서 보 AB와 CD의 중앙에 가정된 소성 힌지 위치를 보정한다면 실제의 붕괴기구라고 추정할 수 있다.
  이 보정을 하기 전에 위의 결론을 평형조건을 기초로 하여 검토한다. 상세한 것은 생략하지만 그림 4-8(d)의 기구에 포함되는 소성 모멘트를 평형조건식에 대입하면 $\lambda = 1.368$을 얻을 수 있고 조합기구의 계산이 확인된다. 휨 모멘트 분포는 다음과 같다.

단면	1	2	3	4	5	6	7	8
M	+8.72	+20	−20	−4.62	+60	−60	+16.41	15.90
단면	9	10	11	12	13	14	15	16
M	+11.28	−8.89	−40	−4.10	+20	−40	−5.47	+40

이 휨 모멘트 분포는 대상으로 하는 어느 단면에서도 소성 모멘트를 초과하지 않기 때문에 이 분포는 안전하다. 따라서 보 AB와 CD의 소성 힌지 위치를 보정한다는 조건 아래서 그림 4-8(d)의 기구는 실제의 붕괴기구임이 확인된다. 더욱이 다른 네 부재에서도 스팬 내의 어디서도 소성 모멘트를 초과하지 않는 것을 확인할 필요가 있다.

각 부재의 최대 휨 모멘트 M^{max}는 3-6절에서 설명한 방법을 이용해서 계산할 수 있다. 즉,

$$y_0 = (M_R - M_L)/W \qquad (3.16)$$
$$M^{max} = M_C + Wy_0^2/2L \qquad (3.17)$$

여기서 L은 부재 길이, W는 수직하중, M_L, M_C, M_R은 각각 좌단, 중앙, 우단의 휨 모멘트다. M^{max}는 부재 중앙에서 오른쪽으로 y_0 떨어진 위치에 생긴다. 부호규약을 그림 3-2에, 결과를 표 4-2에 나타낸다.

표 4-2 부재 내의 최대휨 모멘트

부재	M_L	M_C	M_R	W	L	y_0	M^{max}	M_P
AB	+8.72	+20	−20	34.2	6	−0.84	+22.01	20
CD	−4.62	+60	−60	123.1	6	−0.45	+62.08	60
AC	+15.90	+16.41	+8.72	10.9	3	−0.66	+17.20	20
BD	−20	−4.10	+20	−10.9	3	−	−	20
CE	−40	−8.89	+11.28	10.9	4	−	−	40
DF	−40	−5.47	+40	−10.9	4	−	−	40

부재 BD, CE, DF에서는 y_0의 계산값은 부재 길이의 절반보다 크고 이들의 부재 내에 수학적 최대휨 모멘트는 존재하지 않는다. AC에서는 최대휨 모멘트는 소성 모멘트보다 작다. 소성 모멘트보다 큰 최대휨 모멘트가 생기는 것은 AB와 CD뿐이고, 그 차가 큰 것은 AB로 최대휨 모멘트는 소성 모멘트보다 10% 크다.

3-4절에서 설명한 방법에 따르면 λ_c의 상·하계는 다음과 같이 된다.

$$\left(\frac{20}{22.01}\right) 1.368 < \lambda_c < 1.368$$
$$1.243 < \lambda_c < 1.368$$

이 결과를 개선하기 위해서 부재 AB와 CD의 소성 힌지를 표 4-2에 주어지는 최대휨 모멘트의 위치에 이동시키고 가상변위법을 이용해서 새로운 λ값을 계산한다. 계산과정은 생략하지만 결과는 다음과 같다.

$$\lambda = 1.342$$

어떠한 실제적인 목적에 대해서도 이 λ값을 λ_c로 간주해도 지장이 없다. 1.5의 하중계수에 대한 소성 모멘트의 필요값은 시행값을 1.5/1.342배 해서 얻을 수 있다.

λ_c의 엄밀해를 구하는 데는 보 AB와 CD의 힌지 위치를 변수로 해서 그림 4-8(d)의 기구에 대한 일식을 만들고 이것을 미분해서 대응하는 λ값을 최소화시킨다. 이 해석에 따라 1.342의 값이 얻어지며 네 자리 유효숫자에서 위의 결과와 일치한다. y_0값은 AB에서 −0.78m, CD에서 −0.45m다.

다층 다스팬 직사각형 골조에서 부재 내의 정확한 힌지 위치를 결정하고 대응하는 하중계수를 구하는 문제의 일반적인 해석법을 혼(1954a)이 주고 있다. 그러나 여기서 설명한 방법에 따라도 충분히 정확한 결과를 얻을 수 있다. 이 해법의 순서를 요약하면 다음과 같다.

(a) 등분포하중을 받는 부재의 소성 힌지는 양단이나 중앙에 형성된다고 가정하고 '바른' 붕괴기구를 구한다.

(b) 평형조건에 기초한 휨 모멘트 분포를 계산한다.

(c) 등분포하중을 받는 부재에서 최대휨 모멘트가 생긴 위치와 값을 구한다.

(d) '바른' 기구에서 등분포하중이 작용해 스팬 중앙에 소성 힌지가 형성되는 부재에서는 중앙 힌지를 (c)에서 구한 최대휨 모멘트 위치에 이동시킨다. 그 결과 얻어진 기구를 해석해서 구해지는 하중계수를 λ_c로 간주한다.

4-3-5 이형 골조

기구조합법의 마지막 예는 그림 4-9(a)에 표시한 골조다. 이하에 나타나는 것처럼 이 골조에서는 독립기구의 조합을 생각할 때 새로운 문제가 발생한다. 필요한 하중계수는 1.5이고, 부재는 모두 같은 소성 모멘트를 갖고 시행값을 20kNm로 한다. 골조는 주각 4에서 강으로 고정되지만 다른 쪽의 주각은 강한 바닥에 핀 접합이 되어 있다.

이 골조에서는 $n=4$, $r=2$이기 때문에 $(n-r)=2$개의 독립기구가 있다. 이들은 그림 4-9의 (b)와 (c)에 나타난다. 그림 4-9(b)에서 가로 이동은 보 1-3의 순간회전중심 I 주위의 회전각 θ에 따라서 지정된다. 한편 그림 4-9(c)의 보기구에서는 변위와 힌지 회전각은 단면 1의 힌지 회전각 $-\phi$로 표시된다. 이들 두 종류의 독립기구에 대한 일식은 다음과 같다.

층기구: 그림 4-9(b) $120\lambda\theta=160\theta$; $\lambda=1.333$

보기구: 그림 4-9(c) $40\lambda\phi=80\phi$; $\lambda=2$

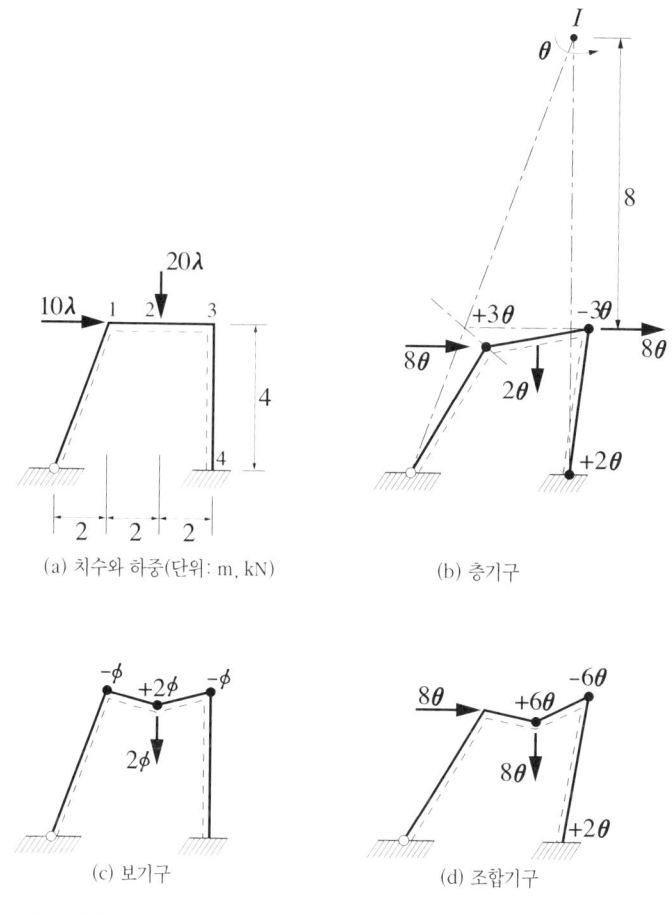

그림 4-9 이형 골조

생각할 수 있는 유일한 조합은 이들 두 개의 기구를 더한 것이고, 이것에 따라서 단면 1의 소성 힌지가 소실된다. 이 소실은 $\phi = 3\theta$일 때 생기고, 보기구의 일식은 다음과 같이 된다.

$$120\lambda\theta = 240\theta$$

단면 1의 소성 힌지에서 흡수되는 일은 보기구와 층기구의 어느 쪽에

소성설계법 149

대해서도 60θ다. 따라서 그림 4-9(d)에 나타난 조합기구의 일식은 다음과 같이 유도된다.

층기구: 그림 4-9(b) $120\lambda\theta = 160\theta$; $\lambda = 1.333$
보기구: 그림 4-9(c) $120\lambda\theta = 240\theta(\phi = 3\theta)$; $\lambda = 2$
조합기구: 그림 4-9(d) $240\lambda\theta = 400\theta - 120\theta = 280\theta$
$\lambda = 1.167$

이것은 λ의 최소값이고 그림 4-9(d)에 표시한 조합기구가 실제의 붕괴기구라고 결론지을 수 있다. 하계조건의 검토는 통상의 방법에서 쉽게 행할 수 있기 때문에 여기서는 나타내지 않는다. 소성 모멘트의 필요값은

$$\left(\frac{1.5}{1.167}\right)20 = 25.7\text{kNm}$$

이 계산에서 주의해야 할 주된 점은 조합에서 단면 1의 소성 힌지를 소실시키기 위해서 조합되는 각 기구의 단면 1에서 소성 힌지 회전각의 크기를 맞출 필요가 있다는 것이다. 더욱이 그림 4-9(d)의 조합기구의 극히 복잡한 운동은 조합되는 두 개 기구의 변위와 힌지 회전을 단순히 더하는 것만으로는 얻을 수 없다는 것도 잘 알아두어야 할 것이다.

4-4 소성붕괴하중을 구하는 다른 방법

기구조합법은 상계정리에 기초로 해서 주어진 골조와 하중에 대한 λ_c를 구하는 방법이다. 한편 하계정리에 기초로 한 방법을 혼(1954b)과 잉글리시(English, 1954)가 동시에 발표했지만, 소성 모멘트 분배법이라 불리는 혼의 방법은 이름에서 미루어 알 수 있는 것처럼 넓게 알려진 고정 모멘트법과 매우 닮은 몇 개의 특징을 지닌다.

하계정리에 기초로 한 방법은 컴퓨터로 계산하기에 적합한 형태로 쉽게 표현할 수 있다. 예를 들어 그림 4-5(a)의 골조를 생각한다. 이 골조의 평형조건식은 4-3-2항에서 다음과 같이 주어진다.

$$100\lambda = -M_1 + M_2 - M_{10} + M_5 + M_9 - M_8 \qquad (4.18)$$
$$60\lambda = -M_2 + 2M_3 - M_4 \qquad (4.19)$$
$$72\lambda = -M_6 + 2M_7 - M_8 \qquad (4.20)$$
$$0 = -M_4 - M_5 + M_6 \qquad (4.21)$$

10개의 휨 모멘트의 절대값은 소성 모멘트 30kNm를 초과할 수가 없기 때문에 다음과 같은 식이 나온다.

$$-30 \leq M_i \leq 30 \ (i=1, 2, \cdots\cdots, 10) \qquad (4.32)$$

이때 붕괴하중계수 λ_c는 식 (4.18)~(4.21)의 평형조건에 따른 네 개의 구속조건과 부등식 (4.32)의 항복조건에 따른 20개의 구속조건 아래서 구해지는 λ의 최대값이다.

닐과 시먼스(1950~51) 등은 다인스(Dines, 1918~19)가 만든 선형부등식계(線型不等式系, systems of linear inequalities)의 해법을 근거로 수법을 개발하고는 이 소성해석 문제를 공식화했다. 그러나 체언스(Charnes)와 그린버그(1951) 등은 그 공식화가 선형계획법(線型計畵法)의 표준적인 문제임을 처음으로 나타냈다. 더욱이 라이브슬리(Livesley, 1956)나 프레이저(1957), 헤이먼(1959) 등의 많은 연구자가 이 문제를 검토하고 있다.

선형계획법의 쌍대정리를 상계정리에 기초로한 방법의 공식화에 이용할 수 있는 것은 돈(Dorn)과 그린버그(1957), 체언스, 렘케(Lemke)와 치엔키에비치(Zienkiewicz, 1959), 호스킨(Hoskin, 1960) 등이 지적했기 때문이다.

먼로(Munro, 1965)는 상·하계를 동시에 구하는 방법을 제안한다. 하계정리·상계정리와 주쌍대선형계획(主雙對線型計畵, primal-dual linear programs) 문제의 관계에 대해서는 먼로와 스미스(Smith, 1972)가 상세히 검토한다.

참고문헌

Baker, J.F. (1949), 'The design of steel frames', *Stuct. Engr*, **27**, 397.

Baker, J.F. and Eickhoff, K.G. (1955), 'The behaviour of saw-tooth portal frames', prelim. vol., Conf. Correlation between Calculated and Observed Stresses and Displacements in Structures, Inst. Civil. Engrs, 107.

Baker, J.F. and Eickhoff, K.G. (1956), 'A test on a pitched roof portal frame', perlem. publ., 5th Congr. Int. Assoc. Bridge Struct. Eng., Lisbon, 1956.

Charnes, A. and Greenberg, H.J. (1951), 'Plastic collapse and linear programming', *Bull. Am. Math. Soc.*, **57**, 480.

Charnes, A., Lemke, C.E. and Zienkiewicz, O.C. (1959), 'Virtual work, linear programming and plastic limit analysis', *Proc. R. Soc.*, A, **251**, 110.

Dines, L.L. (1918~19), 'Systems of linear inequalities', *Ann. Math.*, Princeton (series 2), **20**, 191.

Dorn, W.S. and Greenberg, H.J. (1957), 'Linear programming and plastic limit analysis of structures', *Q. Appl. Math.*, **15**, 155.

Driscoll, G.C. and Beedle, L.S. (1957), 'The plastic behaviour of structural members and frames', *Weld. J., Easton*, Pa., **36**, 275-s.

English, J.M. (1954), 'Design of frames by relaxation of yield hinges', *Trans. Am. Soc. Civ. Engrs*, **119**, 1143.

Harrison, H.B. (1960), 'The preparation of charts for the plastic design of mild steel portal frames', *Civ. Eng. Trans., Inst. Engrs Austr.*, March.

Hendry, A.W. (1955), 'Plastic analysis and design of mild steel Vierendeel girders', *Struct. Engr*, **33**, 213.

Heyman, J. (1957), *'Plastic design of portal frames'*, Cambridge University Press.

Heyman, J. (1959), 'Automatic analysis of steel framed structures under fixed and varying loads', *Proc. Inst. Civil Engrs*, **12**, 39.

Horne, M.R. (1954a), 'Collapse load factor of a rigid frame structure', *Engineering*, **177**, 210.

Horne, M.R. (1954b), 'A moment distribution method for the analysis and design of structures by the plastic theory', *Proc. Inst. Civil Engrs*, 3, (part 3), 51.

Hoskin, B.C. (1960), 'Limit analysis, limit design and linear programming', Aeronautical Research Laboratories, Melbourne, Report ARL/SM. 274.

Livesley, R.K. (1956), 'The automatic design of structural frames', *Q. J. Mech. Appl. Math.*, **9**, 257.

Munro, J. (1965), 'The elastic and limit analysis of planar skeletal structures', *Civ. Eng. Publ. Wks Rev.*, **60**, May.

Munro, J. and Smith, D.L. (1972), 'Linear programming duality in plastic analysis and synthesis', *Proc. Int. Symp. Computer-aided Structural Design*, vol. 1, Warwick Univ.

Neal, B.G. and Symonds, P.S. (1950~51), 'The calculation of collapse loads for framed structures', *J. Inst. Civil Engrs*, **35**, 21.

Neal, B.G. and Symonds, P.S. (1952a), 'The rapid calculation of the plastic collapse load for a framed structure', *Proc. Inst. Civil Engrs*, **1**, (Part 3), 58.

Neal, B.G. and Symonds, P.S. (1952b), 'The calculation of plastic collapse loads for plane frames', prelim. publ., 4th Congr. Int. Assoc. Bridge Struct. Eng., Cambridge, 1952, 75. (Reprinted in *Engineer*, **194**, 315, 363.)

Prager, W. (1957), 'Linear programming and structural design: I. Limit analysis; II. Limit design', Papers P-1122, 1123. Rand Corporation.

문제

1. 그림 4-1(a)의 주각고정 人자형(山形) 골조에서 보에 작용하는 18λkN과 26λkN의 등분포 연직하중이 각각 9λkN과 17λkN으로 감소하고 다른 하중은 그대로다. 골조 전 부재의 소성 모멘트가 같은 30kNm일 때 붕괴하중계수는 얼마인가.

2. 그림 4-1(a)의 주각고정형 골조에서 보에 작용하는 18λkN과 26λkN의 등분포하중이 각각 28λkN으로 증가하고 다른 모든 하중은 그대로다. 골조 전 부재의 소성 모멘트가 같은 60kNm일 때 붕괴하중계수를 구하시오. 또 양쪽의 주각이 고정은 아니고 핀이라면 붕괴하중계수는 얼마가 되겠는가.

3. 주각고정 人자형(山形) 골조 ABCDE에서 두 개의 기둥 AB와 ED의 길이는 4.5m, 주각 A와 E의 거리는 12m다. 또 같은 길이 두 개의 보 BC와 DC는 수평에서 15도 기울어 있다. 골조 부재의 소성 모멘트는 전부 60kNm다. 각 보에 35λkN의 등분포 연직하중이 작용할 때 붕괴하중계수를 구하고, 더욱이 기둥 AB의 AE 방향으로 15λkN의 등분포 수평하중이

부가되어도 붕괴하중계수가 바뀌지 않는 것을 나타내시오.

4. 주각 핀의 이형 골조 ABCDE의 기둥 AB와 ED의 길이는 모두 3.6m, 주각 A와 E의 거리는 7.8m다. 보 BC와 DC는 직교하고, 각각의 길이는 7.2m와 3m다. 보 BC에는 40λkN의 등분포 연직하중이 작용한다. 골조 전 부재의 소성 모멘트가 같은 25kN일 때 붕괴하중계수를 구하시오.

5. 1층 1스팬 주각고정 이형 골조 ABCD는 두 개의 기둥 AB, DC와 경사가 진 보 BC에서 이루어진다. 기둥 AB와 DC의 길이는 각각 3m, 3.9m, 주각 A와 D의 거리는 4.8m다. 소성 모멘트는 전 부재 모두 25kNm다.
보 BC에 50λkN의 등분포 연직하중이 작용할 때의 붕괴하중계수를 구하시오.
게다가 풍하중으로서 기둥 AB에 AD 방향의 등분포수평력 15λkNm, 보 BC에 상향의 등분포연직력 2.5λkN이 부가될 때 붕괴하중계수값은 어떻게 될까.

6. 주각 핀의 ㅅ자형(山形) 골조 ABCDE에서 두 개의 기둥 AB와 ED의 길이는 3m, 주각 A와 E의 거리는 12m다. 보 BC와 DC는 같은 길이로 수평에서 22.5도 기울어 있다. 절점 B와 D는 휨에 저항할 수 없지만, BD 간의 상대이동을 구속하는 타이 로드(tie-rod)로 연결되어 있다. 골조 부재의 소성 모멘트는 전부 M_p다. 각 보에는 50λkN의 등분포 연직하중이 작용한다. 소성붕괴에 대해서 1.5의 하중계수를 주는 M_p값을 구하라. 또 붕괴시 타이 로드의 장력은 얼마일까.

7. 1층 2스팬에서 주각고정의 직사각형 골조 ABCDEF에서 세 개의 기

둥 AB, FC, ED의 길이는 4m, 소성 모멘트는 30kNm다. 한편 두 개의 보 BC와 CD의 길이는 5m, 소성 모멘트는 60kNm다. 점 B에는 BC 방향의 수평하중 H가, 보 BC와 CD의 중앙에는 연직하중 P와 Q가 각각 작용하고 있다.

다음의 조합하중에 대한 붕괴하중계수를 구하시오.

(a) $H=25\lambda kN$,　　$P=40\lambda kN$,　$Q=40\lambda kN$

(b) $H=17.5\lambda kN$,　$P=42\lambda kN$,　$Q=56\lambda kN$

만약 (a)의 경우에 하중 P와 Q가 보 위의 등분포하중 $80\lambda kN$로 바꾸어 놓으면 붕괴하중계수는 어떻게 될까.

8. 2층 1스팬에서 주각고정의 직사각형 골조 ABCDEF에서 기둥 AB, BC와 FE, ED의 각 길이는 4m다. 주각 A와 F의 거리는 7.2m이고, 상층과 하층의 각 보 CD와 BE의 길이도 7.2m다.

연직 방향의 집중하중 V_1과 V_2가 각각 보 CD와 BE의 중앙에 작용하고 수평 방향의 집중하중 H_1과 H_2가 각각 D와 E에서 CD 방향과 BE 방향으로 작용하고 있다. 골조 전 부재의 소성 모멘트는 40kNm다.

다음의 조합하중에 대한 붕괴하중계수를 구하시오.

(a) $V_1=20\lambda kN$,　$V_2=20\lambda kN$,　$H_1=10\lambda kN$,　$H_2=10\lambda KN$

(b) $V_1=30\lambda kN$,　$V_2=30\lambda kN$,　$H_1=0$,　　　　$H_2=15\lambda KN$

9. 3층 1스팬에서 주각고정의 직사각형 골조 ABCDEFGH에서 각 층의 높이는 3m, 스팬 길이도 3m다. 각 부재의 소성 모멘트는 다음과 같다.

　　최상층의 기둥 CD, EF: 30kNm
　　중간층의 기둥 BC, GF: 60kNm
　　최하층의 기둥 AB, HG: 90kNm
　　　　　　보 DE: 30kNm
　　　　　보 CF, BG: 60kNm

10λkN, 20λkN와 30λkN의 수평 방향의 집중하중이 각각 점 E, F, G에서 전부 같은 방향으로 작용한다. 붕괴하중계수를 구하시오.

10. 1층 다 스팬의 주각고정 ㅅ자형(山形) 골조가 있다. 각 스팬은 같은 형이고 기둥의 높이는 H, 스팬은 L, 보의 기울기는 θ다. 전 부재의 소성 모멘트는 M_p이고, 모든 보는 등분포 연직하중 λW를 받고 있다.

붕괴는 바깥쪽 스팬에 한정된 것을 나타내고, 소성 힌지는 바깥쪽 스팬의 정점이 아니라 정점에서 조금 떨어진 위치에 형성된다. 하지만 거기에 대해서 미소한 보정을 무시하면 붕괴하중계수는 $4M_p(2h+l\tan\theta)/Wlh$인 것을 나타내시오.

11. 반지름 R의 반원형의 아치는 소성 모멘트 M_p의 일정 단면으로서 양쪽의 각 부는 강한 교대(橋臺)상에 핀 지지로 되어 있다. 중앙집중 연직하중 W가 작용할 때 소성 모멘트에 미치는 축력의 영향을 무시하고, 붕괴시의 교대(橋臺)의 수평반력과 W값을 구하시오.

12. 두 스팬의 주각고정 직사각형 골조가 있고, 각 스팬은 8m다. 한쪽의 구면(構面) ABCDE는 높이 8m, 다른 쪽의 구면 EDFG는 높이 4m다. 기둥 EDC는 양쪽의 구면에 공통으로 E는 그 주각이고, ED = DC = 4m다. 높은 쪽 구면의 기둥 AB는 길이 8m, 다른 구면의 기둥 GF는 길이 4m이고, A와 G가 각각 주각이다. 골조 부재의 소성 모멘트는 전부 48kNm다. 길이 8m의 보 BC와 DF는 각각 9λkN과 27λkN의 중앙집중 연직하중을 받고, 18λkN과 9λkN의 수평집중하중이 각각 점 C와 점 F에서 BC 방향으로 작용하고 있다. 붕괴하중계수를 구하시오.

5 변위의 계산

5-1 문제제기

앞서 제3장과 제4장에서 설명한 소성해석법은 단순히 골조의 내력 (strength)을 계산하는 방법이다. 그러나 소성붕괴하중에 도달하기 전에 구조물이 사용할 수 없을 만큼 과도한 변형이 생길 수도 있다. 이와 같은 경우 설계의 규준은 붕괴하중계수가 아니고 사용성의 한계와 하중계수에 기초를 두어야 할 것이다. 따라서 붕괴점에서 골조의 변형을 구하는 계산 방법이 필요하고, 그와 같은 방법을 설명하는 것이 이 장의 목적이다.

이 문제를 다루는 또 하나의 이유는 소성이론이 미소변형의 가정에 기초를 두고 있기 때문이다. 즉 붕괴 이전에 골조에 생긴 변형이 기하학적인 형상에 미치는 영향을 무시할 수 있으므로, 평형조건식을 변형 전의 골조에 대해 세울 수 있다는 가정이다. 붕괴점의 변위를 계산해 그것이 미소변형의 가정을 성립시키지 않을 정도로 큰지 어떤지를 검토하는 것이 필요할 경우도 있다.

이 장에서는 비례재하를 가정한다. 그러나 예를 들어 어떤 건물이 그 사용기간(lifetime)에 풍하중과 설하중의 조합하중을 받는 경우처럼 실제의 구조물에는 변동반복하중이 작용할 것이다. 이런 종류의 하중은 가령 최고값이 소성붕괴값보다 상당히 작더라도 변위를 점차 증대시키는 경우가 있으며, 이것에 대해서는 제8장에서 다룰 것이다. 변위를 평가하는 데는 그 값이 비례재하의 조건 아래서 얻어진 것에 유의할 필요가 있다.

보나 평면 골조의 탄성해석에서는 일반적으로 휨 변형에 비해서 전단력이나 축력에 따른 변형은 무시할 수 있는 것으로 가정된다. 탄소성거동에 이 가정을 적용하면 휨 모멘트와 곡률관계를 줌으로써 원리적으로는 하중과 변위관계의 계산이 가능해진다. 이 과정에 대한 몇 개의 예제는 이상화소성체의 가정 아래서 직사각형 단면의 단순보에 대해 5-2절에서 주어진다. 어느 정도 복잡한 구조물에 대해서는 이 계산이 매우 번잡하기 때문에 계산할 수 있게 하려면 몇 개의 근사화가 필요하다. 이것에 대해서는 5-3절에서 검토하고 골조의 붕괴점에서 변위를 계산하는 방법은 5-4절에서 설명한다.

5-2 단순보의 하중-변위관계

5-2-1 직사각형 단면: 이상화소성체

스팬 l에서 단순지지되어 있는 폭 B, 높이 D의 직사각형 단면보를 생각한다. 보는 중앙집중하중을 받고 휨 모멘트 도는 그림 5-1(b)에 나타난 바와 같다.

$$\text{탄성역:} \quad \frac{M}{M_y} = \frac{k}{k_y}, \quad 0 \leq x \leq a \tag{5.1}$$

$$\text{소성역:} \quad \frac{M}{M_y} = 1.5 - 0.5\left(\frac{k_y}{k}\right)^2, \quad a \leq x \leq \frac{l}{2} \tag{5.2}$$

$$\frac{2z}{D} = \frac{k_y}{k} \tag{5.3}$$

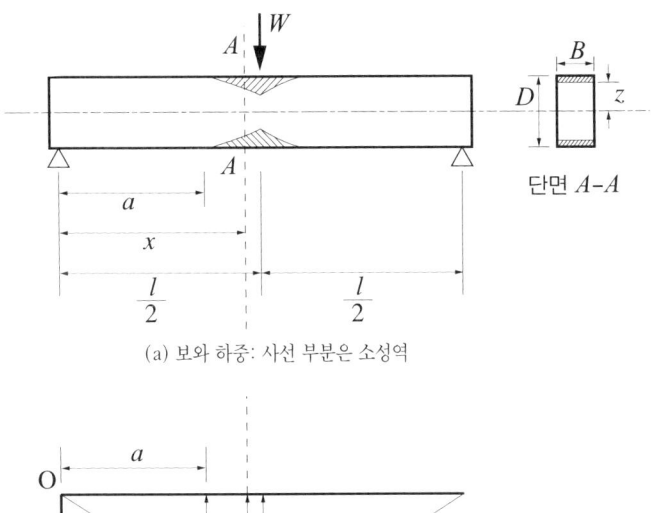

(a) 보와 하중: 사선 부분은 소성역

(b) 휨 모멘트 도

그림 5-1 중앙집중하중을 받는 직사각형 단면의 단순보

보는 이상화소성체가 되고 초기 응력은 0이다. 또 하중은 그림에 나타난 영역에 소성하가 진전하기까지 점차 승가한다고 가정한다. 이와 같은 단면과 재료를 가진 보에 대한 휨 모멘트-곡률관계는 1-3-1항에서 구했고 다음과 같이 요약할 수 있다.

식 (5.2)는 순 휨에 대해 얻을 수 있는 식이지만, 여기서는 전단력이 작용한 경우에도 적용할 수 있는 것으로 가정한다.

휨 모멘트 도에서 다음 식을 얻을 수 있다.

$$M_y = \frac{1}{2} Wa \tag{5.4}$$

중앙 휨 모멘트는 $Wl/4$다. 따라서 보 중앙에서 항복이 시작될 때의 W를 W_0로 표시하면 다음과 같다.

$$M_y = \frac{1}{4} W_0 l \qquad (5.5)$$

따라서

$$a = \frac{l}{2} \left(\frac{W_0}{W} \right) \qquad (5.6)$$

더욱이

$$M = \frac{1}{2} Wx, \ 0 \leq x \leq \frac{l}{2} \qquad (5.7)$$

이 결과를 식 (5.4)와 조합하면 다음 식을 얻을 수 있다.

$$\frac{M}{M_y} = \frac{x}{a} \qquad (5.8)$$

위 식과 식 (5.1), (5.2)를 이용하면 곡률은 x의 함수로 다음과 같이 표시된다.

$$k = k_y \left(\frac{x}{a} \right), \qquad 0 \leq x \leq a$$

$$k = k_y \left(3 - 2\frac{x}{a} \right)^{-1/2}, \ a \leq x \leq \frac{l}{2} \qquad (5.9)$$

중앙변위 δ는 단위가상하중법(2-5-5항)을 이용해 다음과 같이 주어진다.

$$\delta = \int_0^{\frac{l}{2}} xk\,dx$$
$$= \int_0^a \frac{k_y}{a} x^2 dx + \int_a^{\frac{l}{2}} k_y x \left(3 - 2\frac{x}{a} \right)^{-1/2} dx \qquad (5.10)$$

이 적분을 실행하고 식 (5.6)을 이용해 a를 소거하면

$$\delta = \frac{l^2 k_y}{12} \left(\frac{W_0}{W}\right)^2 \left[5 - \left(3 + \frac{W}{W_0}\right)\left(3 - 2\frac{W}{W_0}\right)^{1/2}\right]$$

보 중앙이 초기 항복할 때의 변위 δ_0는 $W = W_0$로 두어 다음과 같이 된다.

$$\delta_0 = \frac{l^2 k_y}{12}$$

따라서

$$\frac{\delta}{\delta_0} = \left(\frac{W_0}{W}\right)^2 \left[5 - \left(3 + \frac{W}{W_0}\right)\left(3 - 2\frac{W}{W_0}\right)^{1/2}\right] \quad (5.11)$$

이 결과는 프리체(Fritsche, 1930)가 최초로 나타낸 것이다.

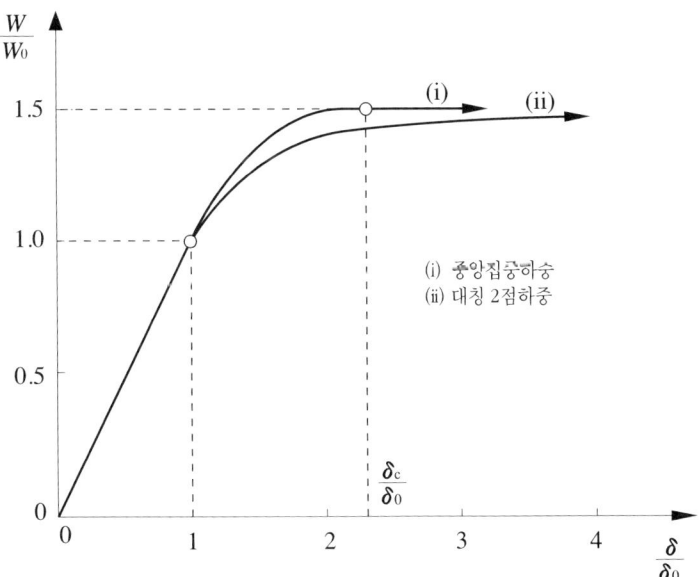

그림 5-2 직사각형 단면 단순보의 하중-변위관계

중앙 휨 모멘트 $Wl/4$가 소성 모멘트 $M_P = 1.5 M_y$에 도달하면 소성붕괴가 생긴다. 따라서 소성붕괴하중 W_c는 다음 식으로 된다.

$$M_p = \frac{1}{4} W_c l$$

이것을 식 (5.5)와 비교하면 다음과 같다.

$$\frac{W_c}{W_0} = \frac{M_p}{M_y} = 1.5$$

식 (5.11)에서 $W = 1.5 W_0$로 두면 붕괴점의 변위를 얻고, $\delta_c = 2.22 \delta_0$가 된다.

하중-변위관계는 그림 5-2에 곡선(i)로 표시된다. 붕괴하중 $W = W_c$에 도달하면 중앙의 소성 힌지의 회전에 따라 변위는 무한히 커질 수 있지만, 붕괴하중에 도달하기까지 생기는 변위는 유한하고 초기 항복점의 탄성변위와 같은 순서다.

소성역의 경계 형상은 식 (5.3)과 식 (5.9)를 조합해 다음과 같이 얻을 수 있다.

$$\frac{2z}{D} = \left(3 - 2 \frac{x}{a}\right)^{1/2}$$

식 (5.6)을 이용해서 a를 소거하면

$$\left(\frac{2z}{D}\right)^2 = 3 - \frac{4x}{l}\left(\frac{W}{W_0}\right)$$

따라서 경계는 포물선이다. 그림 5-3(a)에는 $W = W_c$일 때의 소성역을 나타낸다.

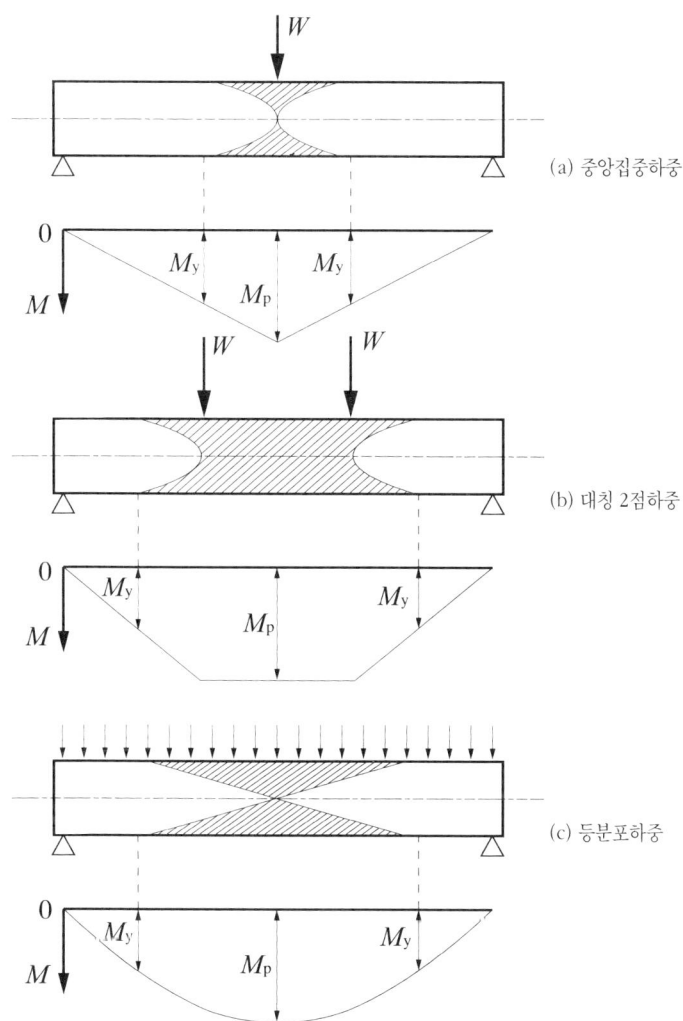

그림 5-3 붕괴상태에서 직사각형 단면 단순보의 소성역의 형상

이상의 해석은 그림 5-3(b)에 나타낸 대칭 2점재하의 경우도 쉽게 확장할 수 있다. 해석과정의 상세한 것은 생략하지만 주목해야 할 특징을 아래에 나타낸다.

보의 중앙부는 일정 휨 모멘트를 받아서 원호상(圓弧狀)으로 휜다. 소성역은 하중 간의 거리가 스팬 길이의 3분의 1인 경우에 대해 그린 것이며, 중앙 휨 모멘트는 소성 모멘트 M_p다. 하중-변위관계는 그림 5-2 가운데 곡선 (ii)로 표시된다. 앞에서 나타낸 중앙집중하중의 경우와는 달리, 변위가 무한대가 되었을 때 붕괴하중에 달하는 것을 알 수 있다. 이것은 붕괴상태에서, 보의 단면 한 곳이 아니라 유한한 길이에 걸쳐 소성 모멘트에 달하고 소성 모멘트에 대응하는 무한대의 곡률에 따라 무한대의 변위가 생기게 하기 때문이다.

보가 등분포하중을 받을 경우 휨 모멘트 분포는 포물선이며, 붕괴상태의 분포는 그림 5-3(c)에 나타난다. 이 경우 소성역의 경계는 직선이 된다. 하중-변위관계는 2점재하의 경우와 같고, 변위가 무한대일 때 붕괴하중에 도달한다. 이것은 휨 모멘트 분포의 형태에 따른다. 보 중앙에서 전단력, 즉 휨 모멘트의 재축 방향의 변화율은 0이다. 이 상태는 휨 모멘트가 선형변화하는 그림 5-3(a)의 상태와 달리 그림 5-3(b)와 같이 보의 유한한 길이에 걸쳐서 순휨의 상태에 매우 가깝다.

5-2-2 다른 단면과 재료특성

앞 항에서 설명한 해석에서는 1-3-1항에 나타낸 이상화소성체에서 이루는 직사각형 단면의 휨 모멘트 M과 곡률 k의 관계를 가정한다. 이 관계는 재축 방향의 변형도 ε이 단면에 따라서 선형변화한다는 가정에 기초를 두고 유도되며, 이 가정을 이용하면 재축 방향의 응력도 σ, 변형도 ε의 임의의 관계와 임의의 단면형에 대해서 ($M-k$)관계를 정할 수 있다. 그러나 1-2절에서 설명한 것처럼 강재의 항복과정은 비연속적이며 보의 유한 길이에 걸쳐 평균 변형도가 단면에 따라서 선형 변화한다고 가정할 수 있음을 주의해야 할 것이다.

1-2절에서 지적한 것처럼 상항복 현상은 소둔된 강재의 시험편에서는 인정되지만 냉간가공으로 소멸하고, 압연형강에서는 일반적으로 생기지

않는다. 이 현상은 기본정리를 확인할 목적으로 행해지는 주의 깊은 실험에서는 고려되고 있다.

이런 종류의 연구는 쿡(Cook, 1937), 로데릭과 필립스(1949) 등이 직사각형 단면보를 이용해서 하고, 로데릭과 헤이먼(1951)은 기본정리를 변형경화의 영향을 포함한 형태로 확장하고 있다. 이들의 연구에 따라 여러 가정이 타당하다는 것이 확인되고 있다.

드와이트(Dwight, 1953)는 알루미늄 합금에 특유의 비선형 $(\sigma-\varepsilon)$관계를 생각해 직사각형 단면보의 실험결과와 잘 일치하는 것을 나타낸다. 이 연구에서 보는 주축 주위로 휘지만, 주축말고 축 주위의 휨을 받을 경우에 대해서는 배렛(Barrett, 1953)이 검토하고 있다.

H형 단면보의 하중-변형거동의 실험값과 재료시험에서 얻어진 $(\sigma-\varepsilon)$관계의 상관성을 검토하기 위해서 행해진 몇 가지 연구가 있다. 로데릭과 프래틀리(Pratley, 1954), 소이어(Sawyer, 1961) 등이 행한 연구는 이런 종류의 것이다. 그러나 잔류응력의 존재는 명확하게 결과에 영향을 준다. $(M-k)$관계에 미친 이 영향에 대해서는 영(Young)과 드와이트(1971)가 연구하고 있다.

5-3 변형경화와 형상계수의 영향

H형 단면보의 하중-변형거동에 미치는 변형경화의 영향에 대해서는 흐레니코프(Hrennikoff, 1948)가 연구했다. 가정된 $(\sigma-\varepsilon)$관계는 그림 5-4(a)에 나타낸 것과 같고, 변형경화에 대한 재료정수는 다음과 같다.

$$\varepsilon_s = 16.4\varepsilon_0$$
$$E_s = E/48$$

흐레니코프는 플랜지의 두께가 보 높이에 비해서 무시되고, 각 플랜지의 면적이 중립축에서 일정한 거리에 집중해 있다고 간주할 수 있는 것으로 가정한다. 이 경우 (M, k)관계의 형태는 전 플랜지의 면적 A_f와 웨브 면적 A_w의 비(比)만으로 좌우된다. 이 비를 1로 하면 형상계수 ν는 1.125이고, $M_p=1.125M_y$가 된다. 이 경우 (M, k)의 관계는 그림 5-4(b)에 나타난다. 이 그림에서 변형경화는 $k=16.4k_y$에서 시작되는 것을 알 수 있다. 이 값은 최외연(最外緣)의 ε이 ε_s가 되었을 때의 곡률이다.

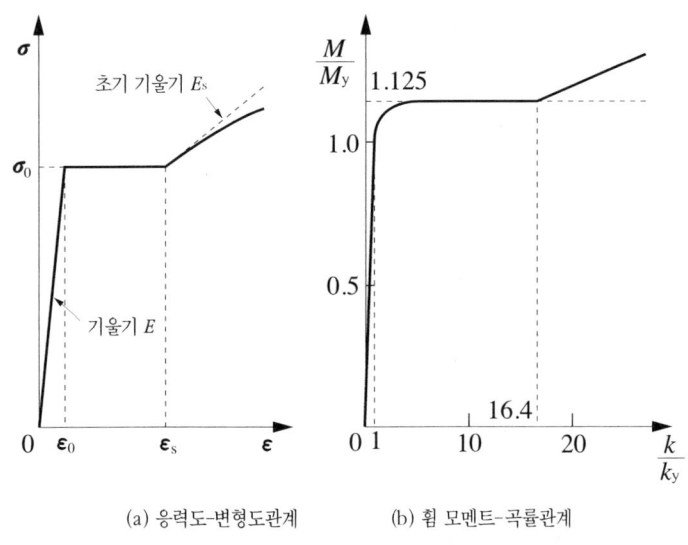

(a) 응력도-변형도관계   (b) 휨 모멘트-곡률관계

그림 5-4 변형경화를 고려한 H형 단면의 휨 모멘트-곡률관계

혼(1948)은 이 (M, k)관계를 그림 5-5에 나타낸 높이 l, 스팬 $2l$로 주각 편인 직사각형 골조의 해석에 이용한다. 이 골조에 대해서 가장 응력이 큰 단면 3에서 초기 항복 모멘트에 달하는 $2.84M_p/l$값까지 연직력 V가 가해진다. 그러고는 V를 일정하게 두고 수평력 H가 조금씩 증가된다. H와 대응하는 수평변위 h의 관계는 그림 5-5에 곡선 (i)로 표시되어 있다.

$H=0.71M_p/l$까지는 탄성역이고, 단면 4에서 초기 항복 모멘트에 달한

다. 골조가 H에 대해서 탄성응답을 하는 동안 단면 3의 휨 모멘트는 변화하지 않고 항복값을 유지한다. 더욱이 H가 증가하면 단면 3과 4의 웨브와 이들의 단면에서 재축을 따라서 소성역이 확대되고, 하중-변형관계의 기울기가 조금씩 저하한다. 변형경화는 단면 4에서는 $H=1.02M_p/l$일 때, 또 단면 3에서는 $H=1.18M_p/l$일 때에 시작된다.

단순소성이론에 따르면 일정한 V값 $2.84M_p/l$의 아래서는 $H=1.16M_p/l$일 때 단면 3과 4에 소성 힌지가 형성되어 소성붕괴에 도달한다. 단순소성이론에 따르면 붕괴하중에 대해 변위는 무한하게 증대하지만, 이것은 변형경화에 따라 방해되는 것을 그림 5-5에서 알 수 있다. 그런데도 단순소성이론에서 예측되는 붕괴하중을 초과하면 아주 작은 하중이 아주 조금만 초과해도 변위는 급격히 증대한다.

이 하중-변위관계를 그림 5-5에 표시된 다른 두 개의 곡선과 비교한다. 곡선 (ii)는 변형경화를 무시한 경우($E_s=0$)이고, 이 곡선은 단순소성이론에 따른 붕괴하중 $H=1.16M_p/l$까지 곡선 (i)과 거의 변함이 없다.

곡선 (iii)에서는 변형경화뿐만이 아니라 재축 방향으로 소성역이 확장되어도 무시된다. 이것은 형상계수를 1로 가정한 것과 같다. 따라서 제2장에서 설명한 탄소성해석(그림 2-1 참조)과 같이, 각 부재는 소성 모멘트에 달하기까지 탄성이라고 가정된다.

소성붕괴하중에서 변위는 다음과 같다.

(a) $v=1.125$ $E_s=48$ $h=0.56M_p l^2/EI$
(b) $v=1.125$ $E_s=0$ $h=0.61M_p l^2/EI$
(c) $v=1$ $E_s=0$ $h=0.53M_p l^2/EI$

(a)는 실제 구조물의 거동에 아주 가깝다고 생각된다. 변형경화만을 무시한 (b)에서는 붕괴점 변위의 증가는 9%다. 변형경화의 무시와 재축 방향의 소성역 확장을 무시하는 단위형상계수 가정의 조합효과 (c)에 따

르면 변위는 5% 감소한다.

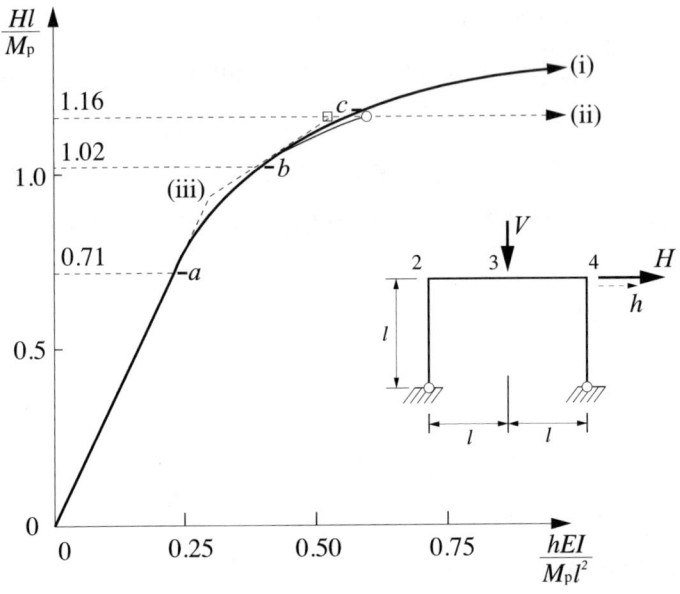

(i) 변형경화 고려
　a: 단면 4에서 항복
　b: 단면 4에서 변형경화 개시
　c: 단면 3에서 변형경화 개시
(ii) 변형경화 무시
(iii) 이상(理想) (M, k)관계를 가정

그림 5-5　주각 핀 직사각형 골조의 하중-변위관계

일반적으로 변형경화와 소성역의 확장의 영향에 따른 붕괴점에서 변위의 변화량은 작다. 이들 두 개의 효과는 서로 부정하려 하는 경향이 있으므로 그들을 무시하는 것이 합리적이며, 이것은 5-4절에서 설명할 붕괴점에서 변위에 대한 근사 계산법의 기초가 된다.

부정정 구조물의 하중-변위관계를 구하는 문제에 대해서는 몇 가지의 연구가 있다. 혼(1951)은 직사각형 단면과 H형 단면의 양단고정보에 대해 변형경화의 영향을 고려한다. 롤링스(Rawlings, 1956)는 상항복응력도를 고려해 직사각형 단면 부재로 구성되는 골조를 해석한다. H형 단면 부재의 주각편과 주각고정의 직사각형 골조의 거동을 변형경화를 고려해 로데릭(1960)이 해석했다.

5-4 붕괴점에서 변위의 계산

5-4-1 가정

붕괴점에서 변위의 계산은 변형경화와 소성역의 확장을 무시하면 현저하게 간략해진다. 5-3절에서 지적한 것처럼 이것으로 큰 오차가 생기는 일은 없다. 더욱이 비례재하의 조건에 따라 하중이 붕괴점까지 점증하는 과정에서 일단 형성된 소성 힌지의 회전이 멈추는 경우가 없다는 가정을 한다. 이 가정은 임의 단면에서 다음 식이 성립하는 것을 의미한다.

$$-M_\mathrm{p} < M < M_\mathrm{p}, \quad \theta = 0$$
$$M = -M_\mathrm{p}, \quad \theta < 0 \quad (5.12)$$
$$M = M_\mathrm{p}, \quad \theta < 0$$

핀지(Finzi, 1957)가 지적한 대로 이 가정은 비례하중의 경우에만 성립한다고 한정하지 않으며, 임의의 비례하중에 대해서는 명확하게 성립하지 않는다. 그런데도 주어진 재하 프로그램에 대해 이 가정에 기초를 두고 계산된 붕괴점의 변위가 2-5절에서 설명한 번잡한 탄소성해석에 따른 값과 일치한다는 것을 알고 있다. 유일한 차이는 붕괴점에 이르기까지 일어나는 거동을 추적할 수 있는지 어떤지 하는 것이다.

위의 가정에 따르면 붕괴기구에서 생긴 각 소성 힌지는 차례로 형성되고, 그후 계속해 회전하게 된다. 따라서 붕괴하중에 달하기 직전에, 이들의 소성 힌지 가운데 하나를 제외한 모든 소성 힌지는 이미 형성되어 회전한다. 붕괴점에서는 최후에 형성되는 소성 힌지점의 휨 모멘트는 소성값에 달하고 있지만, 그 결과 생기는 기구운동의 직전에 이 소성 힌지의 회전각은 0이다. 최후에 형성되는 소성 힌지의 판정 방법이 지금까지 제안된 여러 종류의 해법의 기본이다.

변형경화와 소성역의 확장을 무시하면 붕괴점에서 골조 부재는 소성 힌지 이외의 모든 부분에서 탄성이다. 따라서 변위와 힌지 회전각은 식 (5.12)의 조건을 고려한 탄성구조 해석법을 이용해서 계산할 수 있다. 시먼스와 닐(1951, 1952)이 제안한 최초의 방법은 처짐해법에 기초를 둔다. 그러나 다나카(田中, 1961)와 헤이먼(1961)이 지적한 것처럼, 가상일법을 사용하는 것이 편리하기 때문에 여기서는 이 방법을 설명한다.

5-4-2 기본식

집중하중을 받는 r차 부정정 골조의 미지 휨 모멘트 수가 n개이면 $(n-r)$개의 독립된 평형조건식과 r개의 적합조건식이 존재한다. 2-5-2 항에서 설명한 것처럼, 평형조건식은 독립기구에 대해 가상변위원리를 적용함으로써 구해진다.

적합조건식은 가상력의 원리를 이용해 구할 수 있다. 그 방법은 2-5-3 항에서 설명하고 있으나 편의상 여기서 요약해둔다.

가상력의 원리는 다음 식으로 표시된다.

$$\int \frac{m^*M}{EI} ds + \sum m^* \phi = 0 \qquad (5.13)$$

여기서,

M = 실제 휨 모멘트
M/EI = 실제 곡률
ϕ = 실제 소성 힌지 회전각

m^* = 가상잔류 모멘트

적분은 골조의 전 부재에 대해 행하고, 종합기호는 소성 힌지 회전이 생기는 모든 단면에 대한 것이다.

m^*와 M이 직선으로 변화하는 길이 L의 단면 일정한 직선 부분 AB에 대해서 적분 결과는 다음과 같다.

$$\int_B^A \frac{m^*M}{EI}\,ds = \frac{L}{6EI}\left[m_A^*(2M_A+M_B) + m_B^*(2M_B+M_A)\right] \quad (5.14)$$

특정한 점의 변위 δ는 단위하중을 이용해서 가상력의 원리에서 계산된다. δ 방향의 단위가상하중이 골조에 작용한다고 생각하고, 이 하중과의 조합조건을 만족하는 임의 휨 모멘트 분포 M^*이 얻어진다. 2-5-5항에서 설명한 것처럼, 이것은 다음의 결과를 준다.

$$\delta = \int \frac{M^*M}{EI}\,ds + \sum M^*\phi \quad (5.15)$$

위 식 가운데 기호는 식 (5.13)의 경우와 같다. 적분은 식 (5.14)에서 m^*을 M^*으로 바꾸어놓고 계산할 수 있다.

5-4-3 집중하중을 받는 양단고정보

첫번째 예로 그림 5-6(a)에 표시한 대로, 일단에서 $2l$의 위치에 집중하중 W를 받는 길이 $3l$의 양단고정보를 생각한다. 단, 휨 강성 EI, 소성 모멘트 M_p의 일정 단면으로 한다. 이 보에서는 다음 식이 나온다.

$n = 3$
$r = 2 =$ 독립된 적합조건식의 수

$n - r = 1 =$ 독립된 평형조건식의 수

평형조건식은 그림 5-6(b)의 기구에 가상변위법을 적용해서 다음과 같이 얻어진다.

$$M_1 + 3M_2 - 2M_3 = 2Wl \qquad (5.16)$$

그림 가운데 힌지를 소성 힌지라고 간주하면 붕괴기구가 되고, 붕괴상태에서는 다음 식이 성립한다.

$$M_1 = -M_\mathrm{p}, \quad M_2 = M_\mathrm{p}, \quad M_3 = -M_\mathrm{p}$$

$$W_\mathrm{c} = 3\frac{M_\mathrm{p}}{l}$$

붕괴상태에서는 보의 양쪽 부분 1-2와 2-3의 형태는 변화하지 않고, 변위의 증가는 3개소의 소성 힌지의 회전에 따라 일어날 뿐이다. 그림 5-6(c)는 붕괴상태에서 보의 변형을 표시하고, 소성 힌지의 회전각은 붕괴상태가 되기 전과 된 후에 생긴 전 회전각이다. 식 (5.13)에 두 종류의 가상잔류 모멘트 분포를 이용해서 이 상태를 해석하면 두 개의 적합조건식이 나온다.

식 (5.16)에서 잔류 모멘트는 다음 식을 만족할 필요가 있다.

$$-m_1 + 3m_2 - 2m_3 = 0 \qquad (5.17)$$

이 식은 그림 5-6(d)에 표시한 대로, 임의의 잔류 모멘트가 보에 따라서 직선적으로 변화해야 한다는 사실을 표시한다. 이것은 $W=0$일 때, 전단력이 스팬 전체 길이에 걸쳐 일정하다는 것에서도 명백하다.

$r=2$이기 때문에 임의의 잔류 모멘트 분포는 두 종류의 독립분포의 선

형결합으로 표시할 수가 있다. 두 종류의 가능한 독립분포가 표 5-1의 처음 2행에 주어지며, 그림 5-6(e)에도 표시된다. 다른 임의의 분포는 (i)과 (ii)의 분포의 선형결합으로 표시할 수 있다.

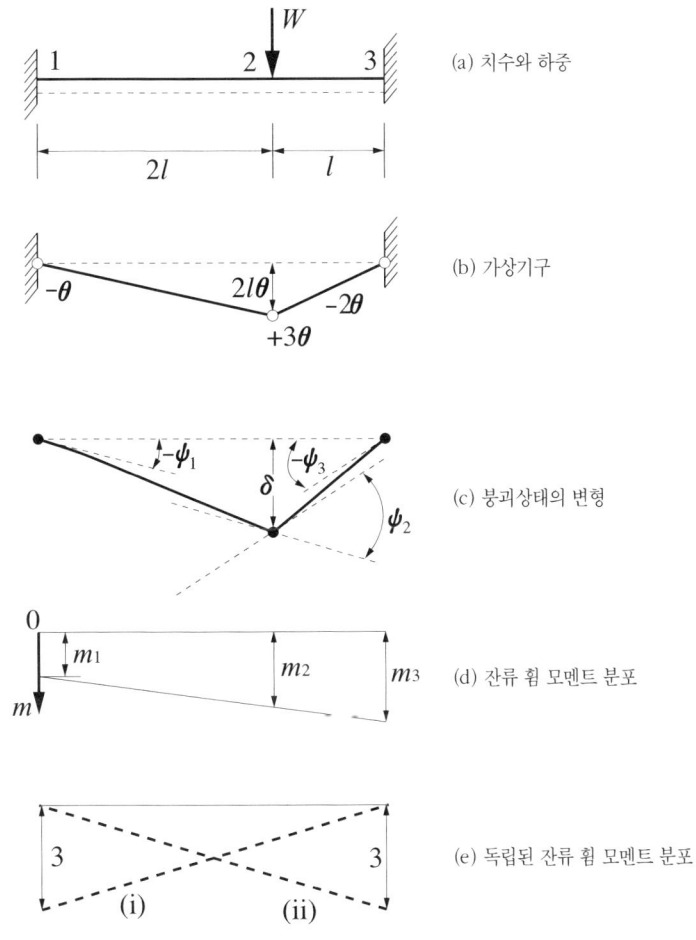

그림 5-6 집중하중을 받는 양단고정보

W의 작용 방향 변위 δ는 단면 2에 작용하는 단위하중과 평행하는 임

의의 휨 모멘트 M^*의 분포를 이용해 식 (5.15)에서 구할 수 있다. 이 분포는 식 (5.16)에서 얻을 수 있고, 하나의 가능한 분포는 표 5-1에 분포 (iii)으로 표시한 대로 $M_2^* = M_3^* = 0$, $M_1^* = -2l$다.

표 5-1 그림 5-6의 보에 대한 가상력계와 실제의 변위계

단면		1	2	3
가상력계				
m^*	(i)	3	1	0
	(ii)	0	2	3
M^*	(iii)	$-2l$	0	0
실제의 변위계				
$EIk = M$		$-M_\mathrm{p}$	M_p	$-M_\mathrm{p}$
ϕ		ψ_1	ψ_2	ψ_3

표 5-1은 붕괴상태의 실제 변위계를 도입해 완성한다. 잔류 모멘트 분포 (i)을 식 (5.13)에 적용하고 식 (5.14)를 이용해 적분을 계산하면 다음 식을 얻을 수 있다.

$$\frac{2l}{6EI}[3(-2M_\mathrm{p}+M_\mathrm{p})+(2M_\mathrm{p}-M_\mathrm{p})] + \frac{l}{6EI}[2M_\mathrm{p}-M_\mathrm{p}] + 3\psi_1 + \psi_2 = 0$$

$$-\frac{M_\mathrm{p}l}{2EI} + 3\psi_1 + \psi_2 = 0 \qquad (5.18)$$

분포 (ii)에 대해서도 동일하게 계산하면 다음 식이 얻어진다.

$$\frac{M_\mathrm{p}l}{2EI} + 2\psi_2 + 3\psi_3 = 0 \qquad (5.19)$$

위의 두 식이 적합조건식이다. δ는 식 (5.15)에 분포 (iii)을 적용해 다음과 같이 표시된다.

$$\delta = \frac{2M_\text{p} l^2}{3EI} - 2l\psi_1 \qquad (5.20)$$

식 (5.18)~(5.20)에서는 네 개의 미지수 ψ_1, ψ_2, ψ_3, δ를 결정하기에는 불충분하다. 붕괴점에서 형성된 최후의 힌지를 결정하는 방법이 필요하다. 우선 이들 세 개의 식을 풀면 다음 식이 얻어진다.

$$\psi_1 = -\frac{\delta}{2l} + \frac{M_\text{p} l}{3EI} \qquad (5.21)$$

$$\psi_2 = -\frac{3\delta}{2l} + \frac{M_\text{p} l}{2EI} \qquad (5.22)$$

$$\psi_3 = -\frac{\delta}{l} + \frac{M_\text{p} l}{6EI} \qquad (5.23)$$

위의 세 식은 임의의 붕괴상태일 때 성립한다. 각 식의 우변 제1항은 붕괴상태일 때 기구운동을 표시하는 것이고, 앞첨자 Δ를 이용해서 변화량을 표시하면

$$\Delta\psi_1 = -\frac{\Delta\delta}{2l}, \quad \Delta\psi_2 = \frac{3\Delta\delta}{2l}, \quad \Delta\psi_3 = -\frac{\Delta\delta}{l}$$

최후에 형성된 소성 힌지는 각 소성 힌지 회전각이 표 5.1에 주어지고 대응하는 소성 모멘트와 같은 부호를 가져야 하는 것에 착안해 결정할 수가 있다. 즉

$$\psi_1 \leq \qquad \delta \geq \frac{2M_\text{p} l^2}{3EI}$$

$$\psi_2 \geq 0 \qquad \delta \geq \frac{M_\text{p} l^2}{3EI}$$

$$\psi_3 \leq 0 \qquad \delta \geq \frac{M_\text{p} l^2}{6EI}$$

이들 세 조건은 각각 δ의 하한값을 주고 $\psi_1 \leq 0$의 조건에 따른 것이 최대다. 지금부터 최후의 소성 힌지는 단면 1에 형성되는 것을 알고, 붕괴점에서 $\psi_1 = 0$이다. 따라서 붕괴점의 변위 δ_c는 다음 식으로 주어진다.

$$\delta_c = \frac{2M_p l^2}{3EI}$$

붕괴점에서 ψ_1과 ψ_3의 값을 식 (5.22)와 식 (5.23)에서 $\delta = \delta_c$로 놓고 다음과 같이 얻을 수 있다.

$$(\psi_2)_c = \frac{M_p l}{2EI}$$

$$(\psi_3)_c = -\frac{M_p l^2}{2EI}$$

잔류 휨 모멘트 분포 (i)과 (ii)의 선택은 유일하지 않다. 두 개의 적합 조건식을 만들기 위해 식 (5.17)을 만족하는 임의의 두 종류의 독립분포가 있으면 충분하다. 물론 분포에 0이 포함되어 있다면 계산은 간단해진다. 유사한 것이지만 분포 M^*에 대해서도 말할 수 있다.

위의 방법은 좀더 복잡한 문제에도 적용할 수가 있다. 그러나 우선 최후에 형성되는 힌지를 가정함에 따라 계산을 몇 개인지 간단히 할 수 있다. 가령 위의 예에서, 최후의 소성 힌지가 단면 3에 형성된다고 (실수로) 가정해본다. 이 경우 식 (5.18)~(5.20)에 따라 다음 식을 얻을 수 있다.

$$\psi_1 = \frac{M_p l}{4EI}$$

$$\psi_2 = -\frac{M_p l}{4EI}$$

$$\psi_3 = 0$$

$$\delta = \frac{M_p l^2}{6EI}$$

이것으로 명백해진 것처럼 ψ_1와 ψ_2의 부호가 바르지 않기 때문에 최후의 힌지가 단면 3에서는 형성되지 않는다. 위의 답은 그림 5-6(b)의 변위와 힌지 회전각을 더해서 수정된다. 하지만 이것 때문에 적합조건식이 영향을 받는 것은 아니며, 다음 식이 주어진다.

$$\psi_1 = \frac{M_p l}{4EI} - \theta$$

$$\psi_2 = -\frac{M_p l}{4EI} + 3\theta$$

$$\psi_3 = -2\theta$$

$$\delta = \frac{M_p l^2}{6EI} - 2l\theta$$

위 식에서 $\theta = M_p l/4EI$ 라고 놓으면 ψ_1은 0, ψ_2는 정(正)이고, ψ_3는 부(負)가 되고, 이 θ값에 대해서 위와 같은 결과가 얻어진다.

5-4-4 직사각형 골조

그림 5-7(a)에 전체 치수와 하중이 표시된 직사각형 골조를 생각한다. 이 골조의 부재는 모두 같은 일정 단면이고, 휨 강성은 EI, 소성 모멘트는 M_p다. 하중 H와 V에 대응하는 붕괴점의 변위 h와 v를 구하는 것이 문제다. 처음에 $H = V = W$인 경우를 생각한다. 이 골조에서는

$n = 5$
$r = 3 = $ 독립된 적합조건식의 수

$n - r = 2 =$ 독립된 평형조건식의 수

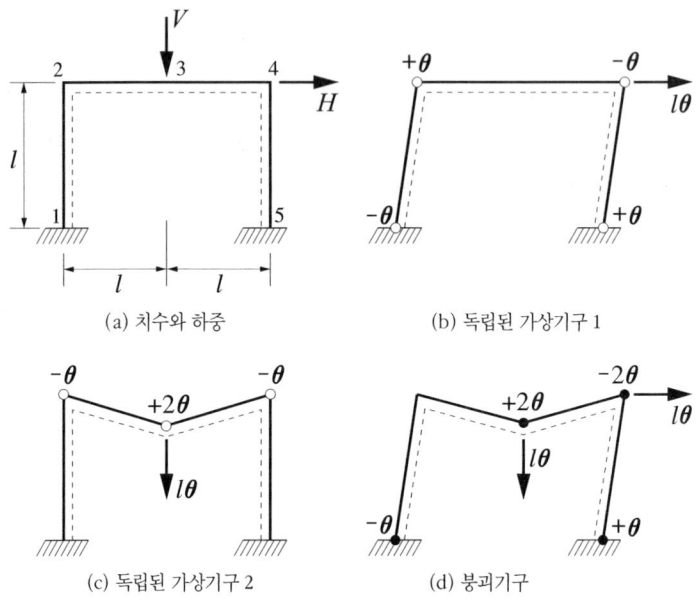

그림 5-7 주각고정 직사각형 골조

두 개의 독립된 평형조건식은 그림 5-7(b)와 (c)에 표시된 두 종류의 독립기구에 가상변위법을 적용해서 다음과 같이 얻을 수 있다.

$$-M_1 + M_2 - M_4 + M_5 = Hl \quad (5.24)$$
$$-M_2 + 2M_3 - M_4 = Vl \quad (5.25)$$

$H = V = W$라면 이 골조는 $W = W_c = 3M_p/l$일 때 그림 5-7(d)에 표시한 조합기구에서 붕괴한다. 대응하는 휨 모멘트 분포는 표 5-2에 나타난다.

 세 개의 적합조건식을 만들기 위해서는 세 종류의 독립된 잔류 휨 모멘트 분포 m^*이 필요하다. 잔류 모멘트는 식 (5.24)와 식 (5.25)에서 얻을 수 있는 다음의 평형조건식을 만족해야 한다.

$$-m_1 + m_2 - m_4 + m_5 = 0 \tag{5.26}$$

$$-m_2 + 2m_3 - m_4 = 0 \tag{5.27}$$

채용된 잔류 휨 모멘트 분포는 표 5-2에 표시된다. 이 분포는 헤이먼(1961)이 제시한 것이고, 다층 다스팬 골조에 쉽게 확장된다.

변위 h와 v를 계산하기 위해서는 두종류의 휨 모멘트 M^*의 분포가 필요하고, 이들은 각각 단위하중 $H=1(V=0)$ 그리고 $V=1(H=0)$의 평형조건식을 만족해야 한다. 이들의 분포는 식 (5.24), (5.25)에서 유도되어 표 5-2에 나타난다.

표 5-2 그림 5-7의 골조에 대한 가상력계와 실제의 변위계

단면		1	2	3	4	5
가상력계						
m^*	(i)	1	1	0.5	0	0
	(ii)	0	0	0.5	1	1
	(iii)	0	1	1	1	0
M^*	(iv)	$-l$	0	0	0	0
	(v)	0	0	$0.5l$	0	0
실제 변위계						
$EIk = M$		$-M_\mathrm{p}$	0	M_p	$-M_\mathrm{p}$	M_p
ϕ		ψ_1	ψ_2	ψ_3	ψ_4	ψ_5

분포 (i)~(v)를 순서대로 적용하면 다음 식이 얻어진다.

$$-\frac{M_\mathrm{p} l}{12EI} + \psi_1 + 0.5\psi_3 = 0$$

$$\frac{M_\mathrm{p} l}{12EI} + 0.5\psi_3 + \psi_4 + \psi_5 = 0$$

$$\frac{M_\mathrm{p} l}{6EI} + \psi_3 + \psi_4 = 0$$

$$\frac{M_p l^2}{3EI} - l\psi_1 = h$$

$$\frac{M_p l^2}{4EI} + 0.5 l\psi_3 = v$$

붕괴기구에서는 단면 2에 소성 힌지가 없기 때문에 ψ_2는 0이다.

여기서 우선 $\psi_3 = 0$이라고 임의로 가정하면, 위의 다섯 개 식을 쉽게 풀 수 있다. 답은 아래에 주어지지만, 구해진 각 소성 힌지 회전각과 변위에는 그림 5-7(d)에 표시한 붕괴기구의 운동에 따른 항이 부가되어 있다.

$$\psi_1 = \frac{M_p l}{12EI} - \theta$$

$$\psi_3 = 2\theta$$

$$\psi_4 = -\frac{M_p l}{6EI} - 2\theta$$

$$\psi_5 = \frac{M_p l}{12EI} + \theta$$

$$h = v = \frac{M_p l^2}{12EI} + l\theta$$

붕괴기구에서 소성 모멘트의 부호에 따르면 ψ_1과 ψ_4는 부(負), 또 ψ_3와 ψ_5는 정(正)이지 않으면 안 된다. 이 조건은 다음 식에 의해서 만족된다.

$$\theta = \frac{M_p l}{12EI}$$

이 θ값에 대해서 ψ_1은 0이 되고, 다른 세 점의 소성 힌지 회전각의 부호는 위의 조건에 적합하다. 따라서 최후의 소성 힌지는 단면 1에 형성된다고 결론이 내려지고, 붕괴점에서 다음과 같아진다.

$$(\psi_1)_c = 0$$

$$(\psi_3)_c = \frac{M_p l}{6EI}$$

$$(\psi_4)_c = -\frac{M_p l}{3EI}$$

$$(\psi_5)_c = \frac{M_p l}{6EI}$$

$$h_c = v_c = \frac{M_p l^2}{3EI}$$

5-4-5 부분붕괴

앞 항의 예에서는 1자유도의 붕괴기구에서 $(r+1)$개의 소성 힌지가 생기고, 붕괴기구는 완전형이다. 따라서 붕괴상태에서 골조는 정정이다. 붕괴가 부분형에서 소성 힌지의 수가 $(r+1)$개보다 적을 경우 붕괴상태에서 골조 전체의 휨 모멘트 분포를 평형조건만으로 결정할 수는 없지만, 붕괴점의 변위를 구하는 데는 아무런 문제가 없다.

그림 5-7(a)의 골조를 예로 들어, $V=W$, $H=W/6$인 경우를 생각해본다. 이때 붕괴기구는 그림 5-7(c)의 보기구가 되고, 소성 힌지가 3개소밖에 생기지 않는 부분형이다. 각 소성 힌지에서 휨 모멘트는 다음과 같다.

$$M_2 = -M_p, \quad M_3 = M_p, \quad M_4 = -M_p$$

이들의 값을 두 개의 평형조건식 (5.24), (5.25)에 대입하면 다음 식이 얻어진다.

$$W = W_c = 4M_p/l$$

$$-M_1 + M_5 = 2M_p/3 \qquad (5.28)$$

M_1과 M_5값은 평형조건만으로는 구할 수가 없다.

표 5-2에 주어진 분포 (i)~(iii)을 순서대로 이용하면 세 개의 적합조건 식을 앞 항의 예와 같은 모양으로 만들 수가 있다. 이 표의 아래에서 2행째에 주어진 실제의 휨 모멘트 분포를 다음과 같은 값으로 바꿀 수 있다.

단면	1	2	3	4	5
$EIk=M$	M_1	$-M_p$	M_p	$-M_p$	M_5

변위 h와 v를 결정하기 위한 두 개의 식도 표 5-2의 분포 (iv)와 (v)를 이용해 만들 수가 있다. $\psi_1 = \psi_5 = 0$으로 놓으면 결과로 다음 식이 얻어진다.

$$\frac{(M_1 - M_p)l}{2EI} + \psi_2 + 0.5\psi_3 = 0 \qquad (5.29)$$

$$\frac{(M_5 - M_p)l}{2EI} + 0.5\psi_3 + \psi_4 = 0 \qquad (5.30)$$

$$\frac{(M_1 + M_5 + 4M_p)l}{6EI} + \psi_2 + \psi_3 + \psi_4 = 0 \qquad (5.31)$$

$$\frac{(M_p - 2M_1)l^2}{6EI} = h \qquad (5.32)$$

$$\frac{M_p l^2}{6EI} + 0.5l\psi_3 = v \qquad (5.33)$$

최후의 힌지 형성점을 임의로 단면 3이라고 가정하면 $\psi_3 = 0$이고, 식 (5.29), (5.30)에서 각각 다음 식이 주어진다.

$$\psi_2 = \frac{(M_\mathrm{p} - M_1)l}{2EI} \qquad (5.34)$$

$$\psi_4 = \frac{(M_\mathrm{p} - M_5)l}{2EI} \qquad (5.35)$$

식 (5.31)에 대입하면 다음 식을 얻을 수 있다.

$$M_1 + M_5 = M_\mathrm{p} \qquad (5.36)$$

이 결과를 식 (5.28)과 조합시키면,

$$M_1 = M_\mathrm{p}/6, \quad M_5 = 5M_\mathrm{p}/6$$

이들 값을 식 (5.32)~(5.35)에 대입하고, 그림 5-7(c)의 기구운동에 대한 항을 부가하면 다음과 같다.

$$\psi_2 = \frac{5M_\mathrm{p}l}{12EI} - \theta$$

$$\psi_3 = 2\theta$$

$$\psi_4 = \frac{M_\mathrm{p}l}{12EI} \quad 0$$

$$h = \frac{M_\mathrm{p}l^2}{9EI}$$

$$v = \frac{M_\mathrm{p}l^2}{6EI} + l\theta$$

ψ_2와 ψ_4는 이들 단면의 소성 힌지 부호에서부터 어느 쪽도 부(負)가 되어야 하고, 한편 ψ_3는 정(正)이 되어야 한다. 앞 항의 예를 검토하면, 최후의 힌지는 $\theta = 5M_\mathrm{p}l/12EI$에 대해서 단면 2에 형성되는 것을 알 수 있

다. 따라서 붕괴점에서 다음의 식이 나온다.

$$(\psi_2)_c = 0$$

$$(\psi_3)_c = \frac{5M_p l}{6EI}$$

$$(\psi_4)_c = -\frac{M_p l}{3EI}$$

$$h = \frac{M_p l^2}{9EI}$$

$$v = \frac{7M_p l^2}{12EI}$$

이 해석의 특색은 세 개의 적합조건식 (5.29)~(5.31)이 M_1과 M_5의 관계를 주는 것에 있고, 식 (5.36)과 평형조건식 (5.28)을 조합시켜 각각의 값이 구해진다. 일반적으로 붕괴상태에서 소성 힌지의 수가 $(r+1-q)$라면 r개의 적합조건식에서 미지 휨 모멘트 사이의 q개의 관계를 얻을 수 있다. 이것에 의해 문제를 풀 수 있다. 헤이먼(1961)은 $q=3$인 4층 골조의 계산예를 나타낸다.

시먼스(1951)는 이 종류의 변위의 계산값과 베이커와 헤이먼(1951)이 행한 소형 직사각형 골조의 실험값과 비교하면서 충분히 잘 일치하는 것을 나타내고 있다. 비커리(Vickery)는 여기서 나타낸 변위의 계산방법을 붕괴하중에 미치는 변위의 영향에 관한 연구에 이용하고, 오냇(Onat, 1955)도 붕괴 후 거동에 미치는 변형의 영향에 대해서 고찰한다.

닐(1960)은 이 방법을 이용해 붕괴점의 변위에 미치는 절점이나 지점의 유연성의 효과에 대해서 검토하고, 어느 범위 내에서 이러한 요인은 변위에 영향을 주지 않는 것을 나타낸다. 이 변위계산법, 붕괴하중의 상하계 계산법, 탄성해석법 등 서로 간의 관계에 대해서는 먼로(1965)의 귀중한 연구가 있다.

참고문헌

Baker, J.F., and Heyman, J. (1950), 'Tests on miniature portal frames', *Struct. Engr*, **28**, 139.

Barrett, A.J. (1953), 'Unsymmetrical bending and bending combined with axial loading of a beam of rectangular cross-section into the plastic range', *J. R. Aero. Soc.*, **57**, 503.

Cook, G. (1937), 'Some factors affecting the yield point in mild steel', *Trans. Inst. Engrs Shipb., Scot.*, **81**, 371.

Dwight, J.B. (1953), 'An investigation into the plastic bending of aluminium alloy beams', Research Report no. 16., Aluminium Development Association.

Finzi, L. (1957), 'Unloading processes in elastic-plastic structures', 9th Int. Congr. Appl. Mech., Brussels, 1957.

Fritsche, J. (1930), 'Die Tragfähigkeit von Balken aus Stahl mit Berücksichtigung des plastischen Verformungsvermogens', *Bauingenieur*, **11**, 851.

Heyman, J. (1961), 'On the estimation of deflexions in elastic-plastic framed structures', *Proc. Inst. Civil Engrs*, **19**, 39.

Horne, M.R. (1948), Discussion of: 'Theory of inelastic bending with reference to limit design', *Trans. Am. Soc. Civil Engrs*, **113**, 250.

Horne, M.R. (1951), 'Effect of strain-hardening on the equalisation of moments in the simple plastic theory', *Weld. Res.*, **5**, 147.

Hrennikoff, A. (1948), 'Theory of inelastic bending with reference to limit design', *Trans. Am. Soc. Civil Engrs*, **113**, 213.

Munro, J. (1965), 'The elastic and limit analysis of planar skeletal structures', *Civ. Eng. Publ. Wks Rev.*, **60**, May.

Neal, B.G. (1960), 'Deflectons of plane frames at the point of collapse', *Struct. Engr.*, **38**, 224.

Onat, E.T. (1955), 'On certain second order effects in the limit design of frames', *J. Aero. Sci.*, **22**, 681.

Rawlings, B. (1956), 'The analysis of partially plastic redundant steel frames', *Aust. J. Appl. Sci.*, **7**, 10.

Roderick, J.W. (1954), 'The load-deflection relationship for a partially plastic rolled steel joist', *B. Weld. J.*, **1**, 78.

Roderick, J.W. (1960), 'The elasto-plastic analysis of two experimental portal frames', *Struct. Engr*, **38**, 245.

Roderick, J.W. and Heyman, J. (1951), 'Extension of the simple plastic theory to take account of the strain-hardening range', *Proc. Inst. Mech. Engrs*, **165**, 189.

Roderick, J.W. and Phillipps, I.H. (1949), 'The carrying capacity of simply supported mild steel beams', *Research (Eng. Struct. Suppl.), Colston Papers*, **2**, 9.

Roderick, J.W. and Pratley, H.H.L. (1954), 'The behaviour of rolled steel joists in the plastic range', *B. Weld. J.*, **1**, 261.

Sawyer, H.A. (1961), 'Post-elastic behaviour of wide flange steel beams', *J. Struct. Div., Proc. Am. Soc. Civil Engrs*, **87** (ST 8), 43.

Symonds, P.S. (1952), Discussion of 'Plastic design and the deformation of structures', *Weld. J., Easton, Pa.*, **31**, 33-s.

Symonds, P.S. and Neal, B.G. (1951), 'Recent progress in the plastic methods of structural analysis', *J. Franklin. Inst.*, **252**, 383.

Symonds, P.S. and Neal, B.G. (1952), 'The interpretation of failure loads in the plastic theory of continuous beams and frames', *J. Aero. Sci.*, **19**, 15.

Tanaka, H. (1961), 'A systematic calculation of elastic-plastic deformation of frames at imminent collapse', Report, Inst. Indust. Sci., Tokyo Univ.

Vickey, B.J. (1961), 'The influence of deformations and strain-hardening on the collapse load of rigid frame steel structures', *Civ. Eng. Trans., Inst. Engrs Austr.*, 103, September.

Young, B.W. and Dwight, J.B. (1971), 'Residual stresses and their effect on the moment-curvature properties of structural steel sections', C.I.R.I.A. Tech. Note 32.

문제

1. 스팬의 길이가 $2l$이고 직사각형 단면이 일정한 단순보가 있으며, 재료는 이상화소성체이고, 식 (5.1)과 (5.2)의 휨 모멘트-곡률관계에 따른다. 이 보가 0에서 서서히 증가하는 등분포 연직하중 W(전 하중)를 받고, $W=W_0$일 때 스팬 중앙에 초기 항복이 발생하는데, 이때 중앙변위는 $\delta_0 = 5k_y l^2/12$다. $W=9W_0/8$일 때의 중앙변위를 구하고, 소성역의 형태를 그리시오.

2. 길이 $3l$인 일정 단면의 양단고정보가 있고, 휨 강성은 EI, 소성 모멘트는 M_p다. 일단에서 거리 l의 위치에 집중하중 $2W$가 작용하고, 타단에서 l의 위치에는 집중하중 W가 작용한다. 붕괴점에서 각 하중점의 변위를 구하시오.

3. 그림 5-5에 나타내는 치수·하중상태의 주각 핀의 직사각형 골조가 있고, $H=1.16M_p/l$, $V=2.84M_p/l$ 일 때 붕괴한다. 붕괴점에서 하중 H의

작용점의 수평변위 h를 구하시오.

4. 주각고정의 직사각형 골조 ABCD에서 기둥 AB와 CD의 길이는 각각 $2l$와 l이다. 주각 A는 D보다 l만큼 낮고, 길이 $2l$의 보 BC는 수평이다. 골조 전 부재는 일정하고 휨 강성 EI, 소성 모멘트 M_p의 동일 단면이다. 보 BC에는 중앙집중 연직하중 W가 작용하고, 점 C에는 집중수평하중 H가 BC 방향으로 작용하고 있다. 붕괴점에서 점 C의 수평변위를 구하시오.

5. 길이 l, 스팬 kl의 주각고정의 직사각형 골조가 있다. 골조의 부재는 전부 휨강성 EI, 소성 모멘트 M_p의 일정 단면이다. 보의 중앙에는 연직 방향으로 $3W$의 집중하중이, 한쪽의 주두에는 수평 방향으로 W의 집중하중이 작용하고 있다. 붕괴점에서 각 하중점의 하중 방향 변위를 (a) $k=3$, (b) $k=2$인 각각의 경우에 대해 구하시오.
(힌트: (b)의 경우에는 보기구에서 붕괴하지만, 소성 힌지가 한쪽의 주각에 형성되는 것을 나타낸다.)

6. 2층 1스팬의 직사각형 골조 ABCDEF는 높이 $2l$로, 각 기둥의 길이는 AB=BC=DE=EF=l이다. 상층과 하층의 각 보 CD와 BE의 스팬은 $2l$이다. 이 골조의 각 절점은 강(剛)이고, 주각 A와 F는 고정이다.
골조의 부재는 모두 휨 강성 EI, 소성 모멘트 M_p의 일정 단면이다. 보 CD와 BE의 중앙에는 연직 방향의 집중하중 W가 작용하고, 점 D와 점 E에는 수평 방향의 집중하중 $0.9W$가 CD와 BE 방향으로 작용한다. 붕괴점에서 점 E의 수평변위를 구하시오.

6 소성 모멘트에 영향을 미치는 모든 인자

6-1 문제제기

앞 장까지 소성 모멘트 M_P는 주어진 부재에 대해서 일정한 값이라고 가정하고 있다. 이 장에서는 이 가정을 다시 살펴본다. 소성 모멘트에 영향을 미치는 인자는 두 종류로 분류된다. 우선 첫째로 제1장에서 설명한 단순이론에 따르면 $M_P = Z_P \sigma_0$이기 때문에 항복응력도 σ_0에 영향을 주는 인자는 소성 모멘트 M_P에도 동일하게 영향을 준다. 이러한 인자들은 6-2절에서 논의된다. 둘째, 일반석으로 골조 중의 부재는 휨 모멘트뿐만 아니라 축력이나 전단력에도 저항하도록 요구된다.

그러나 소성 모멘트 값 $Z_P \sigma_0$를 주는 전소성응력도 분포의 합력은 휨 모멘트뿐이며, 축력이나 전단력의 합력은 0이다. 따라서 수직응력도와 전단응력도가 보다 복잡하게 분포해야 하며, 그 효과로 소성 모멘트 값은 $Z_P \sigma_0$ 이하로 감소된다. 대부분 실제상의 문제에서 이 감소는 그다지 크지 않으며, 적절한 허용한도를 결정하는 방법을 6-3절과 6-4절에서 설명한다.

소성 힌지는 집중하중의 재하점에서 생기는 것이 대부분이지만, 그 경우 소성 모멘트는 지압응력도를 첨가해 수정된다. 이런 영향도 일반적으로 작으며 6-5절에서 검토하나 반실험식이 이용될 것이다.

6-2 항복응력도의 변동

제1장에서 지적한 것처럼 강재의 항복응력도는 야금상(冶金上)의 인자, 즉 화학 성분과 열처리 등에 의해 크게 좌우된다. 여기서는 이들의 인자에 관해 검토하는 것이 아니라, 일반적으로 구조물이 사용되는 동안에 주어지는 여러 종류의 환경조건이 강재의 항복응력도에 미치는 영향에 대해 설명한다.

첫번째로 검토해야 할 인자는 재하속도다. 인장실험에서 얻어진 강재의 항복응력도가 변형속도에 영향을 미친다는 것을 이미 많은 연구자가 지적했으며, 메인스턴(Mainstone, 1975)이 광범위한 문헌조사를 벌였다. 예를 들면, 라오(Rao), 로르만(Lohrmann), 톨(Tall, 1966) 등은 세 종류의 강재에 관해 광범한 일련의 실험을 했다. 이 실험에서 정적 항복응력도는 변형속도를 실질적으로 0으로 했을 때 결정이 나고, 동적 항복응력도는 1.5×10^{-3}/초까지 일어나는 변형속도에 대해 측정되었다. 이것은 상당히 빠른 재하속도이며, 대개 1초에서 항복점에 도달한다. A.S.T.M.의 구조용 강재(A36-63T)에 관해서는 최고의 변형속도에 대해 항복응력도가 약 13% 상승한다는 것이 밝혀져 있다.

일반적으로 나타나는 재하속도는 이처럼 높은 변형속도가 일어나지 않기 때문에 그것의 영향으로 항복응력도의 변동은 1~2%로 적을 것이다. 따라서 충격하중을 받으면 높은 변형속도가 발생하고 항복응력도가 상당히 상승하는 것에 주의할 필요가 있다.

강재의 하항복응력도는 변형시효(變形時效)에 영향을 받는다. 인장 시험편에 어느 정도의 소성변형이 발생하도록 하중을 가한 후 꽤 오랜 시간 상온에 방치하고 다시 같은 방향으로 재하하면, 항복응력도가 상승하는 것을 알 수 있다(베어드[Baird, 1963]). 이 현상을 변형시효라고 부르며 온도가 상승하면 영향이 가속적으로 커지는 것이 실험으로 확인된다. 이러한 현상을 재료가 변형경화역에 들어간 후의 탄성한의 상승과 혼동해서는 안 된다.

변형시효의 효과는 골조 구조물에 한 개 이상의 소성 힌지가 형성되도록 하중이 작용한 후에 생긴다. 이와 같은 일은 실제로 자주 일어나고 있다. 예를 들면 구조물이 작용하중을 받을 경우 소성붕괴상태에 그다지 가깝지 않아도 몇 개의 소성 힌지가 형성될 가능성이 높다. 수개월이 지난 후 변형시효에 따라 이들의 소성 힌지 위치에서 항복응력도가 상승하고 소성 모멘트가 10% 정도 커질 가능성이 있다. 그러나 하중이 소성붕괴하중에 가깝지 않으면, 형성된 소성 힌지 수는 붕괴기구에 포함된 전소성 힌지 수에 비해서 상당히 적을 것이다. 따라서 소성붕괴하중 λ_c가 증대했다고 해도 안전 쪽이 된다.

인장실험을 해서 항복응력도 σ_0를 구하고, $Z_p\sigma_0$를 계산해 정확한 소성 모멘트를 결정하는 것은 곤란하다. 휨에 대해서 변형도와 변형속도는 단면에 따라서 거의 직선적으로 변화하나, σ_0는 변형속도에 영향을 받기 때문에 그 값은 단면에 따라서 다소 변화한다. 또한 실제 구조물에서 일정한 변형속도가 생긴다는 것은 거의 있을 수 없다. 하중이 증가함에 따라 처음에 급속한 변형의 증가를 수반하지만, 그후에는 최종적인 균형상태를 향해 서서히 접근해간다. 따라서 소성 모멘트를 예측하기 위해서 행해진 인장시험에서 변형속도의 기술은 전부 실험적인 것이다.

압연형강의 경우에는 시험편을 절단하는 위치에 따라 항복응력도가 달라지기 때문에 더욱 문제가 복잡해진다. 이것은 소성가공량(塑性加工量)의 차이나 압연과정에서 냉각속도의 차이에 따른 것이지만, 베이커(M. J. Baker, 1972)가 지적한 것처럼 $60N/mm^2$에 도달한다. 따라서 소성 모멘트를 결정하는 가장 합리적인 방법은 휨 시험이라고 결론지을 수 있다.

6-3 축력의 영향

그림 6-1(a)에 나타내는 2축 대칭 단면에서 이들 축 가운데 한 개에 휨 면이 일치한 보를 대상으로 해 소성 모멘트에 미치는 축력의 영향을 생각한다. 중립면은 휨 면에 직각이라고 가정한다.

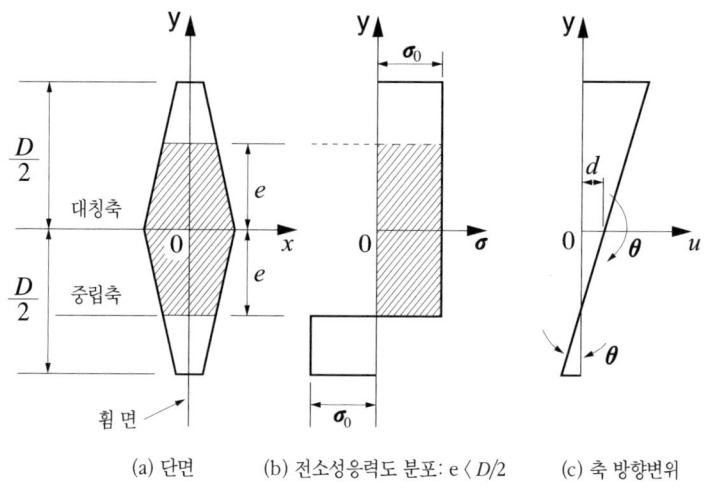

(a) 단면 (b) 전소성응력도 분포: $e < D/2$ (c) 축 방향변위

그림 6-1 휨과 축력의 조합

인장축력 N이 작용하기 위해 전소성상태의 모멘트는 축력이 0일 때의 M_P에서 M_N으로 감소하는 것으로 한다. 응력도분포는 그림 6-1(b)처럼 나타나며, 중립축은 대칭축에서 e만큼 아래쪽으로 이동한다. 우선 e는 $D/2$보다 작은 것으로 가정하고 중립축이 단면 내에 있는 경우를 생각한다.

$y = \pm e$ 사이 단면의 사선 부분은 같은 인장응력도 σ_0를 받는다. 따라서 이 부분의 응력은 같은 크기 σ_0이지만 방향이 반대인 일정한 응력도를 받고, 합력은 대칭축 Ox 주위의 우력이 된다. 따라서 A_e로 표시된 단면의 사선 부분은 축력 N을 전달한다고 볼 수 있다.

$$N = A_e \sigma_0 \qquad (6.1)$$

휨 모멘트가 작용하지 않는 경우에 전소성상태를 생기게 하는 축력의 값을 N_P로 표시하고 항복축력이라 부른다.

전 단면적을 A라 하면 N_P는 다음 식으로 표시한다.

$$N_P = A\sigma_0 \qquad (6.2)$$

따라서

$$n = \frac{N}{N_p} = \frac{A_e}{A} \qquad (6.3)$$

N의 효과는 축력이 0일 때에 사선 부분이 기여한 양$(M_P)_e$만큼 소성 모멘트가 감소하기 때문에 다음 식이 성립한다.

$$M_N = M_P - (M_P)_e \qquad (6.4)$$

$(M_P)_e = (Z_P)_e \sigma_0$라 정의하면 $M_P = Z_P \sigma_0$이기 때문에

$$M_N = M_P \left[1 - \frac{(Z_P)_e}{Z_P} \right] \qquad (6.5)$$

2축 대칭이기 때문에 이 결과는 압축축력의 경우에도 성립한다.

그림 6-1(c)은 소성 힌지에서 축 방향변위 u를 표시하고 있다. 회전각 θ는 대칭축 Ox에서 e만큼 아래에 있는 중립축 주위에 생긴다. 따라서 대칭축에서는 N에 대응한 축 방향변위 d와 M_N에 대응한 회전각 θ가 존재하고 다음의 관계가 있다.

$$d = e\theta \qquad (6.6)$$

소성 모멘트에 영향을 미치는 모든 인자

이와 같은 힌지를 일반화 소성 힌지라 부르며, 거기서 취급되는 일은 다음 식으로 주어진다.

$$W = M_N \theta + Nd \tag{6.7}$$

이상의 해석에서 e는 $D/2$보다 작다고 가정하기 때문에 중립축은 단면 내에 있다. 그림 6-2(a)는 e는 $D/2$를 넘을 때의 축 방향변위 u의 분포를 나타낸다. 이들의 변위는 모두 인장 쪽이기 때문에 수직응력도의 분포는 그림 6-2(b)에 표시하게 된다. 이때 축력은 항복축력 N_P이고 휨 모멘트는 0이기 때문에 흡수되는 일은 단지 다음과 같다.

$$W = N_P d \tag{6.8}$$

그러나 대칭축에서는 N_P에 대응하는 축 방향변위 d 이외에 회전각 θ도 존재하고, 이 경우에도 식 (6.6)은 성립한다. $e \geq D/2$이기 때문에,

$$\theta \leq \frac{2d}{D} \tag{6.9}$$

따라서 모멘트가 0인데도 소성 힌지는 식 (6.9)를 만족시키는 일반화 소성 힌지다.

헤이먼(1975)이 지적한 것처럼 가능한 붕괴기구에 대응하는 일식을 만들 때 엄밀하게는 식 (6.6)~(6.9)의 관계를 이용할 필요가 있다. 그러나 6-6-3항에서 표시한 것처럼 축력의 영향은 실제로 무시할 수 있을 정도로 작은 것이 많다.

1축 대칭 단면에서 휨 면과 대칭축이 일치할 경우에 대해서는 아이크호프(1954)가 취급하고 있다. 이 경우 합 모멘트가 작용하는 축을 지정할 필요가 있지만, 아이크호프는 이것을 동일 단면적축으로 한다.

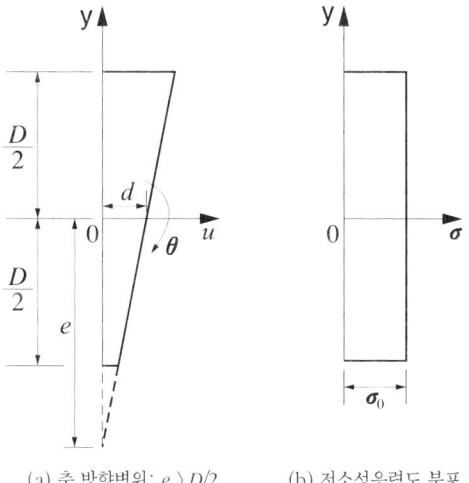

(a) 축 방향변위: $e \rangle D/2$ (b) 전소성응력도 분포

그림 6-2 휨과 축력의 조합

6-3-1 직사각형 단면

그림 6-3(a)에 표시된 직사각형 단면에서는,

$$A = BD, \qquad A_e = 2Be$$
$$Z_P = \frac{1}{4}BD^2, \quad (Z_P)_e = Be^2$$

따라서 식 (6.3)과 (6.5)에서

$$n = \frac{2e}{D}$$

$$M_N = M_P \left[1 - \frac{4e^2}{D^2} \right] = M_P(1 - n^2) \qquad (6.10)$$

M_N/M_P와 n 사이의 이 상관관계는 기르크만(1931)이 최초로 유도한 것이다.

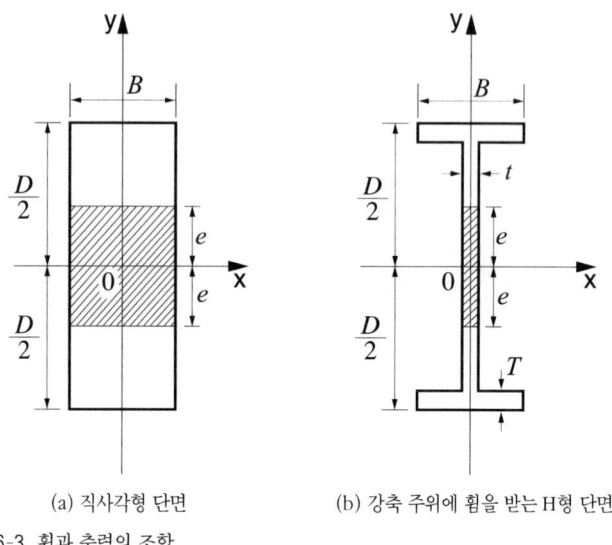

(a) 직사각형 단면　　　(b) 강축 주위에 휨을 받는 H형 단면

그림 6-3 휨과 축력의 조합

샤키르 칼릴(Shakir-Khalil)과 타드로스(Tadros, 1973)는 두 개의 대칭축의 양 축 주위에 휨과 축력을 받는 직사각형 단면에 관해 고찰한다. 또한 중실(中實) 단면 및 중공(中空) 단면에 관한 결과는 실험적으로 검증되어 있다.

6-3-2 강축 주위에 휨을 받는 H형 단면

H형 단면은 그림 6-3(b)에 나타낸 것처럼 정확성을 거의 잃어버리지 않고 세 개의 직사각형으로 구성된 것으로 간주할 수가 있다.

그림에 나타낸 것처럼 중립축이 웨브 내에 있을 때 A_e값은 $2et$이기 때문에 식 (6.3)에서

$$n = \frac{2et}{A} \qquad (6.11)$$

여기서 A는 전 단면적이다. 이 관계는 A_e가 웨브 단면적을 넘지 않는 범

위에서 성립하기 때문에,

$$n \leq \frac{A_W}{A}$$

$(Z_P)_e$의 값은 폭 t, 높이 $2e$의 직사각형 단면에 대해서 성립하기 때문에,

$$(Z_P)_e = te^2 = \frac{n^2 A^2}{4t} \qquad (6.12)$$

위 식에서는 식 (6.11)을 이용하고 있다. 이 식을 식 (6.5)에 대입하면

$$M_N = M_P(1 - kn^2); \quad k = \frac{A^2}{4tZ_P}$$

단,

$$n \leq \frac{A_W}{A} \qquad (6.13)$$

소성단면계수 Z_P는 1-4절의 식 (1.14)에서 다음과 같이 주어진다.

$$Z_P = BT(D-T) + \frac{1}{4}t(D-2T)^2$$

이 결과를 이용하면 다음 식이 얻을 수 있다.

$$\frac{1}{k} = 1 - \left(\frac{A_f}{A}\right)^2 \left(1 - \frac{t}{B}\right) \qquad (6.14)$$

여기서 A_f는 전 플랜지 단면적 $2BT$다.

중립축이 플랜지 내에 있을 경우에는 동일한 해석에서 다음 식이 얻어진다.

$$M_N = M_P k \frac{t}{B}(1-n)\left[\frac{2BD}{A} - 1 + n\right]$$

$$\frac{A_W}{A} \le n \le 1 \tag{6.15}$$

식 (6.13)~(6.15)는 기르크만(1931)이 최초로 제시했으며, 이들 식은 단면표에 주어진 소성단면계수를 저감하기 위한 기본이 된다. 축력과 휨의 조합응력을 받는 기둥의 실험을 비들, 레디(Ready), 존스턴(B. G. Johnston, 1950) 등이 행해 위에서 기술한 이론이 잘 일치한다는 것을 나타내고 있다.

전형적인 H형 단면에 대한 M_N/M_P와 n의 상관관계는 그림 6-4에 나타나며, 그림 가운데 직사각형 단면에 대한 식 (6.10)의 포물선 상관관계도 나타나 있다.

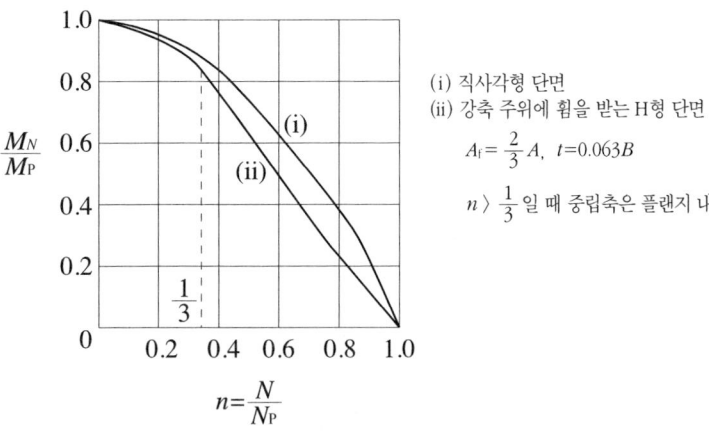

(i) 직사각형 단면
(ii) 강축 주위에 휨을 받는 H형 단면
$A_f = \frac{2}{3}A$, $t = 0.063B$
$n > \frac{1}{3}$ 일 때 중립축은 플랜지 내

그림 6-4 소성 모멘트에 미치는 축력의 영향

6-3-3 실제문제에서 축력의 영향

강축 주위에 휨을 받는 H형 단면의 보에서는 축력에 따른 소성 모멘트

의 감소는 $n=0.1$일 때 2% 이하다. 1층 골조에서 통상 n은 0.1 이하이기 때문에 크레인 하중을 받는 기둥과 같은 특수한 골조를 제외하고 축력의 영향은 적다. 그러나 다층 골조 하층부의 기둥이나 납작한 아치 등에서는 소성 모멘트에 미치는 축력의 영향이 중요해진다.

6-4 전단력의 영향

드러커(Drucker, 1956)가 지적한 대로 주어진 단면에 대해서 소성 모멘트와 전단력 사이에 유일의 상관관계가 존재해야만 할 까닭은 없다. 이 문제에 관해서 이루어진 연구에는 자유단에 집중하중 F를 받는 길이 L의 캔틸레버보를 대상으로 한 것이 많다. 등분포하중 F를 받는 길이 $2L$의 캔틸레버보는 고정단에서 전단력 F, 휨 모멘트 FL의 동일한 국부적 응력 상태에 있다고 말할 수 있다. 그러나 각 경우의 붕괴값 F는 캔틸레버보의 전 길이에 걸친 상태를 고려하지 않으면 유도할 수가 없고, 현재로서 양자의 붕괴하중이 동일하다고 여겨질 이유는 없다.

그런데도 전단력에 관한 해석결과를 전단력과 소성 모멘트의 상관관계로 표시하는 것이 실제로는 일반적이다. 이것은 엄밀하게 말하면 정당화되지 않지만 실제문제에서 나타나는 전단력의 영향은 일반적으로 적다. 따라서 전단력에 따른 소성 모멘트의 서감을 계산하기 위해 상관관계를 이용하는 것은 이 상관관계를 구한 경우와 하중의 형태가 틀려도 어느 정도 의미 있는 것이다.

전단력의 영향에 관한 몇 개의 해석적 연구에서는 캔틸레버보 전체의 조건을 고려하지 않고 한계단면(限界斷面)만의 응력분포나 소성변형을 대상으로 한다. 드러커(1956)가 지적한 것처럼 그와 같은 국부적인 해석에서는 상계도 하계도 얻을 수 없기 때문에 그들의 결과를 신뢰할 수가 없다.

6-4-1 직사각형 단면

그림 6-5에 나타난 바와 같이 폭 B, 높이 D의 직사각형 단면의 캔틸레버보가 단부에 전단력 F를 받는 것으로 한다. 캔틸레버보의 길이는 L이기 때문에 고정 단의 휨 모멘트는 FL이다. 전소성상태에서 이 모멘트의 값 M_F를 구하고, 이 값과 전단력이 작용하지 않을 때의 소성 모멘트 $M_P = \dfrac{1}{4} BD^2 \sigma_0$와 비교한다.

여기서는 하계정리에 기초한 간단한 방법을 기술한다. 그림 6-5는 단면 AA 왼쪽의 캔틸레버보가 완전탄성인 상태를 나타낸다. 이 단면의 최외연에서 재축 방향의 수직응력도 σ_x는 항복값 σ_0에 도달한다. 단면 AA의 오른쪽에는 전단력의 영향을 무시한 1-3-1항의 단순휨 이론에 따라 소성역에서 응력상태는 그림 가운데 나타난 응력도의 기호를 사용하면 다음 식으로 표현된다.

$$\sigma_x = \pm \sigma_0, \quad \sigma_y = 0, \quad \tau = 0$$

이 가정의 타당성을 프레이저, 호지(Hodge, 1951) 그리고 혼(1951)이 증명한다.

소성역에서 τ는 0이라고 가정되기 때문에 전단력 F는 모든 깊이 $2z$의 탄성핵에서 전단응력도에 따라 지지되지 않으면 안 된다. z가 감소하면 전단응력도값은 증대하기 때문에 어느 단면 BB에서 핵 내에 항복이 생긴다. 아래에 나타내는 해석에서는 보 전체로서 안전과 동시에 정적허용, 즉 항복조건을 침범하지는 않으나 단면 BB에서 항복조건을 꼭 만족할 때 응력도분포를 결정하는 것을 목적으로 한다.

본 미세스(von Mises)의 항복조건을 이용해 평면응력상태를 가정하면 이 조건은 다음과 같이 표시된다.

$$\phi = [\sigma_x{}^2 - \sigma_x \sigma_y + \sigma_y^2 + 3\tau^2]^{1/2} \leq \sigma_0 \tag{6.16}$$

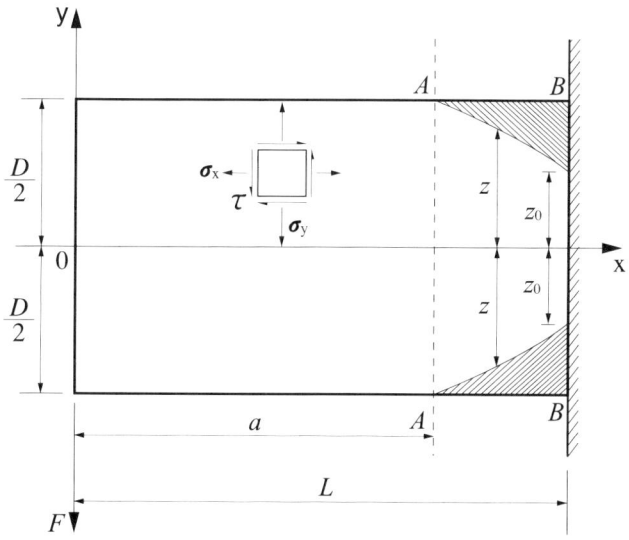

그림 6-5 직사각형 단면의 캔틸레버보에서 소성역

이 항복조건에 따르면 순전단 항복응력도는 $\sigma_0/\sqrt{3}$이 된다.
두 개의 평형조건식은

$$\frac{\partial \sigma_x}{\partial x} + \frac{\partial \tau}{\partial y} = 0 \tag{6.17}$$

$$\frac{\partial \sigma_y}{\partial y} + \frac{\partial \tau}{\partial x} = 0 \tag{6.18}$$

보의 탄성부분 $x \leq a$에서 σ_y는 0으로 가정되고, 한편 σ_x는 초등 보이론에 따라서 단면 내에서 직선적으로 변화하기 때문에,

$$\sigma_x = \frac{12Fxy}{BD^3} \tag{6.19}$$

$$\sigma_y = 0 \qquad (6.20)$$

대응하는 식 (6.17)과 식 (6.18)의 답은 $y=\pm D/2$에서 $\tau=0$인 것에 주목하면 다음과 같이 된다.

$$\tau = \frac{3F}{2BD}\left[1-\left(\frac{2y}{D}\right)^2\right] \qquad (6.21)$$

$x=a$의 단면 AA에서는 $y=D/2$일 때 $\sigma_x=\sigma_0$이기 때문에 식 (6.19)에서 다음 식이 얻어진다.

$$\sigma_0 = \frac{6Fa}{BD^2},$$

$$Fa = M_y = \frac{1}{6}BD^2\sigma_0 \qquad (6.22)$$

단면 AA에서 σ_x와 τ의 분포는 그림 6-6에 나타나 있다. $x \leq a$의 어디서나 τ는 순전단 항복응력도 $\sigma_0/\sqrt{3}$을 넘지 않는 것으로 가정하면 식 (6.21)에서

$$\frac{3F}{2BD} \leq \frac{\sigma_0}{\sqrt{3}}$$

$$F \leq \frac{2}{3\sqrt{3}}BD\sigma_0 \qquad (6.23)$$

전 단면에 순전단 항복응력도가 생기는 경우에 대응하는 전단력을 소성전단력 F_P라고 정의하면 F_P는 다음 식으로 표시된다.

$$F_P \leq \frac{1}{\sqrt{3}}BD\sigma_0 \qquad (6.24)$$

따라서 조건식 (6.23)은 다음과 같이 된다.

$$f = \frac{F}{F_p} \leq \frac{2}{3} \tag{6.25}$$

조건식 (6.23)에서 등호가 성립하는 한계상태일 때 단면 AA의 응력도분포는 다음 식으로 표시된다.

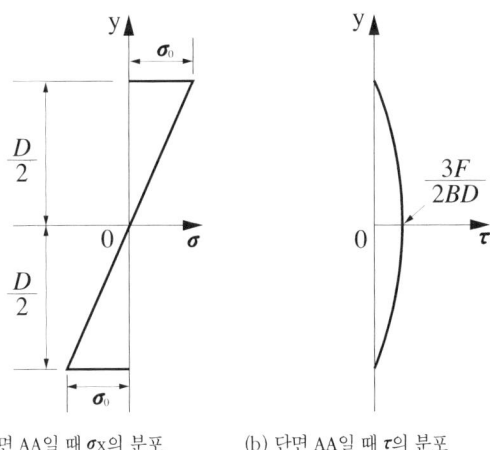

(a) 단면 AA일 때 σ_x의 분포 (b) 단면 AA일 때 τ의 분포

그림 6-6 직사각형 단면 캔틸레버보의 응력도분포

$$\sigma_x = \sigma_0 \left(\frac{2y}{D} \right)$$

$$\tau = \frac{1}{\sqrt{3}} \sigma_0 \left[1 - \left(\frac{2y}{D} \right)^2 \right]$$

이것을 항복조건식 (6.16)에 대입하면 다음 식이 얻어진다.

$$\phi = \sigma_0 \left[1 - \left(\frac{2y}{D} \right)^2 + \left(\frac{2y}{D} \right)^4 \right]^{1/2}$$

이 식에서 $-D/2 \leq y \leq D/2$의 범위에서 $\phi \leq \sigma_0$이 되는 것은 명확하므로

이 응력분포는 안전하다.

다음은 보의 탄소성 부분 $x \geq a$에서도 탄성핵 내에서 σ_x를 y의 선형관수라고 가정하면,

$$\sigma_x = \sigma_0 \left(\frac{y}{z} \right) \tag{6.26}$$

소성역에서는 $\sigma_x = \pm \sigma_0$, $\tau = \sigma_y = 0$이다. 1-3-1항의 식 (1.2)에 나타낸 탄소성 휨의 초등이론에 따르면 휨 모멘트 M은 다음 식으로 주어진다.

$$M = Fx = B\left[\frac{D^2}{4} - \frac{1}{3}z^2 \right] \sigma_0 \tag{6.27}$$

따라서

$$\frac{dz}{dx} = -\frac{3F}{2Bz\sigma_0}$$

이 결과와 식 (6.26)을 이용하면, 평형조건식 (6.17)과 (6.18)의 답은 다음과 같이 된다.

$$\tau = \frac{3F}{4Bz}\left[1 - \left(\frac{y}{z} \right)^2 \right] \tag{6.28}$$

$$\sigma_y = -\frac{9F^2}{8B^2z^2\sigma_0}\left(\frac{y}{z} \right)\left[1 - \left(\frac{y}{z} \right)^2 \right] \tag{6.29}$$

식 (6.26), (6.28)과 (6.29)에서 주어진 응력도분포는 정적허용이다. 여기서 $z = z_0$인 단면 BB에서 $y=0$에서 τ가 $\sigma_0/\sqrt{3}$에 달해 한계상태가 된 것으로 가정하면,

$$\frac{3F}{4Bz_0} = \frac{\sigma_0}{\sqrt{3}} \tag{6.30}$$

이 경우 이 단면의 응력도분포는 다음과 같이 된다.

$$\sigma_x = \sigma_0 \left(\frac{y}{z_0} \right)$$

$$\tau = \frac{\sigma_0}{\sqrt{3}} \left[1 - \left(\frac{y}{z_0} \right)^2 \right]$$

$$\sigma_y = -\frac{2}{3} \sigma_0 \left(\frac{y}{z_0} \right) \left[1 - \left(\frac{y}{z_0} \right)^2 \right] \quad (6.31)$$

이들 분포는 그림 6-7에 나타나 있다. 항복조건식 (6.16)에 대입하면,

$$\phi = \left[1 + \frac{1}{9} \left(\frac{y}{z_0} \right)^2 \left[1 - \left(\frac{y}{z_0} \right)^2 \right] \left[1 - 4 \left(\frac{y}{z_0} \right)^2 \right] \right]^{1/2} \sigma_0$$

$-z_0 \leq y \leq z_0$의 범위에서 ϕ는 $y = \pm 0.34 z_0$일 때 최대값 $1.003\sigma_0$가 되며, 항복조건은 만족되지 않는다. 그러나 초과분이 겨우 0.3%에 지나지 않기 때문에 이 응력도분포를 정적허용이며 동시에 안전하다고 간주해도 지장이 없다. 물론 예측한 것처럼, BB가 가장 위험한 단면임이 쉽게 증명된다.

M_F값은 식 (6.30)에서 주어지는 z_0값을 식 (6.27)의 z에 대입해 구할 수 있다. 다시 한 번 식 (6.24)를 이용하면,

$$M_F = M_P [1 - 0.75 f^2] \quad (6.32)$$

이 식이 M_F/M_P와 f 사이의 상관관계다. 다만 부등식 (6.25)의 제약 때문에 2/3 이하의 f에 대해 성립한다. f가 이 값일 때 식 (6.32)에서 $M_F = 2M_P/3$, 식 (6.30)에서 $z_0 = D/2$가 되는 것을 안다. 이것은 그림 6-5의 단면 AA와 BB가 일치하는 것을 의미하며, 이 경우 식 (6.22)에서 얻어지는 보의 길이 a는 $D\sqrt{3}/4 = 0.433D$가 된다. 따라서 조건

$f \leq 2/3$ 는 $L/D \geq 0.433$과 같은 값이다. 이처럼 짧은 보에 소성이론이 적용되는 것은 거의 없기 때문에 실제로 이 조건에 좌우되는 것은 없다.

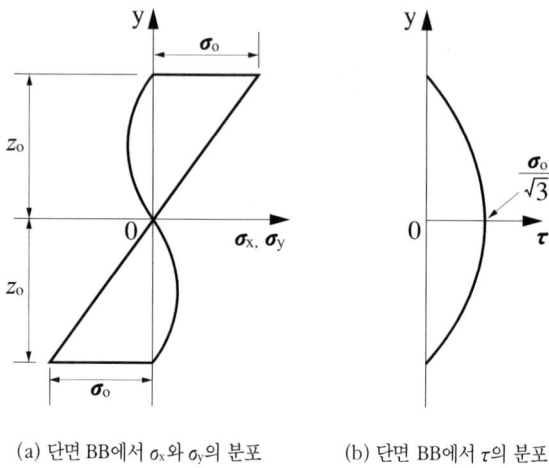

(a) 단면 BB에서 σ_x와 σ_y의 분포   (b) 단면 BB에서 τ의 분포

그림 6-7 직사각형 단면 캔틸레버보의 응력도분포

혼(1951)은 단면 BB의 중앙소성역의 재축 방향의 확대됨을 고려한 좀 더 상세한 해석을 행한다. 그 결과는 식 (6.32)와 같은 형태이지만 수치가 다음과 같이 다르게 되어 있다.

$$M_F = M_P[1 - 0.44f^2]; \quad f \leq 0.79 \qquad (6.33)$$

드러커(1956)는 좀더 가상적인 응력도분포에 기초를 두고 하계를 표시했으며, 더욱이 여러 종류의 상계에 대해서도 검토하고 있다. 드러커가 제시한 상관관계는 다음과 같다.

$$M_F = M_P[1 - f^4]; \quad f \leq 1 \qquad (6.34)$$

그린(Green, 1954)은 기구변형의 고찰에 따라 평면응력과 평면변형

문제에 관한 상계를 부여하고 지지조건의 영향에 대해서도 검토했다. 그린의 해석에 주목해야 할 점은 f값이 작은 범위에서는 소성 모멘트가 증대하는 것이다. 오냇(Onat)과 실드(Shield, 1954)도 평면변형 문제에 대한 상계를 부여한다.

6-4-2 강축 주위에 휨을 받는 H형 단면

강축 주위에 휨을 받는 H형 단면에서 전단력은 모두 웨브에서 전달되는 것으로 가정한다. 따라서 웨브 단면적을 A_W라 하면 소성전단력은 다음 식으로 주어진다.

$$F_P = \frac{1}{\sqrt{3}} A_W \sigma_0 \qquad (6.35)$$

위 식에서 본 미세스의 항복조건이 이용된다. 트레스카(Tresca)의 항복조건을 이용하면 식 (6.35)의 계수 $1/\sqrt{3}$이 $1/2$이 된다). 레스(Leth, 1954)가 구한 상계에 따르면, 보 작용의 개념이 무의미해질 정도로 보의 길이/높이의 비가 작은 경우에 한해서 F는 F_P를 초과할 수가 있다. 이것은 위의 가정이 타당하다는 것을 나타낸다.

전단력이 작용하지 않는 경우의 강축 주위에 휨을 빋는 H형 단면의 소성 모멘트는 1-4절에 주어지나, 단면의 폭 B, 두께 T인 두 매의 플랜지와 높이 $(D-2T)$, 두께 t의 웨브에 의해 구성된 것으로 다음 식 (1.14)가 표시되어 있다.

$$M_P = \left[BT(D-T) + \frac{1}{4} t(D-2T)^2 \right] \sigma_0$$

D에 비해서 T를 무시하면 이 식은 다음과 같이 간략해진다.

$$M_P = \left[BDT + \frac{1}{4}tD^2\right]\sigma_0$$

$$= \frac{1}{4}D[2A_f + A_w]\sigma_0 \qquad (6.36)$$

위 식에서 제1항은 단면적 A_f의 플랜지에 대한 항, 제2항은 단면적 A_w의 웨브에 대한 항이다.

이 문제에 대한 가장 간단한 방법은 플랜지 모멘트는 전단력에 영향을 받지 않는 것으로 하고, 웨브 모멘트를 직사각형 단면의 경우와 같은 방법으로 수정하는 것이다. 이 방법은 헤이먼(1951)이 이용한 것으로 그 결과를 식 (6.33)과 같이 표시하면 다음 식을 얻을 수 있다.

$$M_F = \frac{1}{2}DA_f\sigma_0 + \frac{1}{4}DA_w\sigma_0(1-0.44f^2)$$

$$= M_p\left[1 - 0.44\left(\frac{A_w}{2A_f + A_w}\right)f^2\right] ; \quad f \leq 0.79 \qquad (6.37)$$

레스(1954)는 이 방법에서 플랜지와 웨브의 경계 부근의 응력도가 항복조건을 만족하지 않는 것을 지적하고 적당히 수정을 가한다. 그러나 어느 이론에서도 플랜지와 웨브의 경계에서 평형조건이 만족되지 않으며, 답은 실제의 하계가 아니다. 모든 평형조건을 만족하고 동시에 항복조건을 침범하지 않는 하계를 닐(1961)이 구하고 있다. 그 결과를 명확한 형상으로 표현할 수는 없으나 그림 6-8에는 $A_f = 3A_w$의 단면에 대한 상관관계가 표시되어 있다.

그린(1954)은 플랜지 모멘트가 전단력에 영향을 주지 않는다는 가정을 이용해 평면응력상태의 직사각형 단면보에 대한 상계를 H형 단면 캔틸레버보의 경우에 적용하고 있다. $A_f = 3A_w$의 단면에 대한 상관관계가 그림 6-8에 나타나지만 상계와 하계의 차이는 그다지 크지 않다. 따라서 이들 두 개의 경계선에 가까운 실험식에서 실용상 충분한 것을 알 수 있다. 이러한 관계를 헤이먼과 더튼(Dutton, 1954)도 제안하고 있다. 이것은 한계 단면의 국부적 해석에서 도입된 것으로, 그림 6-8에 나타난 두 개의 경계선과 잘 일치하므로 타당성이 분명하다. 이 관계는 다음 식으로 표시된다.

$$M_F = M_P \left[1 - \left(\frac{A_w}{2A_f + A_w} \right) \left(1 - (1-f^2)^{1/2} \right) \right] ; f \leq 1 \quad (6.38)$$

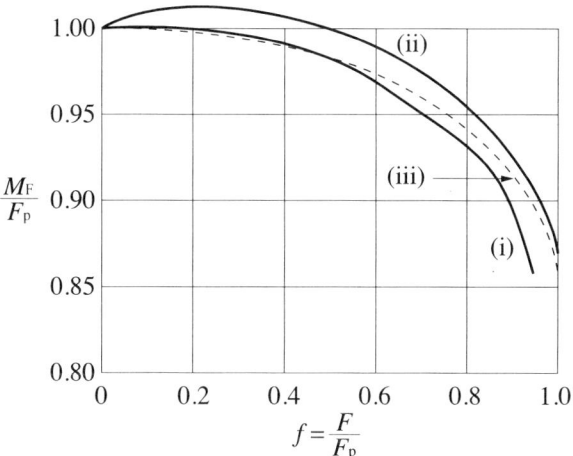

그림 6-8 강축 주위의 휨을 받는 H형 단면의 소성 모멘트에 미치는 전단력의 영향
 (ⅰ) 하계(닐)
 (ⅱ) 상계(그린)
 (ⅲ) 실험식(헤이먼, 더튼)

실제로 이 식을 이용하는 것이 권장된다. 그러나 이 문제에 대해서는 더욱 연구가 필요하고 실제의 상계와 하계를 명확히 함으로써 새로운 진보를 기대할 수 있다. 이들의 상·하계는 다른 하중상태에 대해서도 식 (6.38)과 같은 유일한 상관관계를 이용할 수 있을지 어떤지를 검토하는 데 특히 필요하다. 캘러딘(Calladine, 1973)이 기술한 웨브에 장력장(張力場)이 발생하는 판보의 패널에 대한 상계해석을 참조하기 바란다.

H형 단면에서는 F가 F_P에 가까이 가기까지 전단력의 영향이 매우 적

다. 또한 F가 F_P에 가까이 간 경우에도 명확한 붕괴하중이 인정되지 않는 경우가 많고, 베이커나 로데릭(1940), 헨드리(Hendry, 1949) 등은 H형 단면 단순보의 모델 실험에서 실정이 곤란한 것을 인정하고 있다. 그러나 헤이먼과 더튼(1954)은 중앙집중하중을 받는 단순지지 판보의 실험에서 F가 F_P에 가까이 갔을 때까지도 명확한 붕괴하중을 관찰하고 있으며, 그 결과는 식 (6.38)과 잘 일치한다. 롱바텀(Longbottom)과 헤이먼(1956)이 행한 판보의 실험, 그린과 헌디(Hundy, 1957)가 행한 H형 단면 캔틸레버보의 모델 실험, 또한 불(Bull, 1955)의 비렌딜보 실대 실험 등에 따라 식 (6.38) 실험식의 유용성이 나타난다.

6-4-3 전단력과 축력의 조합효과

전단력과 축력이 동시에 작용하는 경우의 조합효과에 관해서는 아직 그다지 연구되어 있지 않다. 그러나 소성 힌지에서 전단력과 축력 양쪽이 소성 모멘트에 현저하게 영향을 줄 정도로 큰 것은 극히 드물다. 이 문제는 그린(1954)이 처음으로 연구해 평면변형상태의 직사각형 단면에 대한 상계를 나타낸다. 닐(1961b, c)은 H형 단면 캔틸레버보에 대해 하계를 부여하고, 클뢰펠(Klöppel)과 야마다(山田, 1958)는 H형 단면을 대상으로 본질로는 국부적이지만 하계형식의 해석을 행한다. 혼(1958)은 헤이먼과 더튼의 국부적 해석법을 축력의 영향이 고려될 수 있도록 H형 단면에 확장하고, 구수다(楠田)와 튀를리만(Thürlimann, 1958)도 같은 방법을 나타낸다.

6-5 하중하의 지압

중앙집중하중이나 대칭인 2점하중을 받는 직사각형 단면의 단순보에 대해서는 모형실험이 자주 행해진다. 같은 단면과 재료의 보에서 중앙집중하중의 경우 소성 모멘트가 어느 정도 커지는 것이 일반적으로 관찰된다. 그 까닭은 대칭 2점재하에서는 소성 모멘트가 순 휨상태인 하중 사이의 보 중앙부에 생기고, 이 영역의 응력도는 단지 우력(偶力)과 평형조건을 만족하면 되기 때문이다. 이것은 $Z_{P\phi_0}$의 소성 모멘트 값을 유도한 1-4절의 단순이론에서 설정된 가정이다. 그러나 중앙집중재하의 경우, 하중점에서 소성 모멘트에 달하고 그 점에서 응력도는 우력 이외에 전단력이나 하중하의 지압과 평형하지 않으면 안 된다. 모순된 것처럼 느껴지지만 이 영향에 따라서 그러한 실험에서 얻어진 붕괴하중, 즉 소성 모멘트 값이 증대하는 것이다.

중앙집중하중을 받는 직사각형 단면의 단순보에서 응력도의 근사해를 스톡스(Stokes)가 도입하고 월슨(Carus Wilson, 1891)도 자신의 논문을 발표한다. 이 해(解)에 따르면 집중하중에 따른 국부효과는 주로 두 종류의 응력 성분으로 이루어진다. 하나는 보의 재축에 평행한 면에 작용하는 압축응력도인데 이것은 확실히 하중을 지지하기 위해서 필요하다. 다른 하나는 재축 방향의 수직응력도로 탄성 휨에서 통상 베르누이-오일러의 이론으로 얻은 단면 위에서 직선분포가 되는 응력도를 수정한 것이다. D와 L을 각각 보의 높이와 길이라고 하면, 후자의 응력도 영향으로 통상 휨 응력도는 $(1-kD/L)$배가 된다. k는 단면의 깊이 방향으로 변화하는 정계수이며, 재하점의 양쪽 길이 D 이내의 범위에서 1 정도의 값이지만 그 범위 외에서는 작다.

이 탄성해는 "항복이 생기는 경우에도 지압응력도가 재하점 부근에서 통상 휨 응력도를 감소시키는 경향이 있다"고 한 로데릭과 필립스(Phillipps, 1949)의 견해를 증명한다. 탄성해에 따르면 중앙집중하중에 따른 혼란은 전장 D 정도의 범위에 한정되기 때문에 로데릭과 필립스는 하중점부터 양쪽으로 $D/2$만큼 떨어진 점에서 휨 모멘트가 $Z_{P\phi_0}$값이 될 때 붕괴가 생기는 것으로 한다. 이 경우 붕괴상태의 중앙 휨 모멘트는 $Z_{P\phi_0}L/(L-D)$이기 때문에 외관상의 소성 모멘트 M_P'는 근사적으로 다음과 같이 표시된다.

$$M_P' = Z_P \sigma_0 \left(1 + \frac{D}{L}\right) \tag{6.39}$$

로데릭과 필립스는 직사각형 단면보에 대해 일련의 실험을 행해 이 반실험식(半實驗式)을 확인한다. 헤이먼(1952)은 붕괴점에서 직사각형 단면보의 중앙집중 하중점 부근의 응력도분포를 환원법을 이용해 구하며, 그 결과에서도 위의 결론을 확인할 수 있다. 직사각형 단면보에 대한 베이스(Baes, 1948)와 H형 단면보에 대한 헨드리(1949)의 광탄성 실험 결과도 식 (6.39)가 대부분 충분히 정확한 결과를 주는 것으로 나타낸다. 그러나 H형 단면보에서 집중하중점에 스티프너가 설치된 곳에서는 이 식을 적용할 수 없다.

참고문헌

Baes, L. (1948), 'Les palplanches plates beval P pour constructions cellulaires', *Ossat. métall*, **13**, 75

Baird, J.D. (1963), 'Strain-ageing of steel-a critical review', *Iron and Steel*, **36**, 186

Baker, J.F. and Roderick, J.W. (1940), 'Further tests on beams and portals', *Trans. Inst. Weid.*, **3**, 83

Baker, M.J. (1972), 'Variability in the strength of structural steels—a study in structural safety: Part 1. Material variability', C.I.R.I.A. Tech. Note 44, September.

Beedle, L.S., Ready, J.A. and Johnston, B.G. (1950), 'Tests of columns under combined thrust and moment', *Proc. Soc. Exp. Stress Anal.*, **8**, 109.

Bull, F.B. (1955), 'Tests destruction on a Vierendeel girder', prelim. vol., Conf. Correlation between Calculated and Observed Stresses and Displacements in Structures, Inst. Civil Engrs, 135.

Calladine, C.R. (1973), 'A plastic theory for collapse of plate girders under combined shearing force and bending moment', *Struct. Engr*, **51**, 147.

Drucker, D.C. (1956), 'The effect of shear on the plastic bending of beam', *J. Appl. Mech.*, **23**, 509.

Eickhoff, K.G. (1954), 'The plastic behaviour of sections having one axis of symmetry', B. Weld. Res. Assoc. Report FE. 1/37.

Girkmann, K. (1931), 'Bemessung von Rahmentragwerken unter Zugrundelegung eines ideal-plastischen Stahles', *S.B. Akad. Wiss. Wien* (Abt. IIa), **140**, 679.

Green, A.P. (1954), 'A theory of the plastic yielding due to bending of cantilevers and fixed-ended beams', *J. Mech. Phys. Solids*, **3**, 1, 143.

Green, A.P. and Hundy, B.B. (1957), 'Plastic yielding of I-beams: shear loading effects analysed', *Engineering*, **184**, 47.

Hendry, A.W. (1949), 'The stress distribution in a simply supported beam of I-section carrying a central concentrated load', *Proc. Soc. Exp. Stress Anal.*, **7**, 91.

Hendry, A.W. (1950), 'An investigation of the strength of certain welded portal frames in relation to the plastic method of design', *Struct. Engr*, **28**, 311.

Heyman, J. (1952), 'Elasto-plastic stresses in transversely loaded beams', *Engineering*, **173**, 359, 389.

Heyman, J. (1975), 'Overcomplete mechanisms of plastic collapse', *J. Optim. Theory Applic.* **15**, 27.

Heyman, J. and Dutton, V.L. (1954), 'Plastic design of plate girders with unstiffened webs', *Welding and Metal Fabrication*, **22**, 265.

Horne, M.R. (1951), 'The plastic theory of bending of mild steel beams with particular reference to the effect of shear forces', *Proc. R. Soc., A.*, **207**, 216.

Horne, M.R. (1958), 'Full plastic moments of sections subjected to shear force and axial load', *B. Weld. J.*, **5**, 170.

Klöppel, K. and Yamada, M. (1958), 'Fliesspolyeden des Rechteck- und I-Querschnitte unter die Wirkung von Biegemoment Normalkraft und Querkraft', *Stahlbau*, **27**, 284.

Kusuda, T. and Thürlimann, B. (1958), 'Strength of wide flange beams under combined influence of moment, shear and axial force', Fritz. Eng. Lab. Report no. 248. 1.

Leth, C-F.A. (1954), 'The effect of shear stresses on the carrying capacity of I-beams', Tech. Rep. A11-107, Brown Univ.

Longbottom, E. and Heyman, J. (1956), 'Tests on full-size and on model plate girders', *Proc. Inst. Civil Engrs*, **5**, (part III), 462.

Mainstone, R.J. (1975), 'Properties of materials at high rates of straining or loading', *Matériaux et Construction*, **8**, 102.

Neal, B.G. (1961a), 'Effect of shear force on the fully plastic moment of an I-beam', *J. Mech. Eng. Sci.*, **3**., 258.

Neal, B.G. (1961b), 'The effect of shear and normal forces on the fully plastic moment of a beam of rectangular cross section', *J. Appl. Mech.*, **28**, 269.

Neal, B.G. (1961c), 'Effect of shear and normal forces on the fully plastic moment of an I-beam', *J. Mech. Eng. Sci.*, **3**, 279.

Onat, E.T. and Shield, R.T. (1954), 'The influence of shearing forces on the plastic bending of wide beams', *Proc. 2nd U.S. Nat. Congr. Appl.*

Mech., Michigan, 1954, 535.

Prager, W. and Hodge, P.G. (1951), *Theory of Perfectly Plastic Solids*, John Wiley, NY, Chapman & Hall, London, 51.

Rao, N.R.N., Lohrmann, M. and Tall, L. (1966), 'Effect of strain rate on the yield stress of structural steels', *A.S.T.M.J. Materials*, **1**, 241.

Roderick, J.W. and Phillipps, I.H. (1949), 'The carrying capacity of simply supported mild steel beams', *Research (Eng. Struct. Suppl.)*, *Colston Papers*, **2**, 9.

Shakir-Khalil, H. and Tadros, G.S. (1973), 'Plastic resistance of mild steel rectangular sections', *Struct. Engr.* **51**, 239.

Wilson, Carus (1891), 'The influence of surface loading on the flexure of beams', *Phill. Mag.* (ser. 5), **32**, 481.

문제

1. 다음 치수를 갖는 H형 단면을 생각한다(그림 1-9 참조).

   플랜지 폭 $B = 178$mm
   플랜지 두께 $T = 12.8$mm
   단면 높이 $D = 406$mm
   웨브 두께 $t = 7.8$mm

축력이 0일 때와 1,200kN일 때의 약축 주위의 휨에 대한 소성 모멘트 값을 구하라. 단, 항복응력도는 250N/mm^2다.

2. 폭 a, 두께 $0.2a$의 플랜지와 높이 a, 두께 $0.2a$의 웨브로 구성된 전체 높이 $1.2a$의 T형 단면이다. 플랜지에 평행한 축 주위의 휨에 대한 소

성 모멘트 값을 구하시오. 또 동일 단면적축에 관한 모멘트와 축력의 항복상관관계를 구하시오.

3. 축력 N과 휨 모멘트 M_N을 받는 부육(薄肉) 원형 강관의 항복상관관계를 구하시오.

4. 그림 4-7(a)에 나타난 치수와 하중조건의 골조에서는 부재의 소성 모멘트가 그림 가운데 나타나 있는 값일 때 붕괴하중계수가 1.342인 것이 4-3-4절에 나타나 있다. 항복응력도를 $250N/mm^2$로 하여 축력의 영향을 고려하면 하중계수가 1.5인 경우 부재 CE와 DF의 단면은 152×152@23UC로 안전한 것을 나타내라. 단, 이 단면에 대해 아래의 성능을 가정한다.

$$A = 29.8cm^2,\ Z_p = 184.3(1 - 1.972n^2),\ n \leq 0.283$$

5. 길이 4.5m의 양단고정보가 일단에서 1.5m의 위치에 집중하중 W를 받고 있다. 단면은 305×165@54UB이며, 단면 성능은 다음과 같다.

  소성단면계수 $Z_p = 843cm^3$
  웨브 단면적 $A_w = 22cm^2$
  플랜지 단면적 $A_f = 46cm^2$

항복응력도를 $250N/mm^2$로 했을 때 소성붕괴하중 W값을 다음의 각 경우에 대해 구하시오.
(a) 소성 모멘트에 미치는 전단력의 영향을 무시, (b) 전단력의 영향을 고려. 다만 본 미세스의 항복조건을 가정하고, 하중하의 지압응력도의 영향은 무시한다.

7 최소중량설계

7-1 문제제기

　제4장에서 설명한 소성설계법에서는 골조에 대한 작용하중이 주어지는 것으로 가정되고, 지정된 하중계수 λ^*배 된 하중 아래서 골조가 바로 붕괴하도록 부재의 소성 모멘트 값을 결정하는 것이 문제였다. 거기서는 우선 전 부재의 소성 모멘트의 시행값(試行值)을 가정하고, 대응하는 붕괴하중계수 λ_c를 결정한다. 그리고 소성 모멘트의 시행값은 모두 λ^*/λ_c배가 되며, 이것에 따라서 소성붕괴에 대한 하중계수가 λ^*가 되도록 설계된다.

　이 방법에서는 처음에 설정된 각 부재의 소성 모멘트 값 비율은 임의로 선택되고, 이 비율을 바꾸면 별도의 설계가 된다. 주어진 골조와 하중에 대해서는 명확하게 가능한 설계가 많이 존재하지만, 이 가운데 어느 설계가 최적인가를 생각하는 것이 이 장의 목적이다.

　사용되는 재료를 최소화하는 것이 일종의 최적설계이지만, 최소중량이 설계에서 유일하게 중요한 판단기준이라면 항상 고려해야 할 경제성이나 다른 인자를 빠뜨리게 될 것이다. 그러나 여기서는 이러한 모든 인자에 대해서는 설명하지 않고 최소구조중량에 대한 설계문제만을 다루고자 한다.

7-2 가정

이 장에서는 골조의 치수와 계수배하중의 값이 먼저 주어지는 것으로 한다. 더욱이 골조의 각 부재는 일정하다고 가정한다. 소성붕괴하중을 계산할 경우에 설정되는 통상의 가정을 이용하며 부재의 소성 모멘트는 축력이나 전단력의 영향을 받지 않는 것으로 한다.

여기서 부재의 단위 길이당 하중 w와 소성 모멘트 M_P의 관계가 필요하다. 기하학적으로 서로 닮은 단면에서는 단면의 전체 높이와 같은 대표적인 치수를 d라 하면 단면적, 더 나아가서는 w는 d^2에 비례하고 소성단면계수 Z_P, 즉 M_P는 d^3에 비례한다. 따라서 이와 같은 단면의 부재에서는 $w \propto M_P^{2/3}$ 이 된다. H형 단면에서 다음의 수치관계를 구해놓고, 이는 단면표의 값과 잘 일치한다.

$$w \propto M_P^{0.6} \tag{7.1}$$

특정의 문제에 관한 범위에서는 식 (7.1)은 다음의 선형관계로 근사된다.

$$w = a + bM_P \tag{7.2}$$

여기서 a와 b는 정수다. 이 근사에 따른 오차는 작고, 후에 이 식에 따라 바른 최소중량설계가 유도되는 것을 나타낸다. 더욱이 무한한 범위에서 단면의 이용이 가능하다면, 식 (7.2)와 같은 선형화에 따라 구조물의 전중량을 표현하는 공식이 단순해진다. 어느 부재의 길이를 L이라 하면 전

구조중량 X는 다음 식으로 표시된다.

$$X = \sum wL = a\sum L + b\sum M_\mathrm{p} L$$

여기서 종합기호 $\sum$는 전 부재에 관해 합계하는 것을 나타낸다. 주어진 구조치수에 대해 $a\sum L$의 항은 정수이기 때문에 X는 $\sum M_\mathrm{p} L$이 최소일 때 최소값을 갖는다. 이 항을 중량관수(Weight function)라 부르며, x로 표시된다.

$$x = \sum M_\mathrm{p} L \qquad (7.3)$$

따라서 최소중량설계 문제는 식 (7.3)에서 정의되는 중량관수가 최소가 되도록 골조를 설계하는 문제가 된다.

7-3 최소중량설계 문제의 기하학적 의미와 폴크스의 정리

7-3-1 기하학적 의미: 직사각형 골조

최소중량설계 문제의 기하학적 의미는 폴크스(Foulkes, 1953, 1954)의 연구로 명확해졌다. 여기서는 그의 연구를 약간 수정하여 설명하자. 예를 들어 그림 7-1에 치수와 계수배하중(係數倍荷重, 단위는 임의)이 표시된 골조를 생각한다. 보의 소성 모멘트는 β_1, 각 기둥의 소성 모멘트는 β_2다. 이 경우 식 (7.3)에서 정의된 중량관수(重量關數)는 다음과 같이 표시된다.

$$x = 3\beta_1 + 2\beta_2 \qquad (7.4)$$

이 형태의 골조와 하중에 대해서는 두 종류의 독립기구, 즉 보기구와 층기구가 있고 이것들을 조합한 세번째 기구가 얻어진다. 처음 β_1과 β_2의 대소관계는 불명확하기 때문에 각 기구에는 두 종류의 형식이 있으며 기둥·보 접합부 주위의 소성 힌지는 보 또는 기둥의 어느 쪽에든 형성된다. 따라서 그림 7-1에 표시된 여섯 개의 가능한 붕괴기구가 있고, 그림 가운데에는 양변의 θ를 소거한 일식도 기입되어 있다. 이러한 일식은 β_1과 β_2를 직교 좌표축으로 하는 그림 7-2에 직선으로 표시된다. 세 종류의 붕괴기구의 각각에 대한 $\beta_1 \leq \beta_2$와 $\beta_1 \geq \beta_2$인 각 경우의 일식을 나타낸 두 개의 직선이 있다. 층기구에 대해서는 직선 (e)와 (f)가 이들 두 가지 경우를 나타내며, $\beta_1 = \beta_2$인 점 N에서 교차한다. 그리고 그림 7-1(a), (b), (c), (d)의 각 일식은 같은 영자기호로 그림 7-2 가운데에 표시된다.

상계정리를 이용하면 이 그림에서 간단히 추정될 수 있다. 예를 들면 $\beta_1 = 0.75\beta_2$인 경우를 생각한다. 이 조건은 기울기가 0.75의 원점을 통과하는 직선으로 표시되고, 세 개의 일식의 선 (e), (c), (a)와 교차한다. 이 가운데 (a)와 만나는 교점 D가 원점에서 가장 멀다. 따라서 가장 큰 소성 모멘트 값을 준다. 상계정리에 따르면, 이 점이 $\beta_1 = 0.75\beta_2$인 경우의 β_1과 β_2의 필요값을 나타낸다. 이와 같이 해서 β_1과 β_2의 모든 가능한 비를 고려하면 모든 가능한 붕괴조건이 그림 가운데에 사선을 친 선분 ABCME로 나타나는 것은 분명하다. 원점에서 이 선분보다 멀리 있는 점은 주어진 하중에 대해 붕괴하지 않는 설계를 나타내는데, 이와 같은 영역을 허용영역(Permissible Region)이라 부른다. 허용영역의 경계에서 원점 쪽에 있는 점은 계수배하중을 지지할 수 없는 기구를 나타낸다.

따라서 최소중량설계문제는 중량관수 $x = 3\beta_1 + 2\beta_2$가 최소가 되도록 허용영역 경계상의 점을 결정하는 문제가 된다. 여기서 다음과 같은 임의의 직선을 생각해보자.

$$3\beta_1 + 2\beta_2 = 일정$$

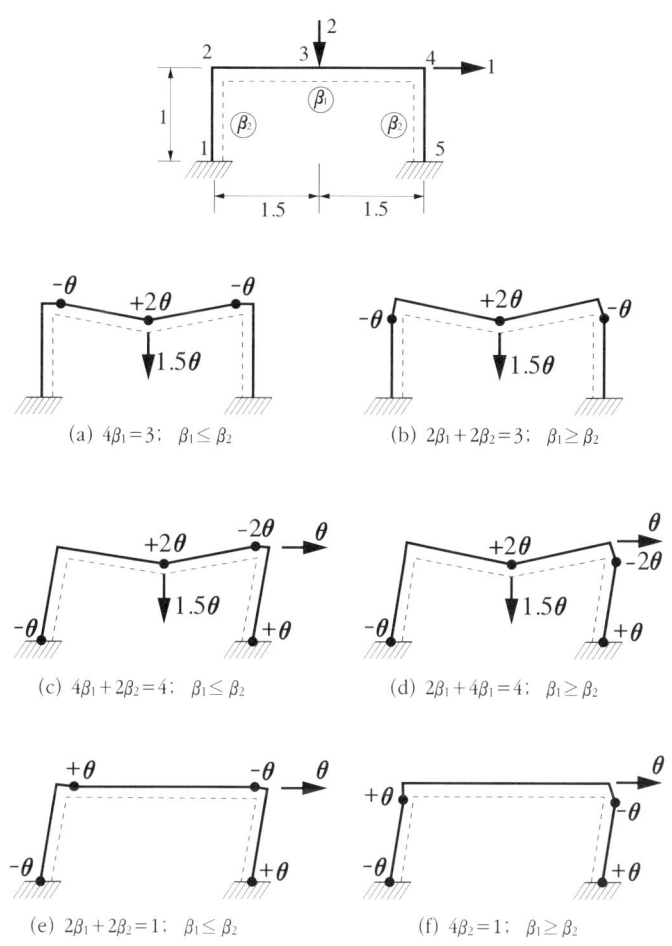

그림 7-1 직사각형 골조: 붕괴기구와 일식

이 직선은 같은 중량의 설계인 것을 나타내고, 원점에서 이 직선까지의 거리는 중량계수 x에 비례한다. 따라서 최소중량설계는 허용영역의 경계에 정확히 접하는 기울기 $-2/3$의 직선을 결정하는 것으로 얻어진다. 이 경우의 접중량선은 그림 7-2 가운데 점선으로 표시되고, 최소중량설계점 M에서 허용영역의 경계에 접한다. M의 좌표는

$$\beta_1 = 0.75, \quad \beta_2 = 0.75$$

이것이 최소중량설계의 소성 모멘트 값으로 식 (7.1)의 관계를 구조중량의 계산에 이용하면 등중량선은 다음의 형태를 취한다.

$$3\beta_1^{0.6} + 2\beta_2^{0.6} = 일정$$

대응하는 접중량선은 그림 7-2에 실선으로 표시되고, 이 경우도 최소중량설계는 점 M에 주어지는 것을 알 수 있다.

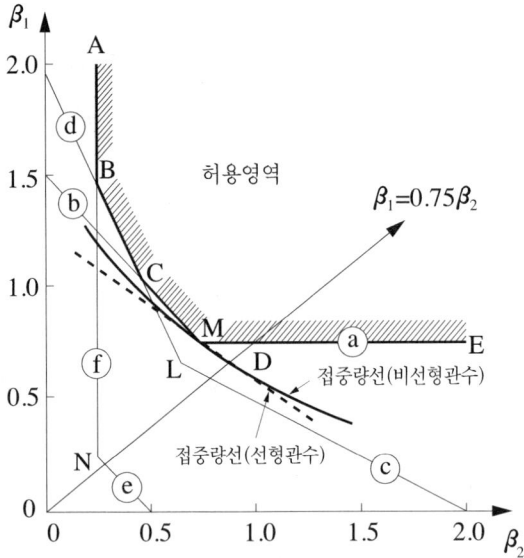

그림 7-2 그림 7-1의 골조의 기하학적 의미

허용영역의 경계는 원점 쪽으로 볼록하기 때문에 같은 중량을 나타내는 직선이 이 경계와 단 한 점에서 접할 경우, 이 직선상의 점은 허용영역 내에 포함되지 않는다. 이 볼록한 것은 허용영역의 경계에 고유의 특성이기 때문에 소성 모멘트 비를 조금 변화시켜서 중량의 증감을 조사하는 국부적인 계산을 행함으로써 최소중량설계에 도달할 수 있다. 그러나 프레이저(1956)는 이 방법이 식 (7.1)과 같은 비선형중량관수를 이용하는 경우에는 성립하지 않는 것을 지적한다.

두 개의 소성 모멘트 값만으로 설계가 결정되는 골조에 관해서는 최소중량설계는 그림 7-2에 나타난 도식해법으로 구할 수 있다. 그러나 두 개 이상의 변수가 포함된 경우에는 도식해법이 실용적이지 못하다. 이러한 경우의 취급이나 최소중량설계의 검토에 이용된 국부적 계산을 가능하게 하기 위해서 폴크스(1954)의 정리가 이용된다.

7-3-2 폴크스의 정리

그림 7-2를 이용해 이 정리를 설명한다. 최소중량점 M에서 기구 (a)와 (b)에 대응하는 직선이 교차해, 허용영역 경계의 각 점을 형성한다. 이것은 최소중량구조물이 이들 두 종류의 기구에서 붕괴하는 것을 의미한다. 즉 그림 7-1에서 밝혀진 것처럼 이들은 두 개의 보기구이며 보 단부의 소성 힌지는 $\beta_1 < \beta_2$일 때는 보에, 또한 $\beta_1 > \beta_2$일 때는 기둥에 형성된다. $\beta_1 = \beta_2$일 때, 그림 7-3에 나타난 것처럼 2자유도의 붕괴기구가 된다. 이 기구는 그림 7-1(a)와 (b)의 기구를 (a)에서는 θ를 ψ에, 또한 (b)에는 θ를 ϕ에 치환해서 더한 것이다. 이 기구의 일식은 다음과 같다.

$$3(\psi + \phi) = (4\psi + 2\phi)\beta_1 + 2\phi\beta_2;$$
$$\psi \geq 0, \quad \phi \geq 0 \qquad (7.5)$$

$\beta_1 = \beta_2$이면, 위 식에서 앞과 같이 $\beta_1 = \beta_2 = 0.75$가 얻어진다.

식 (7.5)는 $\psi \geq 0$, $\phi \geq 0$의 조건 아래서 성립하지만 이 조건 아래서는 보의 양단에 위쪽 인장을 주는 휨 모멘트가 작용할 필요가 있다. ψ와

ϕ의 임의에 대한 정(正)의 비에 대해서 식 (7.5)는 그림 7-2에서 직선이 된다. ψ=0일 때 이 직선은 그림 7-2의 기구 (a)에 대응하는 직선 ⓐ가 되고, θ=0일 때는 기구 (b)에 대응하는 직선 ⓑ가 된다. 접중량선의 기울기는 두 개의 기구선 ⓐ와 ⓑ 사이에 있기 때문에 식 (7.5)가 접중량선과 같은 기울기가 되도록 ψ와 ϕ의 비가 존재할 것이다. 식 (7.4)에서 접중량선은 다음의 형태를 취한다.

$$3\beta_1 + 2\beta_2 = 일정$$

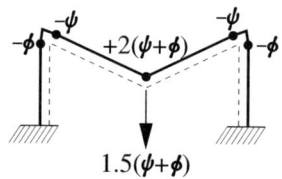

그림 7-3   2자유도의 붕괴기구

식 (7.5)가 이것과 같은 기울기의 직선이 되기 위해서는 β_1과 β_2의 계수를 비교해서 다음 식이 성립할 필요가 있다.

$$\frac{4\psi + 2\phi}{3} = \frac{2\phi}{2}$$

그리고 $\phi = 4\psi$가 얻어진다. 이 ϕ값에 대해서 일식 (7.5)는 다음과 같아진다.

$$15\psi = (12\beta_1 + 8\beta_2)\psi \qquad (7.6)$$

이것은 등중량선과 평행한 직선을 표시한다.

$\phi = 4\psi$가 되는 특정 보기구에서는 그 일식에서 각 소성 모멘트 계수의

비가 중량관수에 대응하는 계수의 비와 같기 때문에 이와 같은 기구를 중량적합(weight compatible)이라 한다. 중량적합의 일반적인 정의는 다음과 같다. 골조가 n개의 다른 소성 모멘트(β_1, β_2, ……, β_n)를 가지면 임의의 기구에 대한 일식은 다음의 형태를 취한다.

$$외력일 = [c_1\beta_1 + c_2\beta_2 + \cdots\cdots + c_n\beta_n]\theta$$

여기서 $c_r\theta$는 소성 모멘트가 β_r인 전 부재에서 생기는 소성 힌지의 회전각의 총합이다.

중량관수는 다음 식과 같아진다.

$$x = [L_1\beta_1 + L_2\beta_2 + \cdots\cdots + L_n\beta_n]$$

여기서 L_r은 소성 모멘트가 β_r인 전 부재의 전 길이다. 기구는 다음 식이 성립할 때 중량적합이 된다.

$$\frac{c_1}{L_1} = \frac{c_2}{L_2} = \cdots\cdots = \frac{c_n}{L_n}$$

이 특정의 경우 최소중량설계는 다음 두 가지 특징에 따라 구별된다. 첫째, 여기에 나타낸 것처럼 중량적합기구가 존재한다. 둘째, 최소중량설계점 M은 허용영역의 경계상에 있으며, 이것은 골조 전체에서 안전과 동시에 정적허용인 휨 모멘트 분포를 구할 수 있는 것을 의미한다. 이들 두 개의 특징에 따라 폴크스의 정리가 예증된다.

[폴크스의 정리] 골조의 임의 설계에 대해서 중량적합기구를 만들 수가 있고, 더욱이 안전과 동시에 정적허용인 골조 전체의 휨 모멘트 분포를 찾아낼 수 있으면 이 설계는 최소중량이다.

이 정리는 어느 범위의 설계가 모두 같은 최소중량이 될 가능성도 포함한다. 다른 최소중량설계정리, 특히 최소중량의 상·하계정리에 대해서는 폴크스의 논문을 참조하기 바란다.

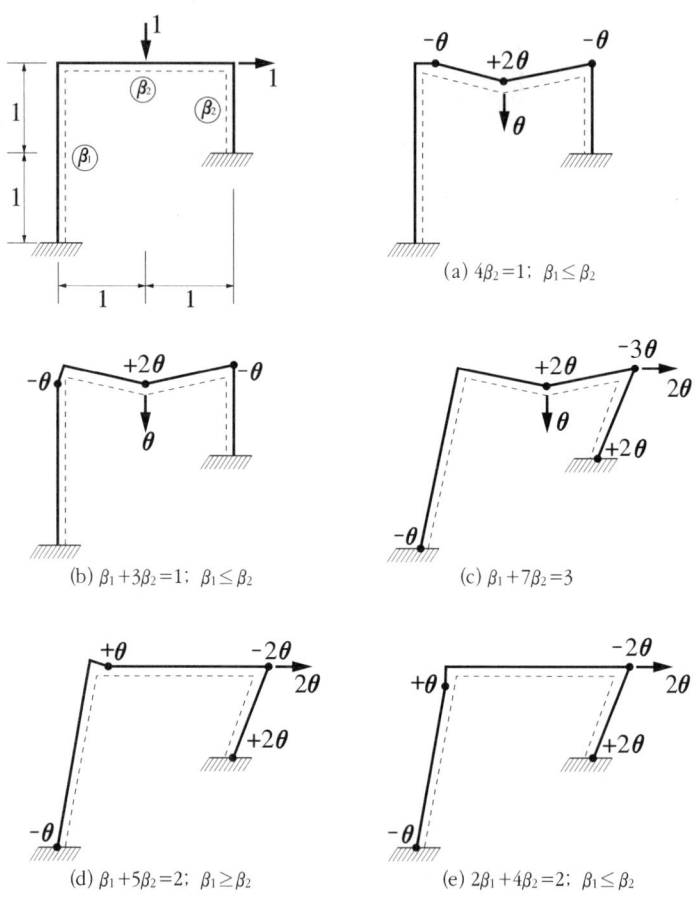

그림 7-4 기둥 길이가 다른 골조: 붕괴기구와 일식

스미스(Smith, 1974)가 지적하고 있지만, 폴크스의 정리를 최소중량설계 모두의 중량이 적합하다는 것을 의미하는 것처럼 해석한 것은 잘못된 것이다. 이것은 스미스의 연구에서 인용한 그림 7-4의 골조로 설명할 수 있다. 길이가 다른 두 개의 기둥의 소성 모멘트는 다르며 보는 짧은 쪽의 기둥과 같은 소성 모멘트를 갖는 것으로 한다. 이 골조에는 그림에 나타난 것처럼 다섯 종류의 기구가 있고, 그들의 일식은 그림 7-5에 나타난다. 이 예에서 최소중량설계점 M은 다음과 같아진다.

$$\beta_1 = 0, \quad \beta_2 = 0.50$$

중량적합조건은 이 최소중량설계에 의해서는 만족되지 않는다.

7-4 해석 방법

최소중량설계문제는 선형계획법에 적합하다. 예를 들면 그림 7-1의 골조에 대한 평형조건은 다음 식에서 주어진다.

$$1 = -M_1 + M_2 - M_4 + M_5 \qquad (7.7)$$
$$3 = -M_2 + 2M_3 - M_4 \qquad (7.8)$$

어느 휨 모멘트도 소성 모멘트를 초과할 수는 없기 때문에

$$-\beta_1 \leq M_i \leq \beta_1 \ (i=2, 3, 4) \qquad (7.9)$$
$$-\beta_2 \leq M_j \leq \beta_2 \ (j=1, 2, 4, 5) \qquad (7.10)$$

따라서 문제는 중량관수

$$x = 3\beta_1 + 2\beta_2 \qquad (7.4)$$

를 등식 (7.7), (7.8)과 부등식 (7.9), (7.10)의 구속조건 아래서 최소화

하는 문제가 된다. 최소중량설계 문제의 이 공식화(公式化)는 처음으로 조직적 해법을 유도한 헤이먼(1951~52)이 사용한 것이다. 시행오차법은 폴크스(1953)와 헤이먼(1953)이 제안한다. 이들 해법은 폴크스 정리의 조건을 만족시키는 데 기초로 하지만, 위에서 말한 것처럼 최소중량설계는 반드시 중량적합이 아니다. 7-3-1항에서 설명한 도식해법의 범위를 넘을 것 같은 문제에 대해서는 계산기 프로그램에 의뢰하는 것을 권장하고 있다.

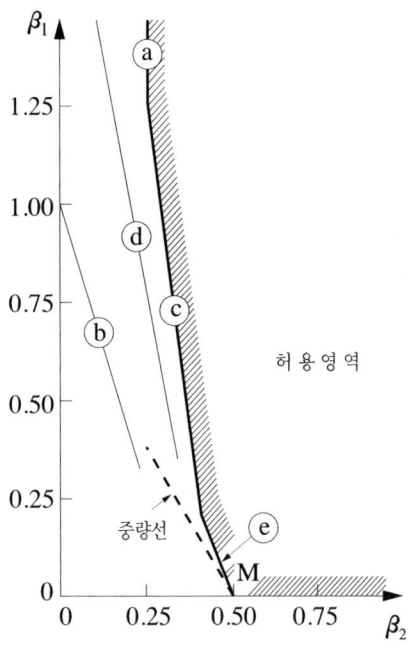

그림 7-5 그림 7-4 골조의 기하학적인 의미

리이브슬리(Livesley, 1956)는 처음으로 골조의 최소중량설계의 프로그램을 개발하고, 헤이먼과 프레이저(1958)는 컴퓨터 프로그램에 적합한 방법(손계산에도 사용할 수 있지만)을 나타낸다. 이 문제에 대한 선형계획법의 이용에 관해 마이어(Maier), 스리니버선(Srinivasan), 세이브

(Save, 1972) 등은 광범한 고찰을 가하고, 먼로(Munro, 1973)는 주쌍대 (主雙對, Primal-dual) 프로그램에 대해 검토하고 있다.

이 장에서 채택한 최소중량설계 문제는 다음의 가정을 기초로 한 것이다.

(a) 골조는 같은 단면 부재로 구성된다.
(b) 무한범위의 단면을 이용할 수 있다.
(c) 계수배중량의 한 개의 조합 아래서 소성붕괴가 일어난다.
(d) 선형중량관수를 최소화한다.

그 동안 최소중량설계 문제의 여러 가지 공식화에 대해 많은 연구를 행해왔다. 예를 들면 가정 (a)를 설정하지 않으면 변단면재를 이용하는 것이 되고 더욱 중량을 감소시킬 수 있으므로, 혼(1952)은 플랜지에 커버플레이트(3-4-5항 참조)를 붙인 양단고정보의 문제를 취급한다. 헌치(Haunch)를 가진 부재 이용은 비커리(Vickery, 1962)가 연구하고, 헤이먼(1959~60)은 연속적으로 단면이 변화하는 부재의 절대중량에 대해 고찰한다.

토클리(Toakley, 1968)는 실제 유한한 범위의 단면밖에 이용될 수 없기 때문에 가정 (b)를 이용하지 않는 경우에 대해서 검토한다. 두 개 또는 그 이상의 조합 계수배하중을 골조가 받도록 가정 (c)를 변경하면 실제 중요한 문제가 발생한다. 그리고 이것을 헤이먼(1951~52), 폴크스(1955), 라이브슬리(1959) 등이 고찰한다. 다만 이것을 제8장에서 취급하는 변동반복하중의 경우와 혼동해서는 안 된다.

참고문헌

Foulkes, J. (1953), 'Minimum weight design and the theory of plastic collapse', *Q. Appl. Math.*, **10**, 347.

Foulkes, J. (1954), 'The minimum weight design of structural frames', *Proc. R. Soc.*, A., **223**, 482.

Foulkes, J. (1955), 'Linear programming and structural design', *Proc. 2nd Symp. Linear Programming, Washington, 1955*, 177.

Heyman, J. (1951), 'Plastic design of beams and plane frames for minimum material consumption', *Q. Appl. Math.*, **8**, 373.

Heyman, J. (1952), 'Plastic analysis and design of steel-framed structures', prelim. publ., 4th Congr. Int. Assoc. Bridge Struct. Eng., Cambridge, 1952, 95.

Heyman, J. (1953), 'Plastic design of plane frames for minimum weight', *Struct. Engr*, **31**, 125.

Heyman, J. (1959), 'On the absolute minimum-weight design of framed structures', *Q. J. Mech. Appl. Math.*, **12**, 314.

Heyman, J. (1960), 'On the minimum-weight design of a simple portal frame', *Int. J. Mech. Sci.*, **1**, 121.

Heyman, J. and Prager, W. (1958), 'Automatic minimum-weight design of steel frames', *J. Franklin Inst.*, **266**, 339.

Horne, M.R. (1952), 'Determination of the shape of fixed-ended beams for maximum economy according to the plastic theory', prelim publ., 4th Congr. Int. Assoc. Bridge Struct. Eng., Cambridge, (1952), III (see also Final Rep., 119, 1952).

Livesley, R.K. (1956), 'The automatic design of structural frames', *Q. J. Mech. Appl. Math.*, **9**, 257.

Livesley, R.K. (1959), 'Optimum design of structural frames for alternative systems of loading', *Civ. Eng. Publ. Wks. Rev.*, **54**, 737.

Maier, G., Srinivasan, R. and Save, M.A. (1972), 'On limit design of frames using linear programming', Proc. Int. Symp. Computer-aided Structural Design, vol.1., Warwick Univ., 1972.

Munro, J. (1973), 'The analysis and synthesis of safe and serviceable structures', Proc. NATO Adv. Study Inst. Generic Techniques in Systems Reliability Assessment, Liverpool, 1973.

Prager, W. (1956), 'Minimum-weight design of a portal frame', *J. Eng. Mech. Div., Proc. Am. Soc. Civil Engrs*, Paper 1073.

Smith, D.L. (1974), 'Plastic limit analysis and synthesis of structures by linear programming', Ph.D. thesis, London Univ.

Toakley, A.R. (1968), 'Optimum design using available section', *J. Struct. Div., Proc. Am. Soc. Civil Engrs*, **94** (STS), 1219.

Vickery, B.J. (1962), 'The behaviour at collapse of simple steel frames with tapered members', *Struct. Engr*, **40**, 365.

문제

1. A, B, C 세 점에서 단순지지된 연속보 ABC가 있으며, AB=BC=3m 다. 60kN과 50kN의 연직 방향 집중하중이 점 A에서 1m, 점 C에서 1.5m 기 위치에 작용하고 있다. 스팬 AB와 BC의 소성 모멘트를 각각 β_1, β_2로 했을 때 최소중량설계에서 β_1과 β_2의 값을 구하시오.

2. 주각고정의 직사각형 라멘 ABCD에서 기둥 AB와 DC의 길이는 4m, 보 BC의 길이는 8m다. 보 중앙에 40kN의 집중하중이 작용하고, 점 C에는 30kN의 수평집중하중이 BC 방향으로 작용한다. 보의 소성 모멘트를 β_1, 기둥의 소성 모멘트를 어느 쪽도 β_2로 해서 최소중량설계를 하시오.

3. 문제 2에 나온 골조의 주각 D를 핀으로 하고 다른 조건을 그대로 한

경우, 최소중량설계에서 β_1과 β_2값을 구하시오

4. 문제 2의 골조에서 기둥 AB와 DC의 소성 모멘트가 각각 다른 값 β_2 와 β_3이며, 보의 소성 모멘트가 β_1인 경우를 생각한다. 최소중량설계는 $\beta_1 = \beta_3 = 55$, $\beta_2 = 5$임을 나타내시오.

5. 그림 4-1(a)의 골조는 전 부재의 소성 모멘트가 동일하다는 조건에서 4-2절에서 해석되어 있다. 두 개의 보가 같은 소성 모멘트 β_1인데다가 두 개의 기둥이 같은 소성 모멘트 β_2인 경우, 최소중량설계에서는 $\beta_1 = \beta_2$가 되는 것을 증명하시오.

6. 그림 4-7(a)의 골조에서 각 부재의 소성 모멘트를 다음과 같이 설정한다.

CA, AB, BD: β_1
CE, DF : $2\beta_1$
CD : β_2

$\beta_2 = 3\beta_1$인 경우에 대해서는 4-3-4항에서 해석되어 있다. 이 해석이 최소중량설계가 되는 것을 증명하시오.

7. A, B, C, D의 네 점에서 단순지지된 연속보 ABCD가 있고, AB=3m, BC=4m, CD=5m다. 40kN, 30kN와 30kN의 연직 방향 집중하중이 각각 스팬 AB, BC, CD의 중앙에 작용한다. 최소중량설계의 범위는 $15 \leq \beta_2 \leq 20$, $\beta_1 = 30 - 0.5\beta_2$, $\beta_3 = 37.5 - 0.5\beta_2$에 의해 주어지는 것을 나타내시오.

8 변동반복하중

8-1 문제제기

구조물이 존재하는 기간에 작용하는 하중은 상당히 변동한다. 예를 들면 건축물은 고정하중 이외에 지붕의 적설하중이나 각 면에 풍하중을 받는다. 이들의 작용하중값은 규정되어 있지만 어느 특정한 순간에는 크기를 미리 알 수 없기 때문에 재하 순서도 예측할 수 없다. 이러한 종류의 하중을 변동반복하중(Variable repeated loading)이라 부른다.

그뤼닝(Grüning, 1926)과 커진치(1931)가 처음 지적한 것처럼 개개의 하중은 소성붕괴를 일으키게 하는 크기가 아니라도 변동반복하중의 아래서 골조에 과도한 소성흐름이 발생해 결국 붕괴에 도달할 가능성이 있다. 이 장에서는 이것을 설명하기 위해 골조에 하중 $\lambda P_1, \lambda P_2, \cdots\cdots, \lambda P_r, \cdots\cdots, \lambda P_n$이 작용하고, 각 하중은 주어진 점에서 지정된 방향으로 작용한 것으로 생각한다. λ는 전 하중에 적용되는 하중계수다. 어느 하중 λ 값은 다른 하중값의 변동과는 관계없이 $(\lambda P_r^{max}, \lambda P_r^{min})$의 범위 내에서 변동할 수 있다. 한계값$(P_r^{max}, P_r^{min})$은 미리 지정된 (작용)하중값으로 한다.

변동반복하중에 따른 붕괴에는 두 종류의 형식이 있다. 골조에 정부(正負)의 반복하중이 작용하면, 몇 개의 부재는 반복 휨을 받고, 소성화가 인장과 압축에 번갈아 일어난다. 교번소성(alternating plasticity)이라는 이 현상은 저(低) 사이클 피로파괴를 일으킬 가능성이 있다. 교번소성하중계수 λ_a라 불리는 값이 존재하고, 그 이상이 되면 교번소성이 일어난다.

다른 파괴 형식은 조합하중의 한계값이 명확하게 결정된 사이클에서 교대로 작용하는 경우에 일어난다. λ가 일정값 λ^*를 넘으면 각 하중 사이클인 단면의 소성 힌지 회전이 증대한다. 이 증대는 전 사이클에서 같은 방향이다. λ가 λ^*보다는 크지만, 그것보다 큰 한계값 λ_l보다 작은 경우에는 사이클 수가 늘어날수록 회전각의 증대량은 점점 줄어든다. 최종적으로는 소성 힌지 회전각이 변하지 않게 되며, 그후의 사이클에서 골조의 휨 모멘트는 탄성적으로밖에 변하지 않는다. 이 상태가 되었을 때 골조는 변형경화(shaken down)했다고 한다.

그러나 λ가 λ_l보다 크면 골조는 변형경화하지 않고, 각 사이클마다 유한의 소성 힌지 회전각이 생긴다. 따라서 충분한 하중 사이클 후 허용할 수 없는 큰 소성 힌지 회전, 즉 변형이 생기게 된다. 이때 골조는 점증붕괴(incremental collapse)했다고 한다. 점증붕괴가 생기는 한계하중계수 λ_l를 점증붕괴 하중계수(incremental collapse load factor)라 부른다.

λ_a의 계산은 간단하기 때문에 이 장의 주 목적은 λ_l를 구하는 방법을 설명하는 데 있다. 그러나 λ가 λ^*보다 클 때의 반복하중에 대한 골조의 거동은 기본적인 예비지식으로 이해해둘 필요가 있다. 따라서 8-2절에서는 이러한 하중에 대한 골조의 응답을 예제로 이용해 설명하고, 이어서 8-3절에서는 λ_l와 λ_a값에 관한 정리에 대해서 검토한다. 이들의 정리는 특정 조합하중에 대한 붕괴하중계수에 관한 모든 정리와 매우 유사하다.

λ_l를 계산하는 방법은 제4장에서 주어진 λ_c의 계산법과 유사한 형태로 전개할 수가 있다. 그러한 하나의 방법을 8-4절에서 설명한다. 8-5절에

서는 교번소성과 점증붕괴 현상의 중요성을 소성설계와 관련지어서 논의된다.

8-2 단계별 계산법

여기서는 그림 8-1에 표시한 주각고정의 직사각형 골조에 대한 몇 개의 단계별 계산 예의 결과를 나타낸다. 이 골조의 각 부재는 소성 모멘트 M_P, 휨 강성 EI의 동일 단면이며 휨 모멘트의 절대값이 M_P보다 작을 때에는 탄성적으로 거동하는 것으로 한다. 이 골조는 비례하중에 대해 2-5절에서 해석하고 있다. 반복하중에 대해서도 같은 단계별 계산법을 적용할 수 있기 때문에 상세한 계산 과정은 생략한다.

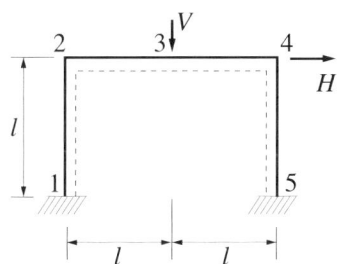

그림 8-1 골조와 하중

아래의 해석에서는 골조가 완전하게 탄성적으로 응답할 때의 휨 모멘트가 필요하고, 이것을 $\mathcal{M}$로 나타낸다. 그들은 다음과 같다.

$$\begin{aligned}
\mathcal{M}_1 &= +0.1Vl - 0.3125Hl \\
\mathcal{M}_2 &= -0.2Vl - 0.1875Hl \\
\mathcal{M}_3 &= +0.3Vl \\
\mathcal{M}_4 &= -0.2Vl - 0.1857Hl \\
\mathcal{M}_5 &= +0.1Vl + 0.3125Hl
\end{aligned} \qquad (8.1)$$

8-2-1 교번소성

처음에 생각하는 하중 사이클은 그림 8-2에 표시되어 있다. 재하 순서는 다음과 같다.

$V=W$, $H=W$ 간단하게 표시하면 (W, W)
$V=0$, $H=0$ $(0, 0)$
$V=0$, $H=-W$ $(0, -W)$
$V=0$, $H=0$ $(0, 0)$

W가 한계값 W_a를 넘으면 이 사이클에서 교번소성을 일으킨다.

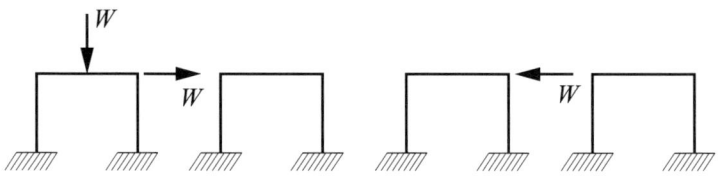

그림 8-2 교번소성을 일으키게 하는 하중 사이클

$W=2.85M_P/l$ 에 대한 계산 결과는 표 8-1에 정리해 나타내고 있다. 우선 조합하중 (W, W)을 작용시키면 단면 5와 4에 소성 힌지가 형성되어 회전한다. 그들의 부호는 정, 부다. 이후의 재하과정은 탄성거동이다. 계속해서 조합하중 $(0, -W)$가 작용하는 사이에 단면 5의 휨 모멘트가 $-M_P$에 달하며, 그 결과 이 단면의 소성 힌지 회전각은 $-0.034M_Pl/EI$만큼 변화한다. 단면 4의 휨 모멘트는 탄성역에 머물고, 이 단면의 소성 힌지 회전각은 변화하지 않는다.

탄성재하에서 제1사이클은 끝난다. 하중 (W, W)의 2회째의 작용에 대해 단면 5의 휨 모멘트가 $+M_P$값에 달하고, 이 단면의 소성 힌지 회전각은 $+0.034M_\text{P}l/EI$만큼 변화한다. 단면 4의 휨 모멘트는 하중이 최대값에 도달했을 때 바로 $-M_\text{P}$값이 되며, 소성 힌지 회전각의 변화는 없다.

표 8-1 교번소성: $W = 2.85M_\text{P}/l$

$\dfrac{Vl}{M_\text{P}}$	$\dfrac{Hl}{M_\text{P}}$	$\dfrac{M_1}{M_\text{P}}$	$\dfrac{M_2}{M_\text{P}}$	$\dfrac{M_3}{M_\text{P}}$	$\dfrac{M_4}{M_\text{P}}$	$\dfrac{M_5}{M_\text{P}}$	$\dfrac{\phi_4 EI}{M_\text{P}l}$	$\dfrac{\phi_5 EI}{M_\text{P}l}$
2.85	2.85	-0.823	0.028	0.939	-1	1	-0.158	0.103
0	0	-0.217	0.063	0.084	0.104	-0.176	-0.158	0.103
0	-2.85	0.715	-0.491	0.077	0.645	-1	-0.158	0.069
0	0	-0.176	0.044	0.077	0.110	-0.109	-0.158	0.069
2.85	2.85	-0.823	0.028	0.939	-1	1	-0.158	0.103

이때의 휨 모멘트와 소성 힌지 회전각은 표 8-1의 제5행째에 주어지며, 그들의 1회째의 하중 (W, W) 재하시의 값과 같다. 따라서 교번소성의 조건이 성립하며, 각 하중 사이클 동안에 단면 5의 소성 힌지 회전각은 $0.103M_\text{P}l/EI$와 $0.069M_\text{P}l/EI$의 사이를 변화한다.

이 예제의 골조에서는 교번소성이 일어나는 W의 한계값 W_a는 쉽게 계산할 수 있다. W가 W_a와 같은 경우, (W, W)에서 $(0, -W)$로 하중의 변화에 대한 단면 5의 휨 모멘트는 정확히 M_P에서 $-M_\text{P}$로 변화하고, 이 변화에 대한 골조 전체는 탄성거동을 한다. 위첨자를 이용해 조합하중을 나타내면 식 (8.1)에서 다음 식을 얻을 수 있다.

$$\mathcal{M}_5{}^{(W,\,W)} = 0.4125Wl, \quad \mathcal{M}_5{}^{(0,\,-W)} = -0.3125Wl$$

따라서 $W = W_\text{a}$일 때

$$(0.4125W_\text{a}l + 0.3125W_\text{a}l) = 2M_\text{P}$$
$$W_\text{a} = 2.759M_\text{P}/l$$

8-2-2 점증붕괴

W가 한계값 W_I을 넘을 때, 점증붕괴를 일으키는 하중 사이클을 그림 8-3에 나타낸다. 재하 순서는 다음과 같다.

$V=W$, $H=W$ 또는 (W, W)
$V=0$, $H=0$ $(0, 0)$
$V=0$, $H=W$ $(0, W)$
$V=0$, $H=0$ $(0, 0)$

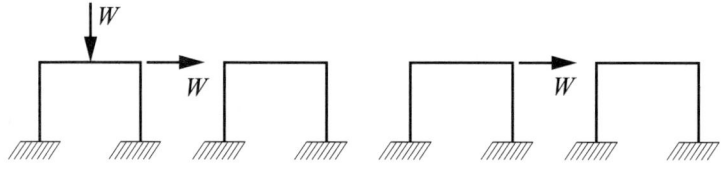

그림 8-3 점증붕괴를 일으키는 하중 사이클

$W=2.9M_P/l$일 때의 계산결과를 정리해 표 8-2에 나타낸다. 각 하중 사이클에서 조합하중 (W, W)가 작용할 때, 단면 4와 5에 소성 힌지가 형성되어 회전한다. 더욱이 제3사이클에서 이 하중 아래서 단면 3에도 소성 힌지가 형성되어 회전한다. 탄성재하 후 하중 $(0, W)$가 작용하면 단면 1에 소성 힌지가 형성되어 회전한다.

제3, 제4사이클에서 휨 모멘트의 변화는 같으며, 이것 이후의 같은 하중에 대해서도 같다. 제4사이클에서 $\Delta\phi$로 표시되는 회전각의 변화량은 다음과 같다.

단면 $\Delta\phi EI/M_P l$ 하중
 1   -0.045 $(0, W)$

3	+0.090	(W, W)
4	−0.090	(W, W)
5	+0.045	(W, W)

이후 같은 하중 사이클에 대해 같은 소성 힌지 회전각의 변화량이 생긴다. $\alpha=0.045M_p l/EI$라 하면 소성 힌지 회전각의 변화량은 그림 8-4(a)에 나타난다. 만약 그들이 동시에 생기면 붕괴기구가 되는 것을 알게 될 것이다.

표 8-2 점증붕괴: $W=2.9M_p/l$

$\dfrac{Vl}{M_p}$	$\dfrac{Hl}{M_p}$	$\dfrac{M_1}{M_p}$	$\dfrac{M_2}{M_p}$	$\dfrac{M_3}{M_p}$	$\dfrac{M_4}{M_p}$	$\dfrac{M_5}{M_p}$	$\dfrac{\phi_1 EI}{M_p l}$	$\dfrac{\phi_3 EI}{M_p l}$	$\dfrac{\phi_4 EI}{M_p l}$	$\dfrac{\phi_5 EI}{M_p l}$
2.9	2.9	−0.865	0.035	0.968	−1	1	0	0	−0.186	0.116
0	0	−0.249	0.071	0.098	0.124	−0.196	0	0	−0.186	0.116
0	2.9	−1	0.629	0.082	−0.465	0.806	−0.078	0	−0.186	0.116
0	0	−0.094	0.085	0.082	0.079	−0.100	−0.078	0	−0.186	0.116
2.9	2.9	−0.818	0.082	0.991	−1	1	−0.078	0	−0.256	0.171
0	0	−0.202	0.118	0.121	0.124	−0.196	−0.078	0	−0.256	0.171
0	2.9	−1	0.672	0.110	−0.451	0.777	−0.133	0	−0.256	0.171
0	0	−0.094	0.128	0.110	0.092	−0.129	−0.133	0	−0.256	0.171
2.9	2.9	−0.800	0.100	1	−1	1	−0.133	0.050	−0.333	0.216
0	0	−0.184	0.136	0.130	0.124	−0.196	−0.133	0.050	−0.333	0.216
0	2.9	−1	0.688	0.121	−0.446	0.766	−0.179	0.050	−0.333	0.216
0	0	−0.094	0.144	0.121	0.098	−0.140	−0.179	0.050	−0.333	0.216
2.9	2.9	−0.800	0.100	1	−1	1	−0.179	0.140	−0.423	0.261
0	0	−0.184	0.136	0.130	0.124	−0.196	−0.179	0.140	−0.423	0.261
0	2.9	−1	0.688	0.121	−0.446	0.766	−0.224	0.140	−0.423	0.261
0	0	−0.094	0.144	0.121	0.098	−0.140	−0.224	0.140	−0.423	0.261

따라서 각 주두의 수평변위 h는 제3사이클 이후 각 사이클에서 증대하고 n회의 사이클 후 그림 8-4(b)에 나타난 것처럼 h는 다음의 값만큼 증

대된다.

$$nl\alpha = n\left[\frac{0.045M_\mathrm{p}l^2}{EI}\right]$$

각 사이클에서 같은 변위 증분이 생기기 때문에 n이 충분히 크면 변위는 매우 커진다. 이 파괴는 점증붕괴이며, 그림 8-4(b)에 나타낸 기구를 점증붕괴기구라 부른다.

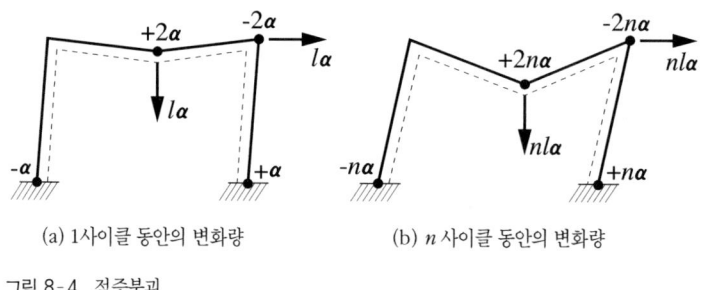

(a) 1사이클 동안의 변화량   (b) n 사이클 동안의 변화량

그림 8-4 점증붕괴

골조의 최종적인 변위는 매우 크지만 재축 방향의 곡률변화를 필요로 하지 않는 기구운동과 각 사이클에서 생긴 소성 힌지 회전의 증분은 적합하므로, 적합조건이 만족된다. 이것은 점증붕괴의 기본 특성이다.

점증붕괴 현상은 하중 사이클 동안에 생기는 잔류 휨 모멘트의 변화를 조사함으로서 잘 이해될 것이다. 표 8-2의 제3사이클을 고찰한다. 하중 (W, W)를 재하할 때 골조 전체는 탄성적으로 거동하지만, 예를 들면 단면 5의 휨 모멘트는 M_P에서 $-0.196M_\mathrm{P}$로 변화하고 탄성변화량은 $-1.196M_\mathrm{P}$다. 만약 이것과 같은 하중을 다시 재하할 경우 탄성변화는 복귀할 수 있기 때문에 최대하중에 달하면 단면 5의 휨 모멘트는 바로 M_P가 된다. (외력이 0의 상태에서) 잔류 휨 모멘트를 기호 m으로 표시하면 지금 설명한 상태는 다음과 같이 표시된다.

$$m_5 = -0.196M_P$$
$$\mathcal{M}_5^{(W,W)} = +1.196M_P \quad (W=2.9M_P/l \text{인 경우})$$
$$m_5 + \mathcal{M}_5^{(W,W)} = -0.196\,M_P + 1.196M_P = M_P$$

그러나 여기서 생각하는 하중 사이클에서는 하중 (W, W)의 재하 후에 하중 $(0, W)$가 가해진다. 이 하중이 단면 1에 소성 힌지가 형성되어 회전하는 원인이 되고, 이것에 따라서 골조 전체의 잔류 휨 모멘트 분포가 변화한다. 특히 m_5는 $-0.140M_P$가 된다. 다음에 하중 (W, W)가 다시 작용할 때 골조가 탄성거동을 하기 위해 가령 단면 5에 관해서는 다음의 부등식이 성립하지 않으면 안 된다.

$$m_5 + \mathcal{M}_5^{(W,W)} \leq M_P$$

그러나 실제로는

$$m_5 + \mathcal{M}_5^{(W,W)} = -0.140M_P + 1.196M_P = 1.056M_P$$

가 되기 때문에 골조는 탄성적으로는 응답할 수 없다.

표 8-2를 다시 한 번 조사하면 하중 $(0, W)$가 단면 1에 소성 힌시 회선을 생기게 하는 경우와 같이, 하중 (W, W)가 작용할 때에 단면 3, 4, 5에 항상 생기는 소성 힌지 회전에 따라 단면 1의 잔류 휨 모멘트가 변화하는 것을 알 수 있다. 마찬가지로 하중 $(0, W)$가 작용할 때는 항상 단면 1의 소성 힌지 회전에 따라 단면 3, 4, 5에서 잔류 휨 모멘트가 변화하고, 그 후에 작용하는 하중 (W, W)에 따라서 이들 3개소의 단면 각각에서 소성 힌지 회전이 생긴다. 따라서 여기서 고려한 것과 같은 W의 특정값에 대해서는 각 조합 하중이 작용했을 때 잔류 휨 모멘트의 변화에 따라 점증 붕괴가 발생한다.

8-2-3 $W = W_1$ 인 경우의 거동

여기서도 같은 하중 사이클을 고려하지만, W값은 전항의 경우보다 작은 $2.857M_P/l$로 한다. 이 값은 이것 이상이 되면 점증붕괴가 생기는 W의 한계값이고, 점증붕괴하중(incremental collapse load)이라 부른다.

표 8-3 $W = W_1 = 2.875M_P/l$ 일 때의 거동

$\dfrac{Vl}{M_P}$	$\dfrac{Hl}{M_P}$	$\dfrac{M_1}{M_P}$	$\dfrac{M_2}{M_P}$	$\dfrac{M_3}{M_P}$	$\dfrac{M_4}{M_P}$	$\dfrac{M_5}{M_P}$	$\dfrac{\phi_1 EI}{M_P l}$	$\dfrac{\phi_4 EI}{M_P l}$	$\dfrac{\phi_5 EI}{M_P l}$
2.857	2.857	−0.828	0.029	0.943	−1	+1	0	−0.162	+0.105
0	0	−0.221	0.065	0.086	0.107	−0.179	0	−0.162	+0.105
0	2.857	−1	0.610	0.074	−0.462	0.785	−0.058	−0.162	+0.105
0	0	−0.107	0.074	0.074	0.074	−0.108	−0.058	−0.162	+0.105
2.857	2.857	−0.794	0.063	0.960	−1	+1	−0.058	−0.214	+0.145
0	0	−0.187	0.099	0.103	0.107	−0.179	−0.058	−0.214	+0.145
0	2.857	−1	0.642	0.095	−0.452	0.764	−0.098	−0.214	+0.145
0	0	−0.107	0.106	0.095	0.084	−0.129	−0.098	−0.214	+0.145
2.857	2.857	−0.770	0.087	0.972	−1	+1	−0.098	−0.250	+0.173
0	0	−0.163	0.123	0.115	0.107	−0.179	−0.098	−0.250	+0.173
0	2.857	−1	0.664	0.110	−0.445	0.749	−0.126	−0.250	+0.173
0	0	−0.107	0.128	0.110	0.091	−0.144	−0.126	−0.250	+0.173
2.857	2.857	−0.753	0.104	0.981	−1	+1	−0.126	−0.276	+0.193
0	0	−0.146	0.140	0.124	0.107	−0.179	−0.126	−0.276	+0.193
0	2.857	−1	0.679	0.120	−0.440	0.738	−0.146	−0.276	+0.193
0	0	−0.107	0.143	0.120	0.096	−0.155	−0.146	−0.276	+0.193

표 8-4 조합하중 (W, W): $W = 2.857M_P/l$ 에 대한 M_3값

n	1	2	3	4	5	6	7	8	9	10	∞
M_3/M_P	0.943	0.960	0.972	0.981	0.987	0.991	0.994	0.996	0.997	0.998	1

처음의 제4사이클의 거동을 정리해 표 8-3에 나타낸다. 최초의 하중 (W, W)을 재하한 후의 M_3값은 $0.943M_P$이며, 그후 이 하중을 반복할 때

마다 M_3은 증대한다. 표 8-4에서 조합하중 (W, W)의 재하회수 n과 M_3의 관계를 나타내고 있으며, n의 증가에 따라서 M_3이 M_P에 조금씩 접근하고 n이 무한대에서 M_P에 도달하는 것을 알 수 있다. 이 거동은 표 8-2에 주어진 $W=2.9M_P/l$일 때의 같은 하중 사이클에 대한 응답과 대조적이다. 이 W값에 대해서는 하중 (W, W)의 제3사이클째의 재하 중에 M_3는 M_P에 달하고, 이 사이클과 후속의 각 사이클에서 단면 3에 소성 힌지 회전이 생긴다.

따라서 W가 $2.857M_P/l$을 넘으면, 이 하중 사이클에 대해서 소성 힌지는 단면 1, 4, 5 외에 단면 3에도 형성된다. 점증붕괴는 제1사이클의 재하 기간에 4개소의 단면 1, 3, 4, 5에서 소성 힌지 회전이 증대하는 경우에 한해 가능하다. 이 증대량은 모든 소성 힌지가 동시에 생길 때의 기구운동에 대응한다. 점증붕괴하중 W_f가 $2.857M_P/l$인 것은 명확하다.

표 8-3에 정리된 거동의 다른 특징은 각 사이클에서 생긴 소성 힌지 회전의 증분이 기하급수적으로 감소하므로, 사이클 수가 무한해지면 0이 되는 것이다. 무한의 사이클 수 뒤에는 골조의 어느 부분에도 소성흐름이 생기지 않으며 탄성적으로 응답한다. 이와 같은 상태가 되었을 때 골조는 변형경화했다고 말한다.

다음에 $W=W_f$일 때 골조의 변형경화 조건에 대해 생각한다. 생기고 있는 잔류 휨 모멘트는 다음 조건을 만족해야 한다.

$$\begin{aligned} m_1 + \mathcal{M}_1^{(0, W)} &= -M_P \\ m_3 + \mathcal{M}_3^{(W, W)} &= +M_P \\ m_4 + \mathcal{M}_4^{(W, W)} &= -M_P \\ m_5 + \mathcal{M}_5^{(W, W)} &= +M_P \end{aligned} \qquad (8.2)$$

식 (8.1)에서 얻어진 탄성 휨 모멘트 값을 대입하면,

$$m_1 = 0.3125\,W_1 l - M_P$$
$$m_3 = -0.3\,W_1 l + M_P$$
$$m_4 = 0.3875\,W_1 l - M_P \quad (8.3)$$
$$m_5 = -0.4125\,W_1 l + M_P$$

잔류 휨 모멘트는 0의 외력과 정적허용, 즉 자기평형계가 되어야 한다. 가상변위법에 따른 통상의 방법을 이용하면 다음 두 개의 평형조건식이 얻어진다.

$$-m_1 + m_2 - m_4 + m_5 = 0 \quad (8.4)$$
$$-m_2 + 2m_3 - m = 0 \quad (8.5)$$

이 두 식을 더하면,

$$-m_1 + 2m_3 - 2m_4 + m_5 = 0 \quad (8.6)$$

식 (8.3)에서 주어지는 잔류 휨 모멘트를 대입하면 다음 식이 얻어진다.

$$-(0.3125\,W_1 l - M_P) + 2(-0.3\,W_1 l + M_P) - 2(0.3875\,W_1 l - M_P)$$
$$+ (-0.4125\,W_1 l + M_P) = 0$$
$$2.1\,W_1 l = 6 M_P$$
$$W_1 = 2.857 M_P / l$$

이 W_1 값에 대해서 잔류 휨 모멘트는 식 (8.3)과 (8.4) 또는 식 (8.5)에서 다음과 같이 된다.

$$m_1 = -0.107 M_P$$

$$m_2 = +0.179M_P$$
$$m_3 = +0.143M_P$$
$$m_4 = +0.107M_P$$
$$m_5 = -0.179M_P$$

처음의 제4사이클에 대해서 표 8-3에 정리된 단계별 탄소성해석을 변형경화조건이 성립할 때까지 계속하면 이미 구한 것과 같은 잔류 휨 모멘트를 얻을 수 있다.

이상 설명한 과정은 W_1을 계산하는 방법을 제시하지만, 이것은 점증붕괴기구가 그림 8-4(b)에 나타난 것이라고 인식되고 있다. 실제의 점증붕괴기구를 확인하기 위한 정리는 8-3절에서 검토한다.

8-2-4 변위에 미치는 반복하중의 영향

소성 힌지의 회전각이 계산되면 임의 점의 변위는 가령 단위 가상하중법(2-5-5항)을 이용해서 쉽게 구할 수가 있다. 그림 8-5는 하중 (W, W)가 제하될 때의 주두의 수평변위가 이 조합하중의 재하회수 n의 증가에 따라서 변화해가는 모양을 세 종류의 W값에 대해서 표시한 것이다.

$W=2.9M_P/l$인 경우 점증붕괴기구가 형성되는 3회째의 하중 사이클 이후에서는 각 사이클에서 같은 크기의 변위증분이 생긴다. $W=W_1 =2.857M_P/l$에 대해서는 변위가 각 사이클마다 증대하고 골조의 변형경화로 정의되는 한계에 조금씩 접근한다. 더욱이 단계별 탄소성해석에서 한계 $W^*(W^*=2.737M_P/l)$와 W_1 사이의 W값에 대한 거동은 유사하다는 것을 알 수 있다. W가 W^*보다 작은 경우에는 하중 사이클을 반복해도 변위는 증대하지 않는다. 소성 힌지는 최초에 조합하중 (W, W)을 작용시켰을 때 형성되지만, 그때 생기는 잔류 휨 모멘트에 따라 더욱 이 이상의 하중을 작용시켜도 골조는 완전하게 탄성적으로 거동한다. 이런 종

류의 계산을 길이 l의 양단고정보가 양쪽 보 단부에서 $l/3$ 떨어진 점에서 교대로 작용하는 하중을 받는 경우를 혼(1949)이 처음으로 나타냈다.

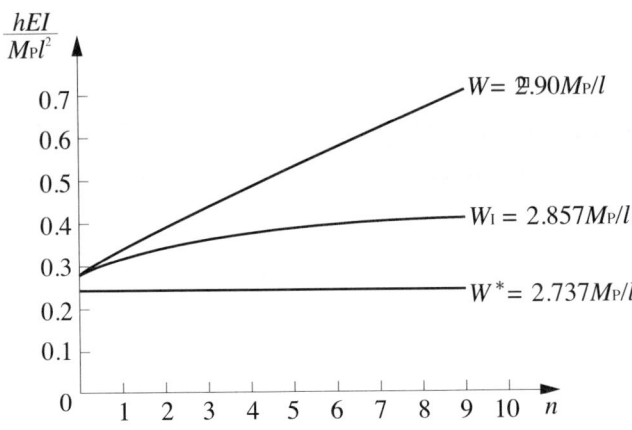

그림 8-5 수평변위에 미치는 반복하중의 영향

단독 조합하중 (W, W)의 작용 아래서는 $W=W_c=3M_P/l$일 때 소성붕괴가 생기는 것을 쉽게 확인할 수 있다. 따라서 이 골조와 하중에 대해서는

$$\frac{W_1}{W_c} = \frac{2.857}{3} = 0.95$$

이며, W가 소성붕괴하중의 95% 이상이 아니면 점증붕괴는 생기지 않는다. 그림 8-5에서 점증붕괴 중에 상당한 변위를 생기게 하는 데 필요한 하중 사이클 수는 매우 적은 것을 알 수 있다. 가령 $W=2.90M_P/l$일 때 하중 (W, W)의 1회째 재하에서 생긴 변위에 비해 불과 7회의 하중 사이클 후의 변위는 2배가 된다.

8-2-5 실험에 따른 검증

닐과 시먼스(1958)는 그림 8-3에 나타난 형태의 하중 사이클을 받는 직사각형 골조의 모형실험을 행한다. 각종 W값에 대한 하중 사이클 수와 변위의 증대에 관해서 얻어진 결과는 그림 8-5에 나타낸 바와 같은 이론적 관계와 잘 일치한다. 특히 W값이 W_i의 계산값에 근접할 때까지 변위의 증대에는 한계가 있음이 관찰된다.

3개소에서 단순지지된 연속보의 각 스팬에 하중을 작용시키는 실험을 매소넷(Massonet, 1953)과 고줌(Gozum), 하이예르(Haaijer, 1955) 등이 행한다. 포포프와 매카시(McCarthy, 1960)는 주각이 힌지 지지에서 기둥의 길이가 다른 직사각형 골조의 실험을 행한다. 이들 모든 연구에서는 이론값과 실험값이 잘 일치하는 것을 알 수 있다.

8-3 변형경화정리

8-2절에서는 구조물이 변동 반복하는 하중을 받을 때 교번소성 또는 점증붕괴의 어느 쪽인가에 따라 소성흐름이 무한으로 증대할 가능성을 나타냈다. 변형경화정리는 하중의 빈도나 재하순서에도 불구하고 최종적으로 소성흐름이 정지하는 조건을 규정하는 것이다. 정리를 기술하기 전에 몇 개의 정의가 필요하다.

8-3-1 정 의

재하 중의 임의의 단계에서 어느 단면 j의 휨 모멘트를 M_j로 나타낸다. 전 하중이 완전히 재하되고 이 재하과정에서 골조가 탄성적으로 거동하면 이 단면에 생기는 잔류 휨 모멘트는 다음 식으로 정의된다.

$$m_j = M_j - \mathcal{M}_j \tag{8.7}$$

여기서 $\mathcal{M}_j$는 이 재하에 대해서 골조가 탄성적으로 거동한다고 가정해서 얻어진 휨 모멘트다.

　재하과정에서 소성화가 생길 경우에도 식 (8.7)은 여기서의 목적에 대한 잔류 휨 모멘트의 공식으로 이용할 수가 있다. M_j와 $\mathcal{M}_j$ 어느 쪽도 같은 하중과 정적허용이 아니면 안 되기 때문에 이와 같이 정의된 임의의 잔류 휨 모멘트 분포는 0의 외력과 정적허용, 즉 자기평형계(自己平衡系)다.

　8-1절과 같이 골조는 하중 $\lambda P_1, \lambda P_2, \cdots\cdots, \lambda P_r, \cdots\cdots, \lambda P_n$을 받고, 각 하중 λP_r은 $(\lambda P_r^{max}, \lambda P_r^{min})$의 범위를 변동할 수 있는 것으로 한다. 지정된 범위 내에서 하중의 모든 가능한 변동에 대한 탄성 휨 모멘트 $\mathcal{M}_j$의 최대값과 최소값은 중합의 원리를 이용해서 구할 수 있다. 이들의 값을 $\lambda \mathcal{M}_j^{max}, \lambda \mathcal{M}_j^{min}$로 나타낸다. 각 하중 λP_r이 다른 것에 관계없이 변동할 수 있는 경우에는 8-4절에 나타난 것처럼 계산은 간단하다. 두 개 또는 그 이상의 하중 사이의 임의관계, 가령 두 개의 하중이 동시에 작용할 수는 없다는 관계도 허용된다.

　변형경화하중계수 λ_s가 존재하고 그 값 이상의 하중계수에 대해서는 교번소성 또는 점증붕괴에 따라 소성흐름이 계속해서 생기고, 골조는 변형경화하지 않는다. 따라서

$$\text{교번소성에 대해서 } \lambda_s = \lambda_a$$
$$\text{점증붕괴에 대해서 } \lambda_s = \lambda_I$$

여기서 λ_a와 λ_I는 각각 8-1절에서 정의된 교번소성계수와 점증붕괴하중계수다.

　교번소성과 점증붕괴에 따른 파괴 예는 8-2절에 주어진다. 어느 경우도 어느 일정하중계수의 하중 사이클의 반복에 따라서 생기는 것이다. 다행히 λ_I와 λ_a값, 따라서 λ_s값은 변형경화정리의 형식에서 명확해지는 것처럼 골조에 작용하는 하중의 재하순서에는 관계가 없다.

　변형경화 해석에서 통상 가정되는 휨 모멘트-곡률관계는 그림 8-6에

나타난다. 이 관계는 이상소성재료(理想塑性材料)에서 이루는 2축 대칭 단면의 보가 어느 쪽이든 간에 축 주위에 휨을 받는 경우에 대응하는 것이다. 이때 항복 모멘트 M_y와 소성 모멘트 M_p값은 정·부 양 방향의 휨에 대해서 동일하다. 더욱이 휨 모멘트의 탄성범위는 재하 이력에도 불구하고 $2M_y$다.

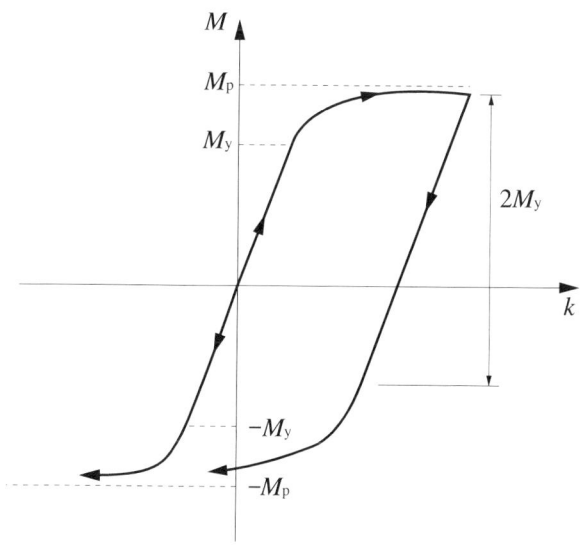

그림 8-6 변형경화정리에서 가정된 휨 모멘트-곡률관계

8-3-2 변형경화정리 또는 하계정리

그림 8-6에 나타내는 $(M-k)$관계에 대해 다음의 정리가 성립한다.

[변형경화정리] 0의 외력과 정적허용이며, 모든 단면 j에서 다음의 조건을 만족하는 임의의 잔류 휨 모멘트 $\overline{m}$의 분포가 존재하면 λ_s값은 변형경화하중계수 λ_s와 같거나 그것보다 작다.

$$\overline{m}_j + \lambda \mathcal{M}_j^{max} \leq (M_P)_j \qquad (8.8)$$

$$\overline{m}_j + \lambda \mathcal{M}_j^{min} \geq -(M_P)_j \qquad (8.9)$$

$$\lambda(\mathcal{M}_j^{max} - \mathcal{M}_j^{min}) \leq 2(M_y)_j \qquad (8.10)$$

조건식 (8.8), (8.9), (8.10)을 정리하여 정적조건(statical conditions)이라 부른다. 위의 모든 조건이 만족되지 않을 경우 변형경화가 일어나지 않는 것이 확실하므로 이들 조건은 변형경화가 가능해지는 데 필요하다. 이 정리는 이들 조건이 충분조건임을 나타낸다. 이것은 3-2-1항에서 표시한 소성붕괴의 하계정리와 매우 유사하다. λ가 λ_s보다 작은 변동반복 하중에 대해서는 처음의 수 사이클에서 골조 일부에 소성흐름이 생긴 것도 있지만, 결국 골조가 완전하게 탄성거동을 하는 데 필요한 잔류 휨 모멘트 분포가 구성되어간다.

λ_a가 λ_s를 초과하면 소성흐름이 정지하는 데 필요한 조건을 만족하는 잔류 휨 모멘트 분포를 나타낼 수 없으며, 변동반복하중의 작용 아래서 소성흐름이 연속적으로 생기게 된다. 마찬가지로 비례하중의 아래서는 하중계수 λ가 λ_c보다 큰 경우에 한해서 소성붕괴가 생기고, 어떠한 안전과 동시에 정적허용인 휨 모멘트 분포도 찾아볼 수는 없다. 적어도 한 개의 그러한 분포가 존재하는 것은 명확히 문제의 하중을 지지할 수 있기 위한 필요조건이다.

λ가 0에서 연속적으로 커진다고 생각하면, 결국 부등식 (8.8)~(8.10)을 만족시키는 것이 극히 곤란해진다. 하나의 가능한 경우로 λ가 λ_s를 넘으면 조건식 (8.8)과 (8.9)는 만족할 수 있지만, 부등식 (8.10)이 어느 단면에서 만족되지 않는 것이 있다. 이 경우 $\lambda_s = \lambda_a$에 대해서 교번소성에 의해 파괴된다. 다른 가능성으로 부등식 (8.10)은 만족되지만 조건식 (8.8)과 (8.9)가 동시에 만족되지 않는 경우가 있다. 이 경우 파괴는 $\lambda_s = \lambda_1$ 아래서 점증붕괴에 의해 생긴다. 부등식 (8.8)과 (8.9)에서 각 단면 j에 대해서 다음의 부등식을 쓸 수가 있다.

$$-(M_\text{P})_\text{j}-\lambda\mathcal{M}_\text{j}^{\min} \leq \overline{m}_\text{j} \leq (M_\text{P})_\text{j}-\lambda\mathcal{M}_\text{j}^{\max}$$

따라서

$$\lambda(\mathcal{M}_\text{j}^{\max}-\mathcal{M}_\text{j}^{\min}) \leq 2(M_\text{P})_\text{j} \tag{8.11}$$

이것을 부등식 (8.10)과 비교하면 구속도는 낮지만, 변형계수 ν가 1에서 $M_\text{y}=M_\text{P}$인 보의 경우에는 식 (8.10)과 동일해진다. 이 특수한 경우에는 부등식 (8.10)은 식 (8.8)과 (8.9)에 포함되므로 변형경화정리의 정적 조건에서 제외된다.

변형경화정리를 블라이히(Bleich, 1932)가 처음으로 소개했지만, 그 증명은 1차 부정정 골조에 한정된다. 인장 쪽, 압축 쪽 모두 이상소성체의 거동을 가정한 힌지 접합 트러스에 대한 보편적 증명을 멜런(Melan, 1936)이 했으며, 그후 시먼스와 프레이저(1950)가 이것을 간략화한다. 닐(1950~51)은 멜런의 증명을 골조에 적용하며, 부록 B에 $\nu=1$, 즉 $M_\text{y}=M_\text{P}$의 특수한 경우에 대해 상세히 설명하고 있다.

코이터(Koiter, 1952)가 지적한 것처럼 조건식 (8.8)~(8.10)은 그림 8-6에 나타난 $(M-k)$관계를 도입해서 8-3-1항에서 기술한 가정에 골조부재가 따르는 경우에만 성립한다. 이들의 가정을 따르지 않는 경우에는 변형경화가 생기는 조건이 각 단면의 휨 모멘트가 아니라 응력도분포에 따라 표현되어야 한다. 그러나 조건식 (8.8)~(8.10)은 2축 대칭 단면에서 인장 쪽과 압축 쪽의 항복응력도가 같은 부재에 대해서 성립하기 때문에 많은 실제적인 문제에 대해서도 충분하다.

8-3-3 상계정리

상계정리는 가정된 교번소성기구 또는 점증붕괴기구에서 도입된 λ값에 관한 것이다. 교번소성은 탄성 휨 모멘트의 범위가 가장 큰 단면에서 우선 생긴다. 이 단면을 k로 표시하면 교번소성이 시작할 때의 하중계수는 다음 식으로 주어진다.

$$\lambda'_a (\mathcal{M}_k^{max} - \mathcal{M}_k^{min}) = 2(M_y)_k \qquad (8.12)$$

이렇게 해서 계산된 λ'_a값은 단면 k에 한 개의 소성 힌지를 갖는 가상적인 교번소성기구에 대응한 λ값이라고 말할 수 있다.

어느 특정의 점증붕괴기구를 가정하면 대응하는 하중계수 λ값 λ'_i가 계산될 수 있다. 이러한 계산의 예는 8-2-3항에 주어지지만 일반적으로는 다음과 같이 나타낼 수 있다. 가정한 기구의 미소운동에서 단면 j의 소성 힌지 회전각을 θ_j로 나타낸다. θ_j의 정부(正負)는 위첨자 θ_j^+ 또는 θ_j^-로 구별한다. 여기서 목적을 위해 가정한 기구를 점증붕괴 하중계수 λ'_i의 실제의 점증붕괴기구로 취급한다. 골조가 변형경화했을 때 단면 j의 잔류 휨모멘트를 m_j로 나타내면 m_j값은 다음의 두 식 가운데 한쪽에서 구할 수가 있다.

$$\text{모든 } \theta_j^+\text{에 대해서: } \quad m_j + \lambda'_I \mathcal{M}_j^{max} = (M_P)_j \qquad (8.13)$$
$$\text{모든 } \theta_j^-\text{에 대해서: } \quad m_j + \lambda'_I \mathcal{M}_j^{min} = -(M_P)_j \qquad (8.14)$$

m_j는 0의 외력과 정적허용이기 때문에 가상일의 원리에서 다음 식이 성립한다.

$$\sum m_j \theta_j = 0 \qquad (8.15)$$

여기서 종합기호는 가정한 기구에서 모든 소성 힌지점에 대한 것이다. 식 (8.13), (8.14) 두 식에서 다음 식이 얻어진다.

$$\sum [(M_P)_j - \lambda_1' \mathcal{M}_j^{\max}]\theta_j^+ + \sum [-(M_P)_j - \lambda_1' \mathcal{M}_j^{\min}]\theta_j^- = 0$$
$$\lambda_1' \sum [\mathcal{M}_j^{\max}\theta_j^+ + \mathcal{M}_j^{\min}\theta_j^-] = \sum (M_P)_j |\theta_j| \tag{8.16}$$

이 식에서 임의로 가정한 점증붕괴기구에 대응하는 λ_1'값이 구해진다.
여기서 상계정리를 다음과 같이 표시할 수가 있다.

[상계정리] 임의로 가정한 교번소성기구나 점증붕괴기구에 대응하는 λ값(λ_a' 또는 λ_1')은 변형경화하중계수와 같든지 그보다 크다.

가정한 기구에서 계산된 λ값은 상계정리의 운동학적 조건(Kinematical conditions)을 만족하는 값이라 부른다.

상계정리는 코이터(1956, 1960)가 도입한 것이다. 이 정리는 가상적인 소성변형의 사이클에 착안한 것이있다. 이 가상소성변형은 λ_s의 상계에 관해서 합리적으로 간단한 계산방법의 근거를 준 것은 아니지만, 위에 기술한 상계정리는 λ_s의 상계를 구하는 데에 유용하다. 스미스(1974)는 상계정리와 하계정리의 관계를 명확하게 해놓았다.

8-3-4 정리에 관한 견해

프레이저(1956)가 지적한 것처럼 변형경화에 관한 정리는 열응력이 생기는 경우에도 성립한다.

다만 탄성거동의 가정 아래서 온도변화에 따라 생긴 휨 모멘트를 포함하도록 $\mathcal{M}$의 정의를 확장할 필요가 있다. 부재의 부정합(不整合, lack of fit), 공작과정이나 지점의 이동 등으로 생긴 초기 잔류 휨 모멘트의 존재는 변형경화하기 위한 조건, 더 나아가서는 λ_s값에 영향을 주지 않는다. 그러나 탄성 휨 모멘트 분포는 절점이나 지점의 강성에 좌우되기 때문에 λ_s도 이들 요인에 영향을 받는다. 2-6절에서 지적한 것처럼 소성붕괴하중계수 λ_c값은 절점이나 지점의 강성에 관계없기 때문에 이것은 소성붕괴해석의 조건과 대조적이다.

변형경화정리는 최종적으로 소성흐름이 정지하는 조건을 규정한다. λ가 λ_s보다 작은 경우에는 변동반복하중을 받는 골조에 생긴 변위의 상계를 구할 수가 없다. 가령 카푸르소(Capurso, 1974)가 그러한 경계를 확립하기 위해 몇 개의 실험을 시도했지만, 완전하게 성공한 예는 아직 없다.

λ_s에 대한 유일성정리는 변형경화정리 또는 하계정리와 상계정리의 조합에 따라 공식화될 수 있고 엄밀하게는 다음과 같이 표시된다.

[유일성정리] 변형경화정리의 정적 조건과 상계정리의 운동학적 조건이 만족되면 λ는 변형경화 하중계수 λ_s와 같다.

8-4 해석 방법

여기서는 단순한 보나 골조에 적합한 해석방법을 설명한다. 그것은 상계정리를 기준삼은 것으로 본질적으로는 가능한 점증붕괴기구의 각각에 대응하는 하중계수 λ_i'를 구하는 방법이다. 이들의 값은 모두 λ_s의 상계이며 교번소성에 대한 하중계수 λ_a도 상계다. 이와 같이 하여 얻은 상계의 최소값이 λ_s의 실제값이며, 최후에 변형경화정리의 정적조건을 조사함으로써 결과의 타당성이 검토된다.

8-4-1 예제

해석방법의 설명에 이용하는 골조를 그림 8-7(a)에 나타낸다. 각 부재의 소성 모멘트는 25kNm, 형상계수는 1.15다. 하중 H와 V는 다음 범위 내에서 서로 간에 독립해 변동하는 것으로 한다.

$$V: (16\lambda,\ 5\lambda)\text{kN}$$
$$H: (10\lambda,\ 0)\text{kN}$$

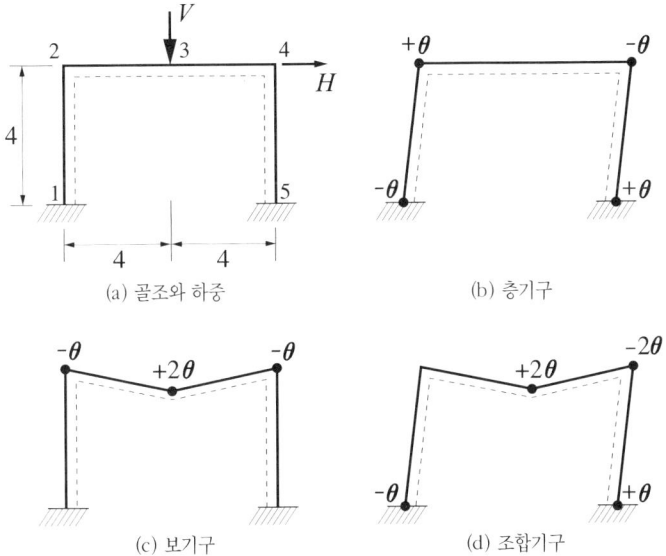

그림 8-7 직사각형 골조와 가능한 점증붕괴기구

처음에 골조의 휨 모멘트의 최대값과 최소값을 구한다. 하중 H와 V에 의한 탄성 휨 모멘트 분포는 표 8-5의 제1행에 주어진다. 예를 들면 단면 2에서는

$$\mathcal{M}_2 = -0.8V + 0.75H$$

V와 H의 계수는 각각 부(負), 정(正)이기 때문에 V가 최소값 5λ를 취하고, H가 최대값 10λ일 때에 이 단면의 탄성 휨 모멘트는 최대가 된다. 즉,

$$\lambda\mathcal{M}_2^{\max} = -0.8(5\lambda) + 0.75(10\lambda) = 3.5\lambda$$

간단히 하기 위해 단위를 생략하고 있다. 이 값은 대응하는 조합하중 (5λ, 10λ)와 함께 표 8-5에 표시된다.

표 8-5의 제2행과 제3행에는 이와 같이 해서 계산된 각 단면의 탄성 휨 모멘트의 최대값과 최소값, 그들을 생기게 하는 조합하중이 표시된다. 단면 3에서는 탄성 휨 모멘트는 H에 영향을 받지 않고 이 하중의 값은 조합하중의 가운데 들어 있지 않다.

표 8-5 탄성 휨 모멘트: $V(16λ, 5λ)$; $H(10λ, 0)$

단면	1	2	3	4	5
$\mathscr{M}$	$0.4V$ $-1.25H$	$-0.8V$ $+0.75H$	$1.2V$	$-0.8V$ $-0.75H$	$0.4V$ $+1.25H$
$λ\mathscr{M}^{max}$	$6.4λ$ $(16λ, 0)$	$3.5λ$ $(5λ, 10λ)$	$19.2λ$ $(16λ, -)$	$-4λ$ $(5λ, 0)$	$18.9λ$ $(16λ, 10λ)$
$λ\mathscr{M}^{min}$	$-10.5λ$ $(5λ, 10λ)$	$-12.8λ$ $(16λ, 0)$	$6λ$ $(5λ, -)$	$-20.3λ$ $(16λ, 10λ)$	$2λ$ $(5λ, 0)$
$λ(\mathscr{M}^{max}-\mathscr{M}^{min})$	$16.9λ$	$16.3λ$	$13.2λ$	$16.3λ$	$16.9λ$

표 8-5의 맨 마지막 행은 탄성 휨 모멘트의 범위 $λ(\mathscr{M}^{max}-\mathscr{M}^{min})$를 준다. 최대 범위는 단면 1과 5에서 16.9λ다. 따라서 교번소성 하중계수는 다음 식에서 주어진다.

$$16λ'_a = 2M_y = 50/1.15$$
$$λ'_a = 2.573$$

가능한 점증붕괴기구의 해석에서는 잔류 휨 모멘트에 대한 평형조건식이 필요하다. 이들의 식은 가상일의 원리를 이용해 유도된다. 그림 8-7(b), (c), (d)에 나타난 세 종류의 기구에 대해 이 원리를 적용하면 다음 식이 얻어진다.

$$-m_1 + m_2 - m_4 + m_5 = 0 \qquad (8.17)$$
$$-m_2 + 2m_3 - m_4 = 0 \qquad (8.18)$$
$$-m_1 + 2m_3 - m_4 + m_5 = 0 \qquad (8.19)$$

다만 식 (8.19)는 다른 두 식과 독립한 것이 아니고 그것들을 더해서 얻어진 것이다.

  우선 처음에 가능한 점증붕괴기구로 그림 8-7(b)의 층기구를 생각한다. 물론 그림에 나타난 소성 힌지가 모두 동시에 생긴 상태는 존재하지 않는다. 소성 힌지의 부호에 주의해 변형경화에서 일어나는 잔류 휨 모멘트는 다음 식에서 주어진다.

$$m_1 + \lambda \mathcal{M}_1^{\min} = -M_P \qquad \theta_1 = -\theta$$
$$m_2 + \lambda \mathcal{M}_2^{\max} = +M_P \qquad \theta_2 = +\theta$$
$$m_4 + \lambda \mathcal{M}_4^{\min} = -M_P \qquad \theta_4 = -\theta$$
$$m_5 + \lambda \mathcal{M}_5^{\max} = +M_P \qquad \theta_5 = +\theta$$

$M_P = 25$와 표 8-5의 탄성 휨 모멘트 값을 이용하면 위 식은 다음과 같이 된다.

$$\begin{aligned} m_1 - 10.5\lambda &= -25 \\ m_2 + 3.5\lambda &= +25 \\ m_4 - 20.3\lambda &= -25 \\ m_5 + 18.9\lambda &= +25 \end{aligned} \qquad (8.20)$$

식 (8.17)에 대입하면,

$$-(10.5\lambda - 25) + (-3.5\lambda + 25) - (20.3\lambda - 25) + (-18.9\lambda + 25) = 0$$

$$53.2\lambda = 100$$
$$\lambda = 1.880 = \lambda'_1$$

이 계산은 식 (8.13) ~ (8.16)에 넣은 순서에 따른 것이다.

다음에 그림 8-7(a)의 보 기구를 가정하면,

$$
\begin{aligned}
m_2 - 12.8\lambda &= -25 & \theta_2 &= -\theta \\
m_3 + 19.2\lambda &= +25 & \theta_3 &= +2\theta \\
m_4 - 20.3\lambda &= -25 & \theta_4 &= -\theta
\end{aligned}
\quad (8.21)
$$

식 (8.18)에 대입하면,

$$-(12.8\lambda - 25) + 2(-19.2\lambda + 25) - (20.3\lambda - 25) = 0$$
$$71.5\lambda = 100$$
$$\lambda = 1.399 = \lambda''_1$$

최후에 그림 8-7(d)의 조합기구에 대해서는,

$$
\begin{aligned}
m_1 - 10.5\lambda &= -25 & \theta_1 &= -\theta \\
m_3 + 19.2\lambda &= +25 & \theta_3 &= +2\theta \\
m_4 - 20.3\lambda &= -25 & \theta_4 &= -2\theta \\
m_5 + 18.9\lambda &= +25 & \theta_5 &= +\theta
\end{aligned}
\quad (8.22)
$$

식 (8.19)에 대입하면,

$$-(10.5\lambda - 25) + 2(-19.2\lambda + 25) - 2(20.3\lambda - 25) + (-18.9\lambda + 25) = 0$$
$$108.4\lambda = 150$$

$$\lambda = 1.384 = \lambda'''_1$$

이상에서 구한 상계는 다음과 같다.

교번소성 $\lambda'_a = 2.573$
점증붕괴: 층기구 $\lambda'_1 = 1.880$
          보기구 $\lambda''_1 = 1.399$
          조합기구 $\lambda'''_1 = 1.384$

$\lambda_s = \lambda'''_1 = 1.384$이며, 조합기구의 점증붕괴에 따라서 파괴되는 것이 상계 정리에서 결론내려진다.

다음은 이 결과를 유일성정리의 조건이 만족되는지 어떤지를 조사해 검정한다. 이를 위해서는 골조가 $\lambda = \lambda_s = 1.384$에 대한 변형경화된 후의 잔류 휨 모멘트 분포를 결정할 필요가 있다. $\lambda = 1.384$일 때 m_1, m_3, m_4, m_5 각각의 값은 식 (8.22)에서 직접 얻으며, m_2는 식 (8.17) 또는 식 (8.18)에서 구해진다. 이들의 잔류 휨 모멘트는 표 8-6의 제1행에 주어지고 있다. 이 표의 다른 부분에 대해서도 분명할 것이다.

표 8-6 변형경화 후의 휨 모멘트: $\lambda_s = 1.384$

단면	1	2	3	4	5
m	-10.47	-6.23	-1.57	3.09	-1.15
$\lambda_s \mathcal{M}^{\max}$	8.86	4.84	26.57	-5.54	26.15
$\lambda_s \mathcal{M}^{\min}$	-14.53	-17.71	8.30	-28.09	2.76
$M^{\max}$	-1.61	-1.39	**25** ($16\lambda_s$, -)	-2.45	**25** ($16\lambda_s$, $10\lambda_s$)
$M^{\min}$	**-25** ($5\lambda_s$, $10\lambda_s$)	-23.94	6.73	**-25** ($16\lambda_s$, $10\lambda_s$)	1.61
$M^{\max} - M^{\min}$	23.39	22.55	18.27	22.55	23.39

제2행과 제3행은 $\lambda = \lambda_s = 1.384$일 때 최대·최소의 탄성 휨 모멘트다.

그 다음 두 행에는 골조가 변형경화한 후에 생길 수 있는 최대·최소의 휨 모멘트가 주어지며, 그들은 다음과 같이 계산된다.

$$M^{\max} = m + \lambda_s \mathcal{M}^{\max}$$
$$M^{\min} = m + \lambda_s \mathcal{M}^{\min}$$

표 8-6의 최후 행은 각 단면에서 휨 모멘트 범위를 나타낸 것이며, 탄성거동의 허용범위 50/1.15 또는 43.48kNm와 비교된다.

변형경화정리의 정적조건식 (8.8)~(8.10)은 모두 표 8-6에서 주어진 휨 모멘트 분포에 의해서 만족된다. 또한 단면 1, 3, 4, 5에서 소성 모멘트에 달하기 때문에 상계정리의 운동학적 조건도 만족된다. 따라서 유일성정리에서 $\lambda_s = 1.384$다.

점증붕괴기구에서 소성 힌지를 생기게 하는 조합하중은 표 8-6 중에 표시된다. H를 10λ로 고정하고 V를 그 한계값 16λ와 6λ의 범위 내에서 변동시킬 경우 λ가 λ_s를 넘으면 점증 붕괴하는 것을 알 수 있다.

이미 얻어진 λ_s의 값과 최악의 가능한 조합하중에 대한 소성붕괴하중 λ_c를 비교해놓는 것은 중요하다. 분명히 이 조합은 다음과 같다.

$$V = 16\lambda, \quad H = 10\lambda$$

소성붕괴는 $\lambda_c = 1.442$에 의해 생기고, 붕괴기구는 그림 8-7(d)에 나타낸 조합기구다. 이 경우 λ_s값 1.384는 λ_c보다 4% 작을 뿐이다.

변형경화정리의 조건에는 소성붕괴의 하계정리 조건이 특수한 경우로 포함되기 때문에 최악의 가능한 조합하중에 대해서도 λ_s가 λ_c를 넘는 것은 있을 수 없다. λ_s와 λ_c의 차이에 영향을 주는 요인에 관해서는 오글(Ogle, 1964)과 헤이먼(1972)의 연구가 있다.

8-4-2 부분점증 붕괴기구

골조의 부정정차수가 r인 경우 점증붕괴기구에서 소성 힌지의 수가 $(r+1)$보다 작으면 계산이 다소 어려워진다. 요점을 설명하기 위해서 다시 그림 8-7(a)의 골조를 생각 하지만 하중은 다음의 범위를 서로 독립해서 변동하는 것으로 한다.

$$V: (16\lambda,\ 5\lambda)\text{kN}$$
$$H: (6\lambda,\ 0)\text{kN}$$

이 경우의 최대 · 최소의 탄성 휨 모멘트는 표 8-7에 주어진다.

표 8-7 탄성 휨 모멘트: $V(16\lambda,\ 5\lambda)$; $H(6\lambda,\ 0)$

단면	1	2	3	4	5
$\lambda \mathscr{M}^{\max}$	6.4λ $(16\lambda, 0)$	0.5λ $(5\lambda, 6\lambda)$	19.2λ $(16\lambda, -)$	-4λ $(5\lambda, 0)$	13.9λ $(16\lambda, 6\lambda)$
$\lambda \mathscr{M}^{\min}$	-5.5λ $(5\lambda, 6\lambda)$	-12.8λ $(16\lambda, 0)$	6λ $(5\lambda, -)$	-17.3λ $(16\lambda, 6\lambda)$	2λ $(5\lambda, 0)$
$\lambda(\mathscr{M}^{\max} - \mathscr{M}^{\min})$	11.9λ	13.3λ	13.2λ	13.3λ	11.9λ

앞의 예와 같이 동일하게 계산을 진행하면 다음과 같은 λ_s의 상계를 쉽게 얻을 수 있다.

교번소성 $\quad\quad\quad\quad \lambda'_a = 3.269$

점증붕괴: 층기구 $\quad \lambda'_1 = 2.688$

보기구 $\quad\quad\quad\quad \lambda''_1 = 1.460$

조합기구 $\quad\quad\quad \lambda'''_1 = 1.623$

분명히 $\lambda_s = \lambda_1'' = 1.460$이고 보기구에서 점증 붕괴한다.

이 결과를 확인하기 위해서는 $\lambda = \lambda_s = 1.460$에 대한 유일성정리의 조건이 만족되는 것을 나타낼 필요가 있다. 이 λ값에서 변형경화한 뒤, 점증 붕괴기구에서 소성 힌지 형성 단면 2, 3, 4의 잔류 휨 모멘트는 다음 식에서 주어진다.

$$m_2 + \lambda_s \mathcal{M}_2^{\min} = -M_P \qquad \theta_2 = -\theta$$
$$m_3 + \lambda_s \mathcal{M}_3^{\max} = +M_P \qquad \theta_3 = +2\theta$$
$$m_4 + \lambda_s \mathcal{M}_4^{\min} = -M_P \qquad \theta_4 = -\theta$$

$\lambda_s = 1.460$의 값과 표 8-7의 탄성 휨 모멘트 값을 이용하면,

$$m_2 = 12.8\lambda_s - 25 = -6.31$$
$$m_3 = 25 - 19.2\lambda_s = -3.03$$
$$m_4 = 17.3\lambda_s - 25 = 0.25$$

이들의 잔류 휨 모멘트는 식 (8.18)을 만족한다. 식 (8.17)에 대입하면 다음 식이 얻어진다.

$$-m_1 + m_5 = 6.56 \qquad (8.23)$$

이들 두 개의 잔류 휨 모멘트를 유일하게 결정할 수가 없다. 물론 이것은 점증붕괴기구에서 소성 힌지의 수가 '완전' 기구에 필요한 수보다 한 개 적기 때문이다.

현 시점의 결과를 정리한 것이 표 8-8이다. 3개소의 잔류 휨 모멘트 m_2, m_3, m_4값을 이미 알고 있으며, 탄성 휨 모멘트는 모두 $\lambda = 1.460$에 대해 계산되어 있다.

변형경화정리의 조건을 만족하기 위해서는 m_1과 m_5는 식 (8.23)을 만족하고, 더욱이 다음의 조건에 따르지 않으면 안 된다.

$$m_1 + 9.34 \leq 25$$
$$m_1 - 8.03 \geq -25$$
$$m_5 + 20.29 \leq 25$$
$$m_5 + 2.92 \geq -25$$

표 8-8 변형경화 후의 휨 모멘트: $\lambda_s = 1.460$

단면	1	2	3	4	5
m		-6.31	-3.03	0.25	
$\lambda_s \mathcal{M}^{\max}$	9.34	0.73	28.03	-5.83	20.29
$\lambda \mathcal{M}^{\min}$	-8.03	-18.69	8.76	-25.25	2.92
$M^{\max}$		-5.58	25 ($16\lambda_s$, $-$)	-5.58	
$M^{\min}$		-25 ($16\lambda_s$, 0)	5.73	-25 ($16\lambda_s$, $6\lambda_s$)	
$M^{\max} - M^{\min}$	17.37	19.42	19.27	19.42	17.37

이들의 부등식을 조합하면 다음 두 개의 부등식이 얻어진다.

$$-16.97 \leq m_1 \leq 15.66 \qquad (8.24)$$
$$-22.08 \leq m_5 \leq 4.71 \qquad (8.25)$$

식 (8.23)에서

$$m_5 = m_1 + 6.56$$

더욱이 이것을 부등식 (8.25)와 조합하면

$$-28.64 \leq m_1 \leq -1.85 \qquad (8.26)$$

좀더 엄한 조건식 (8.24)와 (8.26)을 이용하면

$$-16.97 \leq m_1 \leq -1.85 \qquad (8.27)$$

따라서 -16.97과 -1.85 사이에 있는 m_1의 임의값과 평형조건식 (8.23)에서 얻어진 m_5값은 변형경화정리의 조건을 만족한다. 그와 같은 값의 예는 다음과 같다.

$$m_1 = -10, \quad m_5 = -3.44$$

이 문제의 경우에는 조사에 의해 m_1과 m_5의 적절한 일조값을 쉽게 구할 수가 있다. 위의 m_1과 m_5값을 이용해서 표 8-8을 완성시키면 유일성 정리의 조건이 모두 만족된다는 것을 알 수 있으며, $\lambda_s = 1.460$임이 확인된다. 표 8-8에 나타난 괄호 안의 조합하중값에서 λ가 λ_s를 초과한 경우에 점증붕괴를 일으키게 하는 하중 사이클은 V를 16λ로 고정하고, H를 한계값의 6λ와 0 사이에서 변동시키는 것을 알 수 있다.

최악의 가능한 조합하중은

$$V = 16\lambda, \quad H = 6\lambda$$

의 아래서는 소성붕괴하중계수 λ_c는 보기구에 상당하는 1.563이다. λ_s의 값 1.460은 이 λ_c값보다 6.6% 작다.

8-4-3 다른 해석 방법

지금까지 설명해온 해석방법은 다음의 두 단계로 이루어져 있다. 제1단계에서는 모든 가능한 점증붕괴기구에 대응하는 λ_d값과 λ_s값을 구한다. (교번소성에 따른 파괴가 생기지 않는 것으로 가정해서) 실제의 점증붕괴기구를 알면 제2단계에서는 표 8-6 또는 표 8-8과 같이 $\lambda = \lambda_s$에 대해서 유일성정리의 조건이 만족되는지 어떤지를 검토한다.

어떠한 이유에서 제1단계가 잘 되지 않는 경우에는 닐과 시먼스(1950)가 고려한 시행오차법을 이용하게 된다. 가령, 소성붕괴기구를 형성시킨 것처럼 최악의 조합하중에 대해 소성붕괴해석을 행하고 같은 기구에서 점증붕괴가 생긴 것으로 가정한다.

그후 표 8-6 또는 8-8을 작성하기 위해서 이 점증붕괴기구를 해석한다. 계산된 $M^{\max}$ 또는 $M^{\min}$의 절대값이 소성 모멘트를 초과하지 않으면 가정한 기구는 바른 것이 된다.

소성붕괴에 대한 기구조합법의 개념은 닐과 시먼스(1951)가 붕괴기구의 경우에도 적용될 수 있도록 확장했다. 그러나 어느 조합기구에 대응하는 λ_s의 최소값을 주는가를 판단하는 것이 꽤 번거롭고, 점증붕괴에 대해서는 소성붕괴인 경우만큼 유효하지는 않다.

시먼스와 닐(1950)은 하계정리에 기초한 방법을 제안하지만, 그것은 잔류 휨 모멘트가 만족해야 할 평형조건을 고려해 변형경화정리에 포함되는 부등식 (8.8)~(8.10)을 해석한 것이다. 헤이먼(1959)은 이 방법이 계산기 프로그램을 이용한 해석에 적합하다는 것을 나타낸다. 설계규범이 점증붕괴나 교번소성에 대한 소정의 하중계수가 확보된 경우, 골조의 최소중량설계문제는 헤이먼(1951, 58)이 연구했다.

8-4-4 변위의 계산

타당한 가정을 설정하면, 골조가 변형경화한 후의 변위를 계산할 수 있다. λ가 λ_s보다 클 경우 파괴가 교번소성이 아니라 점증붕괴에서 생긴 것으로 하면 $\lambda_s = \lambda_1$다. 이 경우 골조가 $\lambda = \lambda_1$인 다수의 하중 사이클을 받으면 M^{max}와 M^{min}의 절대값은 소성 모멘트에 조금씩 접근하지만, 소성 힌지가 회전하지 않는 한 개의 단면 q가 존재한다. 그 동안 점증붕괴기구에서 형성되는 다른 모든 소성 힌지 점에서는 회전이 진행된다. λ가 λ_1를 초과한 경우에 한해서 단면 q에서 소성 힌지 회전이 일어난다. 8-2-3항에서 해석한 그림 8-1의 직사각형 골조는 이 가정에 따른다. 이 경우 점증붕괴기구에는 1, 3, 4, 5의 소성 힌지가 포함된다. 표 8-4는 $W = W_1 (\lambda = \lambda_1$와 같은 값)의 하중 사이클의 반복에 따라서 M_3^{max}가 M_p에 조금씩 접근하지만, 이 단면에 소성 힌지 회전은 생기지 않는 것을 나타낸다.

$\lambda = \lambda_1$에 대해서 골조가 변형경화하는 조건에서 8-4-1항과 8-4-2항에서 설명한 것처럼 잔류 휨 모멘트 분포를 결정할 수가 있다. 점증붕괴기구에서 형성된 소성 힌지점 가운데 한 점에서 변형의 연속성을 가정하면, 5-4절에서 기술한 방법을 이용해 이 점을 확인할 수 있다. 더욱이 다른 단면의 소성 힌지 회전각과 재하 후의 골조 변위를 계산할 수 있다.

8-5 설계와의 관계

2-7절에서 지적한 대로, 강구조 골조의 소성설계는 설계를 지배하는 종국한계상태가 소성붕괴일 때 적절한 것이며, 많은 경우가 그렇다. 그러나 골조에 변동반복하중이 작용할 경우 하중계수가 λ_s값을 넘으면 변형경화는 일어나지 않는다. 이 λ_s값은 최악의 가능한 조합하중에 대한 소성붕괴 하중계수 λ_c보다 작기 때문에 이런 종류의 하중에 대해서는 소성붕괴가 아니고 교번소성이나 점증붕괴에 따른 소성흐름이 무한히 증대함

에 따라 종국한계상태로 규정되는 것이 아닌가 하는 문제가 생긴다. 그러나 혼(1954)은 이런 경우가 거의 없는 것을 나타낸다. 소성설계된 골조가 소성붕괴할 확률은 매우 적고 교번소성이나 점증붕괴가 생길 확률은 더욱 적다. 이와 같은 사실을 근거로 하면 소성붕괴는 적절한 한계상태라고 말할 수 있다.

이들의 종국한계상태를 비교할 때 고려해야 할 점이 몇 가지 있다. 주된 것은 소성붕괴에는 $\lambda = \lambda_c$의 관계에 어느 적당한 조합하중의 작용만이 필요하다는 것이다. 이것이 작용하는 확률을 p로 나타낸다. 한편, 점증붕괴에는 λ_1보다 큰 하중계수에서 하중 사이클이 몇 회 작용할 필요가 있다. 각 하중 사이클에는 두 개 이상의 조합하중이 포함되어 있기 때문에 허용할 수 없는 큰 변위가 생기는 것은 n을 10 정도로 주문해서 n회 하중 반복 작용한 뒤일 것이다. 이들의 조합하중 가운데 하나가 λ_1보다 큰 하중계수에서 단독으로 작용하는 확률을 q라 하면, 점증붕괴할 확률은 q^n이다. λ_1는 λ_c보다 작기 때문에 q는 p보다 크다. 그러나 일반적으로 q는 작기 때문에 q^n은 p보다 작아질 것이다. 이상의 토론은 약간 대담하며 변동반복하중은 통상 통계적인 성질을 갖고 있다. 그럼에도 불구하고 점증붕괴에는 작용확률의 작은 하중이 여러 회 작용할 필요가 있음이 명확하다.

q가 작은 것에 기초를 두는 위의 토론은 명확하게 λ_1/λ_c의 비에 관계한다. 8-4절에 주어진 이 비는 0.96과 0.934였다. 이들은 매우 전형적인 값이며, 이 비가 0.8 이하가 되는 경우란 거의 있을 수 없다. 따라서 골조의 형상이 일반적이지 않은 경우, 또는 하중이 극히 이상한 경우를 제외하고 q가 작다고 가정하는 것은 합리적이다.

더욱이 고려해야 할 점으로 점증붕괴는 λ가 λ_1보다 큰 경우에 한해서 생기고, 각 하중 사이클에서 생긴 변형의 증대량은 λ가 λ_1보다 커짐에 따라 커진다고 한다. 예를 들면, $n=10$과 같이 매우 적은 회수의 하중 작용에 대해서 점증붕괴가 생기는 경우에는 λ는 λ_1보다 상당히 커지지 않으면 안 되고 이것에 의해서도 q가 작은 것은 명확하다.

끝으로 점증붕괴는 서서히 생기고, 어떤 기간에 생기는 변형이 인정되기 때문에, 이러한 종류의 파괴진행에는 통상 충분히 주의해서 놓으면 대처할 수가 있다. 따라서 먼저 파괴의 발생을 감지할 수 없는 단일조합하중에 따라 생기는 소성붕괴에서 이런 종류의 파괴 가능성을 낮게 평가할 수 있다.

교번소성에 따라 큰 변위가 생기는 것은 없다. 이것에 동반한 유일한 위험은 저 사이클 피로에 따른 파괴다. 많은 연구자, 예를 들면 로일스(Royles, 1966)는 항복변형의 몇 배나 되는 큰 변형을 반복해 받는 철골보의 수명이 $10^2 \sim 10^4$ 사이클 정도인 것을 지적한다. 따라서 교번소성이 종국한계상태가 된다는 것은 거의 있을 수 없다. 하중의 사이클 수가 $10^5 \sim 10^7$ 정도 되면 피로가 설계를 지배하게 된다.

참고문헌

Bleich, H. (1932), 'Über die Bemessung statisch unbestimmter Stahltragwerke unter Berücksichtigung des elastisch-plastischen Verhaltens des Baustoffes', *Bauingenieur*, **13**, 261.

Capurso, M. (1974), 'A displacement bounding principle in shakedown of structures subjected to cyclic loads', *Int. J. Solids Structures*, **10**, 77.

Gozum, A. and Haaijer, G. (1955), 'Deflection stability (shakedown) of beams', Fritz Eng. Lab. Report no. 205G.1.

Grüning, M. (1926), *Die Tragfähigkeit statisch unbestimmten Tragwerke aus Stahl bei beliebig haufig wiederholter Belastung*, Julius Springer, Berlin.

Heyman, J. (1951), 'Plastic design of beams and plane frames for minimum material consumption', *Q. Appl. Math.*, **8**, 373.

Heyman, J. (1958), 'Minimum weight design of frames under shakedown loading', *J. Eig. Meth. Div., Proc. Am. Soc. Civil Engrs*, **84**, (EM 4), Paper 1790.

Heyman, J. (1959), 'Automatic analysis of steel framed structures under fixed and varying loads', *Proc. Inst. Civil Engrs*, **12**, 39.

Heyman, J. (1972), 'The significance of shakedown loading', prelim. publ., 9th Congr. Int. Assoc. Bridge Struct. Eng., Amsterdam, 1972.

Horne, M.R. (1949), 'The effect of variable repeated loads in the plastic theory of structures', *Research (Eng. Struct. Suppl.), Colston Papers*, **2**, 141.

Horne, M.R. (1954), 'The effect of variable repeated loads in building structures designed by the plastic theory', *Proc. Int. Assoc. Bridge Struct. Eng.*, **14**, 53.

Kazinczy, G.V. (1931), 'Die Weiterentwicklung der Elastizitätstheorie', *Technika*, Budapest.

Koiter, W.T. (1952), 'Some remarks on plastic shakedown theorems', 8th Int. Congr. Theor. Appl. Mech., Istanbul, 1952.

Koiter, W.T. (1956), 'A new general theorem on shake-down of elastic-plastic structures', *Proc. k. Ned. Akad. Wet.* (B), **59**, 24.

Koiter, W.T. (1960), 'General theorems for elastic-plastic solids', *Progress in Solid Mechanics*, vol. I., Amsterdam.

Massonet, C. (1953), 'Essais d'adaptation et de stabilisation plastiques sur les poutrelles laminées', *Proc. Int. Assoc. Bridge Struct. Eng.*, **13**, 239. (See also *Ossat. métall.*, **19**, 318, 1954.)

Melan, E. (1936), 'Theorie statisch unbestimmter Systeme', prelim. publ., 2nd Congr. Int. Assoc. Bridge Struct. Eng., 43, Berlin.

Neal, B.G. (1950), 'Plastic collapse and shakedown theorems for structures of strain-hardening material', *J. Aero. Sci.*, **17**, 297.

Neal, B.G. (1951), 'The behaviour of framed structures under repeated loading', *Q. J. Mech. Appl. Math.*, **4**, 78.

Neal, B.G. and Symonds, P.S. (1950), 'A method for calculating the failure load for a framed structure subjected to fluctuating loads', *J. Inst. Civil Engrs*, **35**, 186.

Neal, B.G. and Symonds, P.S. (1958), 'Cyclic loading of portal frames: theory and tests', *Proc. Int. Assoc. Bridge Struct. Eng.*, **18**, 171. (See also Symonds, P.S. (1953), 'Cyclic loading tests on small frames', Final Report, 4th Congr. Int. Assoc. Bridge Struct. Eng., Cambridge, 1953, 109.

Ogle, M.H. (1964), 'Shakedown of steel frames', Ph.D. thesis, Cambridge Univ.

Popov, E.P. and McCarthy, R.E. (1960), 'Deflection stability of frames under repeated loads', *J. Eng. Mech. Div., Proc. Am. Soc. Civil Engrs*, **86**, (EM 1), 61.

Prager, W. (1956), 'Plastic design and thermal stresses', *B. Weld. J.*, **3**, 355.

Royles, R. (1966), 'Low endurance fatigue behaviour of mild steel beams reversed bending', *J. Strain Anal.*, **1**, 239.

Smith, D.L. (1974), 'Plastic limit analysis and synthesis of structures bylinear programming', Ph.D. thesis, London Univ.

Symonds, P.S. and Neal, B.G. (1950), 'The calculation of failure loads on plane frames under arbitrary loading programmes', *J. Inst. Civil Engrs*, **35**, 41.

Symonds, P.S. and Neal, B.G. (1951), 'Recent progress in the plastic methods of structural analysis', *J. Frankin Inst.*, **252**, 383, 469.

Symonds, P.S. and Prager, W. (1950), 'Elastic-plastic analysis of structures subjected to loads varying arbitrarily between prescribed limits', *J. Appl. Mech.*, **17**, 315.

문제

1. 폭 a, 높이 $1.24a$ T형 단면보가 있다. 그 단면은 각 변의 치수가 a와 $0.24a$인 두 매의 같은 직사각형으로 구성되어 있고, 재료는 이상소성체다(그림 1-3(b) 참조). 휨 모멘트는 플랜지에 평행한 축 주위에 작용하고, 웨브 면 내에 변형을 생기게 한다. 탄성 범위에서 보의 중립축 위치를 구하시오. 또 단면이 전소성상태가 될 때까지 휨 모멘트가 증가하면 중립축은 $0.19a$ 떨어진 등단면축까지 평행이동하는 것을 나타내시오.

휨 모멘트가 소성 모멘트에서 감소하면 중립축은 곧 같은 단면적축에서 $0.2a$ 떨어진 웨브 내의 위치로 이동한다. 따라서 이 길이의 웨브 내의 영역에서 응력도는 항복응력도인 것을 나타내시오.

위의 상황에서 소성 모멘트로부터 재하과정에서는 휨 강성이 0.88% 저하하는데도 휨 모멘트의 탄성범위가 초기 응력이 0인 보에서 0.36% 확대하는 것을 나타내시오.

2. 소성 모멘트가 30kNm의 일정 단면의 연속보 ABCDE가 점 A, C, E에서 단순지지되고 집중하중 P와 Q를 각각 점 B와 D에서 받는다.

$$AB = BC = CD = DE = 2m$$

여기서 하중 P와 Q는 다음의 범위 내에서 독립적으로 변동될 수 있는 것으로 한다.

$$P(30\lambda, 0) \quad Q(20\lambda, 0)kN$$

형상계수를 1.15로 하여 λ_s와 λ_c값을 구하시오. 또 P와 Q에 따른 탄성 휨 모멘트는 다음과 같다.

$$B: (13P-3Q)/16 \text{kNm}$$
$$C: -(6P+16Q)/16$$
$$D: (-3P+13Q)/16$$

단, 아래쪽 인장을 주는 휨 모멘트를 정(正)으로 한다.

3. 소성 모멘트가 40kNm인 일정 단면의 연속보 ABCDEFG가 점 A, C, E, G에서 단순지지되고 집중하중 P, Q, R을 각각 점 B, D, F에서 받고 있다.

$$AB=BC=CD=DE=EF=2m$$

여기서 하중 P, Q, R은 다음의 범위 내에서 독립적으로 변동할 수 있는 것으로 한다.

$$P(40\lambda, 0) \quad Q(20\lambda, 0) \quad R(20\lambda, 0) kN$$

형상계수를 1.15로 하여 λ_s와 λ_c값을 구하시오. 또한 P, Q, R에 따른 탄성 휨 모멘트는 다음과 같다.

B: $0.8P - 0.15Q + 0.05R$ kNm

C: $-0.4P - 0.3Q + 0.1R$

D: $-0.15P + 0.7Q - 0.15R$

E: $0.1P - 0.3Q - 0.4R$

F: $0.05P - 0.15Q + 0.8R$

단, 아래쪽 인장을 주는 휨 모멘트를 정(正)으로 한다.

4. 소성 휨 모멘트가 36kNm의 일정 단면보 ABCD는 점 A에서 고정, 점 D에서 단순지지되어 있고, 집중하중 P, Q가 각각 점 B와 점 C에서 작용하고 있다. 여기서,

$$AB=BC=CD=1.5m$$

하중 P와 Q는 다음의 범위 내에서 독립적으로 변동할 수 있는 것으로 한다.

$$P(20\lambda, 0) \quad Q(20\lambda, 0) kN$$

형상계수를 1로 하고 λ_s와 λ_c값을 구하시오. 또 P와 Q에 따른 탄성 휨 모멘트는 다음과 같다.

A: $(-15P - 12Q)/18$ kNm

B: $(8P + Q)/18$

C: $(4P+14Q)/18$

단, 아래쪽 인장을 주는 휨 모멘트를 정(正)으로 한다.

5. 소성 모멘트가 45kNm의 일정 단면보 ABCD는 점 A와 점 D에서 고정 지지되어 있고 집중하중 P, Q가 각각 점 B와 점 C에 작용한다. 여기서
$$AB=BC=CD=3m$$
하중 P와 Q는 다음의 범위 내에서 독립적으로 변동할 수 있는 것으로 한다.
$$P(20\lambda, 0) \quad Q(20\lambda, -20\lambda)kNm$$
형상계수를 1로 하고, λ_s와 λ_c값을 구하시오. 또 P와 Q에 따른 탄성 휨 모멘트는 다음과 같다.

A: $(-12P-6Q)/9$ kNm

B: $(8P+Q)/9$

C: $(P+8Q)/9$

D: $(-6P-12Q)/9$

단, 아래쪽 인장을 받는 휨 모멘트를 정(正)으로 한다.

6. 길이 l의 양단고정보 AB는 소성 모멘트 M_P인 일정 단면이다. 이 보에는 크기 W인 이동집중하중이 작용하고 있다.

각종 하중 위치에 대한 탄성 휨 모멘트 도를 그리고, 각 단면의 최대·최소 탄성 휨 모멘트를 나타내는 그림을 작성하시오. 또 이것에 따른 W_S값을 구하고 W_C값과 비교하시오.

또한 집중하중 W가 점 A에서 μl 떨어진 점 C에 작용할 때 탄성 휨 모멘트는 다음과 같다.

A: $-Wl\mu(1-\mu)^2$

C: $2Wl\mu^2(1-\mu)^2$

B: $-Wl\mu^2(1-\mu)$

단, 아래쪽 인장을 주는 휨 모멘트를 정(正)으로 한다.

7. 주각고정의 직사각형 라멘 ABCDE에서 두 개의 기둥 AB와 ED의 길이는 3.5m, 보 BD의 길이도 3.5m다. 골조의 전 단면은 소성 모멘트가 40kNm, 형상계수가 1.12인 일정 단면이다. 보의 중앙점 C에서는 연직 방향의 집중하중 V가 작용하고, 점 D에서는 수평 방향의 집중하중 H가 BD 방향으로 작용한다. 하중 V와 H는 다음의 범위 내에서 독립적으로 변동할 수 있는 것으로 한다.

$$V(48\lambda, 0), \ H(24\lambda, -12\lambda)kN$$

λ_s값을 구하시오.

또 그림 8-1의 부호 규정을 이용하면 각 단면의 탄성 휨 모멘트는 다음과 같다.

A: $-H+7V/48$ kNm

B: $0.75H-7V/24$

C: $7V/12$

D: $-0.75H-7V/24$

E: $H+7V/48$

8. 문제 7의 골조에서 하중 V와 H가 다음의 범위 내에서 독립적으로 변동할 수 있을 때 λ_s값을 구하시오.

$$V(48\lambda, 0) \quad H(20\lambda, -12\lambda)kN$$

9. 그림 8-1의 주각고정 라멘에서 전 단면의 소성 모멘트는 M_p, 형상계수는 1이다. 하중 V와 H는 다음의 범위 내에서 독립적으로 변동할 수 있는 것으로 한다.

$$V(2W, 0) \quad H(W, 0)$$

점증소성붕괴가 생기는 W의 한계값 W_s을 구하시오. 단 V와 H에 따른 탄성 휨 모멘트는 식 (8.1)에 주어진다.

10. 문제 9의 골조가 $W=W_c$인 레벨에서 여러 번 반복해 하중을 받아서 변형경화한 상태를 생각한다. 하중이 제거된 후의 하중 H의 작용점의 수평변위 h를 구하시오. 단 변형경화나 소성역의 확대 등의 영향은 무시해도 좋다.

또 2-5-3항에서 유도된 적합조건식 (2.19)~(2.21), (2.24)를 이용하시오(힌트: 변형경화하기 전에 단면 5에서 소성 힌지 회전이 생기는 것을 나타냄).

부록 A 소성붕괴정리의 증명

[소성붕괴상태에서 곡률의 일정성] 소성붕괴상태는 일정하중 아래서 골조의 변위가 계속 커지는 상태라고 정의할 수 있다. 이 정의에서부터 소성붕괴상태인 골조의 휨 모멘트와 곡률의 변위가 증대해도 변화하지 않는 것을 나타낼 수 있다. 이것을 증명하기 위해 소성붕괴상태중의 무한히 작은 시간증분 사이에 생기는 변화량을 생각하고, 그것을 앞첨자 δ를 붙여서 나타낸다. 즉,

δM, δ_k: 소성 힌지점 이외의 임의 단면에서 휨 모멘트와 곡률의 변화량
δM_i, $\delta \theta_i$: 소성 힌지점 i에서 휨 모멘트와 소성 힌지 회전각의 변화량

하중은 일정하므로 휨 모멘트의 변화량 δM과 δM_i는 0과 외력의 평형 조건을 만족할 필요가 있다. 또 곡률과 소성 힌지 회전각의 변화량 δ_k, $\delta \theta_i$는 적합조건을 만족하지 않으면 안 된다. 이때 가상일의 원리식 (2.11)에서 다음 식이 성립한다.

$$\int \delta M \, \delta_k \, ds + \sum \delta M_i \delta \theta_i = 0 \qquad (A1)$$

여기서 적분은 골조의 모든 부재와 종합기호는 모든 소성 힌지에 대한 것이다.

소성 힌지의 가정은 휨 모멘트가 일정한 소성 모멘트 값을 유지하는 동안에 소성 힌지의 회전만이 일어난다는 것이기 때문에 $\delta M_i = 0$이다. 따라서 식 (A1)에서 좌변 제2항이 0이 되고,

$$\int \delta M \, \delta k \, \mathrm{d}s = 0 \qquad (A2)$$

(M, k)관계의 휨 모멘트 증분과 곡률 증분을 항상 같은 부호라고 규정해두면 다음의 부등식이 성립한다.

$$\delta M \, \delta k \geq 0 \qquad (A3)$$

따라서 식 (A2)에서 δM과 δk는 어느 쪽도 모든 단면에서 0이 되지 않으면 안 되게 된다. 즉 소성붕괴상태에서 휨 모멘트와 곡률 분포는 변화하지 않는다. 소성 힌지의 회전에 따라서 기구운동이 성립하고 변화의 증대가 가능하게 된다.

식 (A3)이 성립하기 위한 조건은 중요하며, 곡률의 증대가 휨 모멘트의 감소를 동반하는 변형 연화형(軟化型)의 거동은 고려의 대상에서 제외된다.

[하계정리] 하계정리는 3-2-1항에서 다음과 같이 나타난다. 일조의 하중 λ에 대해 안전과 동시에 정적허용인 휨 모멘트 분포가 존재하면 λ값은 붕괴하중계수 λ_c값보다 작거나 같다.

실제의 붕괴기구에서 각 소성 힌지점 i의 회전각의 변화량을 $\delta \theta_i$로 하고, 각 작용하중 P_r에 대응하는 변위의 변화량을 δd_r로 나타낸다.

이 정리에 따라 일조의 하중 λ에 대해서 안전과 동시에 정적허용인 휨 모멘트 분포의 단면 i에서 휨 모멘트를 M'_i로 나타낸다. 이 분포는 하중계수 λ_c에 대해서 안전과 동시에 정적허용이다.

가상일의 원리를 이용하면,

$$\sum \lambda P_r \delta d_r = \sum M'_i \delta \theta_i$$
$$\sum \lambda_c P_r \delta d_r = \sum M_i \delta \theta_i$$

위 식에서 왼쪽 변의 종합기호는 모든 하중점에 대한 것이고, 오른쪽 변의 종합기호는 모든 소성 힌지점에 대한 것이다.

이들 두 식을 조합시키면 다음 식이 나온다.

$$\lambda_c \sum M'_i \delta \theta_i = \lambda \sum M_i \delta \theta_i \tag{A4}$$

$\delta \theta_i$가 정(正)이면 M_i는 반드시 소성 모멘트 $+(M_P)_i$와 같다. M'_i는 안전하므로 $+(M_P)_i$를 초과할 수 없다. 따라서

$$\delta \theta_i > 0 \text{일 때, } M_i \delta \theta_i \geq M'_i \delta \theta_i$$

마찬가지로 $\delta \theta_i$가 부(負)면, $M_i = -(M_P)_i$, $M'_i \geq -(M_P)_i$이므로,

$$\delta \theta_i < 0 \text{일 때, } M_i \delta \theta_i \geq M'_i \delta \theta_i$$

따라서 식 (A4)에서 바로 이 정리를 증명하는 다음의 관계가 얻어진다.

$$\lambda \leq \lambda_c$$

[**상계정리**] 상계정리는 3-2-2항에서 다음과 같이 나타난다. 일조의 하중 λ를 받는 골조에 대해 임의로 가정된 붕괴기구에 대응하는 λ값은 붕괴하중계수 $λ_c$보다 크든지 같다.

가정된 붕괴기구의 각 소성 힌지점 k에서 소성 힌지 회전각의 변화량을 $δθ'_k$라 하고, 작용하중 P_r에 대응하는 변위의 변화량을 $δd'_r$로 나타낸다.
M'_k를 단면 k에서 소성 힌지 회전각의 부호에 대응해서 다음과 같이 나타낼 수 있다.

$$δθ'_k > 0 \text{일 때}, \; M'_k = +(M_P)_k$$
$$δθ'_k < 0 \text{일 때}, \; M'_k = -(M_P)_k \tag{A5}$$

가정된 붕괴기구에 대한 λ값은 다음 식에서 얻어진다.

$$\sum λP_r δd'_r = \sum M'_k δθ'_k \tag{A6}$$

실제 휨 모멘트 분포에서 단면 k의 휨 모멘트를 M_k로 나타내면 가상일의 원리에서 다음 식이 얻어진다.

$$\sum λP_r δd'_r = \sum M_k δθ'_k \tag{A7}$$

식 (A6)과 식 (A7)을 조합시키면,

$$λ_c \sum M'_k δθ'_k = λ \sum M_k δθ'_k \tag{A8}$$

식 (A5)에서 $δθ'_k$가 정(正)일 때는 항상 $M'_k = +(M_P)_k$다. M_k는 안전하므로 $+(M_P)_k$를 초과할 수 없다. 따라서

$\delta\theta'_k > 0$일 때, $M'_k \delta\theta'_k \geq M_k \delta\theta'_k$

마찬가지로 $\delta\theta'_k$가 부(負)면 $M'_k = -(M_P)_k$, $M_k \geq -(M_P)_k$이므로,

$\delta\theta'_k < 0$일 때, $M'_k \delta\theta'_k \geq M_k \delta\theta'_k$

따라서 식 (A8)에서 바로 이 정리를 증명하는 다음의 관계가 얻어진다.

$$\lambda \geq \lambda_c$$

부록 B 변형경화정리의 증명

[변형경화정리 또는 하계정리] 변형경화정리는 8-3-2항에서 다음과 같이 나타난다. 0의 외력과 정적허용이고, 골조의 모든 단면 j에서 다음의 조건을 만족하는 임의의 휨 모멘트 분포 $\overline{m}$가 존재하면 λ값은 변형경화하중계수 λ_s보다 작거나 같다.

$$\overline{m}_j + \lambda \mathcal{M}_j^{\max} \leq (M_P)_j \tag{8.8}$$

$$\overline{m}_j + \lambda \mathcal{M}_j^{\min} \geq -(M_P)_j \tag{8.9}$$

$$\lambda(\mathcal{M}_j^{\max} - \mathcal{M}_j^{\min}) \leq 2(M_y)_j \tag{8.10}$$

이 정리를 골조의 전 부재의 형상계수가 1, 즉 $M_y = M_P$인 경우에 대해서 증명한다. 이 경우 식 (8.10)은 식 (8.8)과 식 (8.9)에 포함되므로 불필요하다. 이 가정은 각 부재의 (M, k)관계가 그림 2-1에 표시한 이상화된 관계인 것을 의미하고, 거기서는

$$M = M_P, \qquad \delta\theta > 0$$
$$M = -M_P, \qquad \delta\theta < 0$$

$$|M| < M_P, \qquad \delta M = EI\delta_k$$

이 정리는 다음 식에서 정의되는 정(正)의 유한값(有限值) U를 생각함으로써 증명된다.

$$U = \int \frac{(m_j - \overline{m_j})^2}{2(EI)_j} ds_j \qquad (B1)$$

이 식에서 m_j는 어떤 하중단계에서 단면 j의 실제 잔류 휨 모멘트를 나타내고, $\overline{m_j}$는 식 (8.8), (8.9)의 조건을 만족시키는 휨 모멘트 분포다. $(EI)_j$와 ds_j는 각각 단면 j에서 휨 강성과 길이 요소이고, 적분은 골조의 전 부재에 대한 것이다. 여기서 미소한 시간 내에서 하중의 미소한 변화에 따라서 생기는 변화량에 앞첨자 δ를 붙여서 나타낸다. 이때 식 (B1)에서

$$\delta U = \int (m_j - \overline{m_j}) \frac{\delta m_j}{(EI)_j} ds_j \qquad (B2)$$

다음에 U는 항상 부(負)인 것을 나타내자.

8-3-1항에서 지적한 것처럼 잔류 휨 모멘트는 변형경화 해석을 행하기 위해 다음과 같이 정의된다.

$$m_j = M_j - \mathcal{M}_j \qquad (8.7)$$

이것을 증분형으로 나타내면,

$$\delta m_j = \delta M_j - \delta \mathcal{M}_j \qquad (B3)$$

k로 나타낼 수 있는 단면 위치의 소성 힌지 회전각이 $\delta\theta_k$ 변화했다면,

이들은 곡률의 실제 변화량 $\delta M_j/(EI)_j$로 적합하다. 미소한 하중의 변화에 대해 골조 전체가 탄성적으로 응답한 경우에 생기는 곡률의 변화량 $\delta \mathcal{M}_j/(EI)_j$는 소성 힌지 회전각이 0이라는 적합조건을 만족하지 않으면 안된다.

따라서 식 (B3)에서 $\delta m_j/(EI)_j$와 같은 곡률의 변화량 $(\delta M_j - \delta \mathcal{M}_j)/(EI)_j$가 소성 힌지 회전각 $\delta\theta_k$와 적합한 것은 명확하다. 이상의 적합조건을 만족시키는 곡률과 소성 힌지 회전각의 변화량을 0인 외력과 정적허용인 잔류 휨 모멘트 분포 $(m_j - \overline{m}_j)$와 함께 가상일식에 이용하면 다음 식이 얻어진다.

$$\int (m_j - \overline{m}_j) \frac{\delta m_j}{(EI)_j} ds_j + \sum (m_k - \overline{m}_k)\delta\theta_k = 0 \qquad (B4)$$

식 (B2)에서 다음 식이 얻어진다.

$$\delta U = -\sum (m_k - \overline{m}_k)\delta\theta_k \qquad (B5)$$

여기서 특정 단면 k에 대해서 다음의 경우를 생각한다.

$$(m_k - \overline{m}_k) < 0 \qquad (B6)$$

부등식 (8.8)에서

$$m_k < \overline{m}_k \leq (M_P)_k - \lambda\mu_k^{\max}$$
$$m_k + \lambda\mu^{\max} < (M_P)_k$$

이 결과는 단면 k의 소성 힌지 회전각이 정(正)이 될 수 없는 것, 즉 $\delta\theta_k < 0$임을 나타낸다. 따라서 식 (B6)에서 다음 식이 성립한다.

$$(m_k - \overline{m}_k)\delta\theta_k > 0 \tag{B7}$$

마찬가지로 $(m_k - \overline{m}_k) > 0$이라면, $\delta\theta_k$는 정(正)인 것을 나타낼 수 있고, 이 경우도 부등식 (B7)이 성립한다. 이상에서 다음의 부등식이 성립한다.

$$(m_k - \overline{m}_k)\delta\theta_k \geq 0 \tag{B8}$$

등호는 $m_k = \overline{m}_k$인 단면에서 성립한다.
이 조건과 식 (B5)에서 다음 식이 얻어진다.

$$\delta U \leq 0 \tag{B9}$$

여기서 생각한 미소시간 내에 소성 힌지가 회전하지 않고 모든 $\delta\theta_k$가 0인 경우, δU가 0인 것은 식 (B5)에서 명확하다. 이와 같이 몇 개의 소성 힌지가 회전하든지 전체 거동이 탄성적으로 일정값을 유지할 때 U는 항상 감소한다. U는 정(正)의 유한값이므로 최종적으로 U는 m_i와 $\overline{m}_i$의 분포가 같다면 0이 되든지 어떤 정(正)의 값으로 안정되어, 그 후에는 변화하지 않는다. 어느 쪽의 경우라도 골조는 변형경화한 것이 되고, 이것으로 정리는 증명되었다.

[상계정리] 상계정리는 8-3-3항에서 다음과 같이 나타낸다. 교번소성(λ'_a) 또는 점증붕괴(λ'_1) 임의의 가정된 기구에 대응하는 λ값은 변형경화하중계수 λ_s보다 크거나 같다.

이 정리의 처음 부분, 즉 $\lambda'_a \geq \lambda_s$는 자명하다. 어떤 임의의 단면에서 탄성 휨 모멘트의 범위 $\lambda(\mathscr{M}^{max} - \mathscr{M}^{min})$가 탄성응답의 범위 $2M_P$를 초과하

면 변형경화는 생길 수 없다. 즉,

$$\lambda_s(\mathcal{M}^{\max} - \mathcal{M}^{\min}) \leq 2M_P = \lambda'_a(\mathcal{M}^{\max} - \mathcal{M}^{\min})$$

따라서

$$\lambda_s \leq \lambda'_a$$

가정된 점증붕괴기구에 대응하는 하중계수 λ'_1는 다음 식 (8.16)에서 계산된다.

$$\lambda'_1 \sum [\mathcal{M}_k^{\max}\theta_k^+ + \mathcal{M}_k^{\min}\theta_k^-] = \sum (M_P)_k |\theta_k| \qquad (8.16)$$

이 식에서 소성 힌지 회전각은 θ_k로 표시되고, 왼쪽 변의 위첨자는 각 소성 힌지의 부호를 나타내는 데 이용된다.

변형경화정리에서 조건식 (8.8)을 이용하면,

$$\lambda_s \mathcal{M}_k^{\max} \leq (M_P)_k - \overline{m}_k$$

회전각이 정(正)인 각 소성 힌지점에서는 다음 식이 성립한다.

$$\lambda_s \mathcal{M}_k^{\max} \theta_k^+ \leq (M_P)_k \theta_k^+ - \overline{m}_k \theta_k^+ \qquad (B10)$$

마찬가지로 변형경화정리의 조건식 (8.9)에서

$$\lambda_s \mathcal{M}_k^{\min} \geq -(M_P)_k - \overline{m}_k$$

따라서 회전각이 부(負)인 각 소성 힌지점에서는

$$\lambda_s \mathcal{M}_k^{min} \theta_k^- \leq -(M_P)_k \theta_k \overline{m}_k \theta_k^- \tag{B11}$$

부등식 (B10)과 (B11)을 이용해 가정된 기구에서 모든 소성 힌지에 대해 종합하면 다음 식이 얻어진다.

$$\lambda_s \sum [\mathcal{M}_k^{max} \theta_k^+ + \mathcal{M}_k^{min} \theta_k^-] \leq \sum (M_P)_k |\theta_k| - \sum \overline{m}_k \theta_k \tag{B12}$$

잔류 휨 모멘트 $\overline{m}_k$는 0인 외력과 정적허용이므로 가상일의 원리에 따라서 다음 식이 성립한다.

$$\sum \overline{m}_k \theta_k = 0 \tag{B13}$$

따라서

$$\lambda_s \sum [\mathcal{M}_k^{max} \theta_k^+ + \mathcal{M}_k^{min} \theta_k^-] \leq \sum (M_P)_k |\theta_k| \tag{B14}$$

이 결과와 식 (8.16)을 비교하면 이 정리를 증명하는 다음의 관계가 얻어진다.

$$\lambda_s \leq \lambda'_1$$

문제해답

제1장 **2.** 1.848cm^3 **3.** 1.80 **4.** 중심에서 $0.1B$, $0.3B^3\sigma_0$

5. 0.741 **6.** $0.6D$, $0.32\sigma_0$

7. $0.667 M_P/l$, $0.5 M_P/l$, $0.364 M_P/l$

8. $1.5 B^2 T \sigma_0$, $\dfrac{M_x}{M_P} = 1 - \dfrac{3}{4}\left(\dfrac{M_y}{M_P}\right)^2$

제2장 **1.** $8 M_P/l$, $4.5 M_P/l$

2. $6 M_P/l$, $7.5 M_P/l$, $9 M_P/l$

3. $5.33 M_P/l$

4. $4 M_P/l$

5. $2 M_P/\mu(1-\mu)l$

제3장 **1.** 1.6; 10.67, 18.67kN **2.** $(6+4\sqrt{2}) M_P/l$

3. 12.87, 23.36, 15.44kNm **4.** $576 M_P/49l$, $9 M_P/l$, $6 M_P/l$

5. 3m **7.** $4 M_P/l$, $4 M_P/l$, $3 M_P/l$, $2 M_P/l$, $1.333 M_P/l$

8. 1.5, 2 **9.** 85kNm, 1.046

10. 1.651, 40kNm, 1.633 **11.** 1.92, 1.194

12. 1.481, 1.591 **13.** $(3-2\sqrt{2}) Wl$

제4장 **1.** 1.573 **2.** 1.679, 1.459 **3.** 1.524

4. 1.382 **5.** 1.667, 1.756 **6.** 28.13kNm, 81.2kN

7. 1.65, 1.5, 1.611 **8.** 1.515, 1.449

9. 1.556 **11.** $3 M_P/R$, $8 M_P/R$ **12.** 1.5

제5장 **1.** $(12 ln3 + 8\sqrt{3} - 10)\delta_0/15$ **2.** $3.2 M_P l^2/6EI$, $2.8 M_P l^2/6EI$

3. $0.537 M_P l^2/EI$ **4.** $10 M_P l^2/9EI$

5. $13M_P l^2/12EI$, $4M_P l^2/27EI$; $5M_P l^2/6EI$, $5M_P l^2/18EI$

6. $1.36M_P l^2/EI$

제6장   **1.** 52.14, 42.49kNm

2. $0.12a^3 \sigma_0$

 ; 중립축이 플랜지 내에 있는 경우 $M_N = M_P(1-n^2/3)$

 중립축이 웨브 내에 있는 경우 $M_N = M_P(1-5n^2/3)$

3. $M_N = M_P \cos n\pi/2$

5. 421.5, 391.9kN

제7장   **1.** 31.67, 25kNm   **2.** $\beta_1 = \beta_2 = 46.67$kNm

3. $\beta_1 = \beta_2 = 56$kNm

제8장   **2.** 1.333, 1.5   **3.** 1.364, 1.5   **4.** 1.6, 1.6

5. 1.35, 1.5   **6.** $7.322M_P/l$, $8M_P/l$ **7.** 1.371

8. 1.481   **9.** $1.829M_P/l$ **10.** $0.138M_P l^2/EI$

옮긴이의 말

 헝가리의 커진치가 처음 소성설계의 기초적인 연구방향을 제시한 것은 지금으로부터 대략 90년 전의 일이지만, 이후 면밀한 이론적인 연구의 전개와 재료·구조물의 소성거동에 관한 실험적인 연구를 쌓아감에 끊임없는 노력을 기울여왔다. 1940년에는 반 덴 브로크(Van den broiek)가 『명저 리미트 디자인 이론』(Thoery of Limit Design)을 집필하고, 1948년에는 영국에서 설계규준이 제정되는 등 소성설계·종국내력설계 개념은 이 90년의 역사에 따라 점점 일상적인 감각으로 사람들에게 전해지게 되었다.

 일본에서는 1960년 기하라(木原) 박사 감수의 『소성설계법』이 출판되었고, 1970년에는 일본건축학회에서 강구조 소성설계 규준안·동해설이 제정되었다. 그리고 우리나라에서는 1998년 대한건축학회에서 『강구조 한계상태 및 설계규준과 해설』이 편찬되었고, 2000년 한국강구조학회에서 한계상태설계법이 발행되는 등 이 분야에 대한 관심은 점차 높아졌다. 그러나 초고층 건축과 같은 특수한 건물은 별도로 하고, 일반적인 건축구조의 설계 중에 구체적으로 활용하게 된 것은 겨우 수년 전부터다. 즉 1989년 건물기준법 시행령의 대폭 개정, 내진설계법의 전면적인 채용에 따라, 골조의 보유 내력설계가 현실적으로 필수적인 것이 되었다. 종래

건축 기술자가 막연한 일반 교양적인 내용으로 수용하고 있던 소성설계·종국내력에 관한 사고체계가 갑자기 가치의 소중함에 친근해지고, 사고방식과 해석수법을 착오 없이 소화해 적절하게 구사하는 것이 실무로서 불가결한 상황에 이르게 되었다.

그런데 이 분야의 입문서는 다양하게 공간(公刊)되고 있지만, 옮긴이가 전부터 계명대학교 대학원에서 교재로 사용해온 이 책은 내용의 정확함과 체계적으로 쉽고 명쾌하게 기술되어 있어, 여러 책 중에서 단연 우수한 것으로 생각된다. 또 이론의 발전과 경위가 간단명료하게 정리되어 있고 연구의 길잡이로서도 유용하므로, 자신있게 추천할 수 있는 드문 책이다. 또한 이 책이 연구자·기술자로서의 충실을 지향하는 젊은이들의 면학에 어느 정도 기여하는 바가 있다면 기대 이상의 기쁨이 되겠다.

또 번역에 대해서는 정밀함보다는 전체의 흐름, 문장의 뜻을 판단하기 쉬운 표현을 중시했지만, 특히 다음 두 가지 점에 대해 먼저 독자의 양해를 바라고 싶다.

우선 이 책에서는 정적허용(Statically Admissible)이라는 용어가 자주 나타나지만, 이 용어는 접합조건과 항복조건을 만족하는 응력분포를 의미하는 것으로 사용된 경우가 많다. 그러나 이 책에서는 이 용어를 정의한 그린버그와 프레이저 박사의 논문에 따라서 단순접합조건을 만족하는 응력분포를 정적허용이라 하고, 항복조건을 만족하는 분포를 안전(safe)이라 하므로 이 책도 이에 따르도록 했다.

또 변위·변형을 의미하는 단어에

(1) deformation

(2) deflection

(3) displacement

등의 세 가지를 쓰고 있지만, (1)과 (3)의 사용은 극히 한정된다. 예를 들면, (3)의 displacement는 소성붕괴상태의 기구운동에 따른 이동의 양을 나타낸 경우에만 쓰이고 있다. 한편, (2)의 deflection은 골조의 수평

변위에서 부재의 축 방향과 휨 변형에 이르기까지 상당히 폭넓게 사용되고 있다. 이 책에서는 (1)에는 변형, (3)에서는 변위라는 역어를 적용했지만, (2)에 대해서는 양쪽의 역어를 적절히 사용했다.

마지막까지 기획에서 출판까지 시종 배려해주시고 도와주신 한길사의 편집부 여러분께 깊은 사의를 표한다.

2004년 2월

김성은

찾아보기 · 인명

ㄱ
고줌 249
구수다 212
그뤼닝 235
그린 208
그린버그 85, 86, 93, 151
그보즈데브 85, 86
기르크만 62, 197, 200

ㄴ
닐 126, 151, 186, 210, 212, 248, 267

ㄷ
다나카 172
다인스 151
더튼 211, 212
돈 151
드러커 201, 208
드리스콜 126
드와이트 167

ㄹ
라오 192
라이브슬리 151

레디 200
레스 209, 210
레이널스 41
렘케 151
로데릭 26, 29, 62, 98, 167, 212~214
로르만 192
로버트슨 36
로일스 270
롤링스 170
롱바텀 212
루세크 62
르블루아 36

ㅁ
마이어 230
마이어 라이프니츠 23, 62, 76, 111
매소넷 36, 249
매카시 249
먼로 152, 186, 231
메인스턴 192
멜런 253
모리슨 27

ㅂ

배럿 167
베어드 192
베이스 214
베이커, A. L. L. 41
베이커, J. F. 23, 40, 62, 98, 125, 126, 186, 212
베이커, M. J. 193
불 212
브라운 40
블라이히 253
비들 62, 98, 126, 200
비커리 186, 231

ㅅ

샤키르 칼릴 198
세이브 230
세인트 베넌트 37
소이어 167
슈츠 98
스리니버선 230
스미스 152, 228, 255
스튀시 61, 62
시먼스 126, 151, 248, 253, 267
실드 209
실링 98

ㅇ

아이크호프 62, 126, 196
야마다 212
영 167
오글 262
오넷 186, 209
우드 25
월리스 112
윌슨 213
잉글리시 150

ㅈ

존스턴, B. G. 200
존스턴, E. R. 62

ㅊ

체언스 151
치엔키에비치 151

ㅋ

카푸르소 256
캘러딘 211
커진치 55, 61, 62, 76, 235
코이터 253, 255
콜브루너 61, 62
쿡 36, 167
크누드센 62
크래크널 41
크랜스턴 41
클뢰펠 212
키스트 85

ㅌ

토클리 231
톨 192
튀를리만 212

ㅍ

파인베르그 86
포포프 112, 249
폴크스 221, 228, 230, 231
프래틀리 167
프레이저 85, 86, 93, 151, 202, 225, 230, 253, 255
프리체 163
펀지 171
필립스 29, 167, 213, 214

ㅎ

하이예르 249
해리슨 40, 125
헌디 212
헤이먼 26, 98, 125, 151, 167, 172, 181, 186, 196, 210, 212, 214, 230, 231, 262, 267
헤이손스웨이트 51
헨드리 62, 125, 212, 214
호스킨 151
호지 202
혼 40, 49, 85, 87, 111, 112, 147, 150, 202, 208, 231, 248, 269
흐레니코프 167

찾아보기 · 개념

ㄱ
가상력의 원리 65, 66, 172, 173
가상변위원리 65, 89, 91, 106, 172
가상일의 원리 21, 64, 77, 97, 254, 282, 290
기구조합법 119, 126, 130, 132, 150, 267
교번소성 236~239, 249, 250, 252, 254, 256, 261, 263, 267, 268, 270, 288
교번소성 하중계수 258
과완전붕괴 107, 108, 110, 112

ㄷ
단위가상하중법 74, 162, 173
독립기구 119, 126, 131, 132, 141, 148, 172, 222

ㄹ
뤼더스선 28, 36

ㅂ
바우싱어 효과 28
변동반복하중 160, 235, 236, 252, 256, 268, 269

변형경화 29, 33, 167~171, 236, 245, 247, 252~255, 261, 264, 265, 268, 288, 289
변형경화정리 249~251, 253, 256, 262, 266, 267, 285, 289
변형시효 192, 193
보기구 127, 129, 131, 133~138, 140~143, 145, 148, 149, 222, 225, 261, 263, 264, 266
부분붕괴 105, 137, 183
붕괴점 55, 159, 170, 171, 182, 186
붕괴하중계수 85~88, 98, 105, 106, 113, 122, 125, 137, 140, 151, 159, 219, 236, 280
비례하중 69, 74, 75, 107, 171

ㅅ
상계정리 86, 87, 126, 150, 152, 222, 255, 256, 261, 282, 288
소성단면계수 37, 199, 220
소성 모멘트 24, 25, 29, 32~34, 36, 37, 40, 45, 47~49, 62, 83~88, 91, 96, 97, 100, 107, 109, 110, 112, 120, 123, 125, 127,

130~132, 134, 137, 139, 140, 145~148, 150, 151, 166, 173, 177, 179, 182, 191, 193, 194, 201, 209, 213, 219~222, 224, 225, 227, 229, 237, 251, 256, 262, 267, 268, 281
소성붕괴 21, 24, 25, 45, 49, 79, 83, 84, 97, 119, 127, 140, 164, 193, 235, 248, 252, 267~270
소성붕괴하중 21, 24, 25, 45~47, 49, 60, 61, 76, 79, 83, 119, 150, 159, 164, 169, 220, 248
소성흐름 26, 235, 249, 250, 252, 256, 268
소성 힌지 24, 45~48, 50~52, 55, 57, 60, 63~65, 69, 71~74, 76, 77, 83, 84, 88, 91, 95, 97, 99, 100, 103, 105, 106, 109, 110, 123, 127, 131, 132, 134~136, 138, 140, 142, 144, 147~149, 164, 171, 173, 174, 177, 178, 182, 183, 185, 186, 191, 193, 196, 222, 225, 227, 238, 240, 245, 247, 259, 262, 263, 264, 268, 280, 288
순간회전중심 121, 148
시행오차법 98, 119, 120, 125, 126, 267

ㅇ
안전 84, 227, 252
완전붕괴 105, 139
영 계수 26
운동학적 조건 255
유일성정리 87, 98, 106, 110, 125, 256, 262, 264, 266, 267
이상화소성관계 29

응력도-변형도관계 26~29, 36, 168

ㅈ
작용하중 78, 85
잔류 휨 모멘트 67, 178, 180, 181, 243, 245~247, 249, 258, 259, 261, 264, 267, 286
적합조건식 64, 68~71, 73, 172, 176, 179, 186
점증붕괴 236, 237, 240, 242, 244, 245, 248, 249, 250, 252, 261, 263, 266~270, 288
점증붕괴기구 242, 247, 253~256, 258, 259, 262~264, 267, 268, 289
점증붕괴하중 244, 245
점증붕괴 하중계수 236, 250, 254
절점기구 133, 135, 136, 141
접중량선 223, 224, 226
정적조건 252
정적허용 84, 93, 103, 107, 125, 227, 250~252, 280
조합기구 96, 107, 129, 130, 131, 136~138, 143~145, 149, 150, 261, 263, 267
종국한계상태 21, 78, 79, 269, 270
중량관수 221, 222, 227, 229
중량적합 227, 230
중첩량의 원리 58

ㅊ
최소중량설계 219~225, 227~231
층기구 89, 108, 120, 128, 129, 133~135, 137, 141~145, 148, 149, 222, 261, 263

ㅍ

파인베르그의 공리 86, 87
평형조건식 64, 65, 68~73, 77, 89~92, 94, 97, 100, 101, 105~107, 110, 120, 122, 130~132, 137, 139, 140~142, 145, 151, 159, 172, 174, 180, 181, 183, 186, 206, 258, 266
폴크스의 정리 221, 225, 227

ㅎ

하계정리 85, 87, 150~152, 202, 251, 252, 255~267, 280
하중계수 85, 97, 98, 106, 120, 122, 125, 130, 131, 134, 137, 138, 140, 148, 159, 235, 267~269
한계상태 78
항복 모멘트 31, 34, 36, 48
항복응력도 23, 25, 30, 35, 191~193
허용영역 222~225
형상계수 49, 167~169, 256
휨 모멘트 곡률관계 29, 32, 107, 161, 168, 250, 251

지은이 B. G. 닐

B. G. 닐(B. G. Nill)은 런던 대학 명예교수를 지냈고,
임페리얼 칼리지 기술과학대학 토목공학과 과장과 구조공학과 교수를 역임했다.
대표적인 저서로『건축구조물의 소성해석법』이 있으며,
『변동하중을 받는 골조구조물에 대한 파괴하중의 계산방법』(공저)
『직사각형 프레임의 반복하중: 이론과 시험』(공저)
『축소 프레임에서 반복하중 시험』(공저) 등이 있다.
논문으로는「붕괴점에서 평면 프레임의 처짐」
「H형 보의 전소성 모멘트에서 전단력의 영향」
「직사각형 단면보의 전소성 모멘트에서 전단력과 축력의 영향」
「H형 보의 전소성 모멘트에서 소성붕괴와 변형경화정리」
「변형경화재료로 구성된 구조물에서 소성붕괴와 변형경화정리」
「반복하중을 받는 프레임 구조물의 거동」 등 다수가 있다.

옮긴이 김성은

김성은(金成垠)은 동아대학교 건축공학과를 졸업하고
같은 대학 대학원에서 석사학위를 받은 후 일본 국립 오사카 대학 대학원에서
박사학위를 받았으며, 일본 국립 오사카 대학 공학부 객원교수를 지냈다.
지금은 계명대학교 건축학부 교수로 있다.
주요 저서로는『신축건축구조학』(공저)
『강구조편람(제3권: 강구조건축물의 설계)』(공저)『강구조의 설계』(공저)
『건축구조용 TMCP 강재의 이용기술지침』(공저) 등이 있다.
주요 논문으로는「합성보 및 합성보가구의 탄소성거동에 관한 연구」
「브레이스 가구의 탄소성 응답성상에 관한 연구」
「거푸집용 데크 플레이트의 휨 거동에 관한 실험적 연구」
「SPC 합성기둥의 역학특성에 관한 실험적 연구」
「K형 브레이스 가구의 소성내력과 소성설계에 관한 연구」
「일방향 중공 슬래브의 전단거동에 관한 실험적 연구」 등 다수가 있다.

한국학술진흥재단 학술명저번역총서
서양편 ● 15 ●

'한국학술진흥재단 학술명저번역총서'는
우리 시대 기초학문의 부흥을 위해
한국학술진흥재단과 한길사가 공동으로 펼치는
서양고전 번역간행사업입니다.

건축구조물의 소성해석법

지은이 · B. G. 닐
옮긴이 · 김성은
펴낸이 · 김언호
펴낸곳 · (주) 도서출판 한길사
등록 · 1976년 12월 24일 제74호
주소 · 413-832 경기도 파주시 교하읍 문발리 520-11
www.hangilsa.co.kr
E-mail : hangilsa@hangilsa.co.kr
전화 · 031-955-2000~3
팩스 · 031-955-2005

상무이사 · 박관순 | 영업이사 · 곽명호 | 편집주간 · 강옥순
편집 · 서상미 전상희 박교희 | 전산 · 한향림 석재희
마케팅 및 제작 · 이경호 | 관리 · 이중환 문주상 양미숙 장비연

출력 · DiCS | 인쇄 · 현문인쇄 | 제본 · 경일제책

제1판 제1쇄 2004년 4월 10일

ⓒ 한국학술진흥재단 2004

값 22,000원
ISBN 89-356-5019-6 94540
ISBN 89-356-5291-1 (세트)

* 잘못된 책은 구입하신 서점에서 바꿔드립니다.

한길사의 스테디셀러들

은밀한 몸
한스 페터 뒤르 지음 · 박계수 옮김
여성의 몸, 수치의 역사

'은밀한 그곳'에 대한 여성의 수치심과 그 본능의 역사. 시대와 지역, 민족을 초월하여 나타나는 여성들의 성기에 관한 수치심의 역사
· 46판 | 양장본 | 672쪽 | 값 22,000원

음란과 폭력
한스 페터 뒤르 지음 · 최상안 옮김
성을 통해 본 인간 본능과 충동의 역사

쾌락과 공격의 두 얼굴로 사용된 '성' 그 폭력의 역사. 시대와 지역, 민족을 초월하여 나타나는 인류 공동의 잔혹한 성 형태를 통해 본 음란과 폭력의 역사
· 46판 | 양장본 | 864쪽 | 값 24,000원

위대한 항해자 마젤란 1·2
베른하르트 카이 지음 · 박계수 옮김
나는 미지의 세계, 불가능의 세계를 항해한다

발견과 모험으로 가득한 마젤란의 극적인 일생과 근세 초 인간의 세계관과 항해자의 일상에 대한 통찰을 제공하는 흥미진진한 1,123일의 항해 드라마
· 신국판 | 반양장 | 각권 값 12,000원

흑사병 The Black Death
필립 지글러 지음 · 한은경 옮김
중세 유럽 문명을 죽음으로 몰아넣은 병에 관한 총체적 보고서

흑사병의 이름에서 시작하여 그것이 미친 영향까지 한 시대를 휩쓴 병과 고통받은 사람들의 이야기를 누구나 읽기 쉽게 풀어쓴 흑사병 리포트
· 신국판 | 양장본 | 400쪽 | 값 18,000원

과학의 시대!
제라드 피엘 · 전대호 옮김
과학자들은 비밀과 원리를 어떻게 알아냈는가

이 책은 극미의 원자세계에서 광활한 우주까지, 인류 과학발전의 위대한 성과와 인간 지식의 찬란한 진보의 기록을 담은, 한마디로 '괴물 같은 책'이다.
· 신국판 | 반양장 | 508쪽 | 17,000원

지식의 최전선
김호기 · 임경순 · 최혜실 외 52인 공동집필
세상을 변화시키는 더 새롭고 창조적인 발상들

시사저널 2002 올해의 책/조선일보 2002 올해의 책
제43회 한국백상출판문화상/한국출판인회의 9월의 책
문화관광부 2002 우수학술도서
· 신국판 | 양장본 | 712쪽 | 값 30,000

월경越境하는 지식의 모험자들
강봉균 · 박여성 · 이진우 외 53명 공동집필
혁명적 발상으로 세상을 바꾸는 프런티어들

"지식의 모험자들은 창조적 발상과 능동적인 실천력으로 미래의 시간을 앞당긴다. 그들이 보여주는 미래의 그림을 엿보면서 세계를 향해 지적 모험을 감행한다."
· 신국판 | 양장본 | 888쪽 | 값 35,000원

뜻으로 본 한국역사
함석헌 지음
살아 있는 역사정신 함석헌을 만난다

"역사를 아는 것은 지나간 날의 천만 가지 일을 뜻도 없이 그저 머릿속에 기억하는 것이 아니다. 값어치가 있는 일을 뜻 있게 붙잡아내는 것이다."
· 신국판 | 반양장 | 504쪽 | 값 15,000원

대서양 문명사
김명섭 지음
거친 바다를 건너 세계를 지배한 열강의 실체

"광대한 대서양을 배경으로 벌어진 제국들 간의 치열한 경주. 팽창 · 침탈 · 헤게모니의 역사로 물든 문명의 빛과 어둠을 파헤친다."
· 신국판 | 양장본 | 760쪽 | 값 35,000원

간디 자서전
함석헌 옮김
영원한 고전, 간디의 진리실험 이야기

"당신도 나의 진리실험에 참여하기 바랍니다. 나에게 가능한 것이면 어린아이들에게도 가능하다는 확신이 날마다 당신의 마음 속에 자라날 것입니다."
· 46판 | 양장본 | 648쪽 | 값 13,000원

서양의 관상학 그 긴 그림자
설혜심 지음
고대부터 20세기까지 서구 관상학의 역사를 추적한다

"나와 타자를 이분법적으로 나누었던 관상학의 긴 역사. 관상학이란 그 시대에 잘 풀릴 수 있는 사람과 아닌 사람을 구별짓는 코드였다."
· 신국판 | 양장본 | 372쪽 | 값 22,000원

세계와 미국
이삼성 지음
20세기를 반성하고 21세기를 전망한다

"미국과 세계에 관한 연구는 단순히 정치사나 외교사적 서술로 끝날 수 없다. 그것은 우리의 존재양식, 우리의 사유양식, 우리 자신의 연구일 수밖에 없다."
· 신국판 | 양장본 | 836쪽 | 값 30,000원

자기의식과 존재사유
김상봉 지음
칸트철학과 근대적 주체성의 존재론

"모든 나는 비어 있는 가난함 속에서 하나의 우리가 된다. 참된 존재사유는 모든 나를 없음의 어둠 속으로 불러모음으로써 하나의 우리로 만드는 실천이다."
· 신국판 | 양장본 | 392쪽 | 값 18,000원

그리스 비극에 대한 편지
김상봉 지음
슬픔의 미학을 통해 인간의 고귀함을 사유한다

"내가 타인의 고통으로 눈물 흘리고 우주적 비극성 앞에서 전율할 때 나의 사사로운 고통과 번민은 가벼워지고 나의 정신은 무한히 넓어집니다."
· 신국판 | 반양장 | 400쪽 | 값 15,000원

나르시스의 꿈
김상봉 지음
자기애에 빠진 서양정신을 넘어 우리 철학의 길로 걸어라

"자기도취에 뿌리박고 있는 서양정신은 영원한 처녀신 아테나처럼 품위와 단정함을 지킬 수는 있겠지만 아무것도 잉태할 수 없는 불임의 지혜다."
· 신국판 | 양장본 | 396쪽 | 값 20,000원

호모 에티쿠스
김상봉 지음
윤리적 인간의 탄생을 위하여

"참으로 선하게 살기 위해 우리는 희망 없이 인간을 사랑하는 법을, 보상에 대한 기대 없이 우리의 의무를 다하는 법을 배우지 않으면 안 됩니다."
· 신국판 | 반양장 | 356쪽 | 값 10,000원

중국인의 상술
강효백 지음
상상을 초월하는 중국상인들의 장사비법

"개방적인 자세로 상술을 펼쳐나가는 광둥사람, 신용 하나로 우직하게 밀고나가는 산둥사람. 이들이 바로 오늘의 중국을 움직이는 중국상인들이다."
· 신국판 | 반양장 | 360쪽 | 값 12,000원

그림자
이부영 지음
분석심리학의 탐구 제1부…우리 마음 속의 어두운 반려자

"인간의 내면, 그 어두운 측면을 성찰하는 시간을 갖는다는 것은 하나의 축복이다. 나는 융의 그림자 개념을 통해 우리의 마음과 사회현실을 비추어 본다."
· 신국판 | 반양장 | 336쪽 | 값 10,000원

아니마와 아니무스
이부영 지음
분석심리학의 탐구 제2부…남성 속의 여성, 여성 속의 남성

"당신은 첫눈에 반한 이성이 있는가. 가까워지고 싶은 조바심, 그리움과 안타까움. 이때 두 남녀는 상대방을 통해 자신의 아니마와 아니무스를 경험한다."
· 신국판 | 반양장 | 368쪽 | 값 12,000원

자기와 자기실현
이부영 지음
분석심리학의 탐구 제3부…하나의 경지, 하나가 되는 길

"자기실현은 삶의 본연의 목표이며 값진 열매와 같다. 우리는 인간의 본성을 좀더 이해할 필요가 있다. 모든 재앙의 근원은 바로 우리 자신이기 때문이다."
· 신국판 | 반양장 | 356쪽 | 값 15,000원

사랑의 풍경

시오노 나나미 · 백은실 옮김
목숨과 명예를 걸고 과감하게 사랑을 한 여인들의 이야기

"인간의 사랑과 드라마에는 역사가 없다. 르네상스 시대 사람들도 사랑에 속아 슬피 울기도 하고, 질투에 눈이 멀어 자신의 삶을 파멸로 몰아넣기도 한다."
· 46판 | 양장본 | 260쪽 | 값 12,000원

생명의 춤

에드워드 홀 · 최효선 옮김
시간의 문화적 성격에 관한 인류학적 보고서

"시간은 하나의 문화가 발달하는 방식뿐만 아니라 그 문화에 속한 사람들이 세계를 체험하는 방식과도 밀접한 관련을 맺고 있다."
· 신국판 | 반양장 | 354쪽 | 값 12,000원

나의 인생은 영화관에서 시작되었다

시오노 나나미 · 양억관 옮김
시오노가 들려주는 고품격 영화에세이

"정의 · 관능 · 사랑 · 전쟁 · 죽음 · 품격 · 아름다움, 그리고 영원히 해결되지 않는 문제에 대하여 나는 말한다. 내가 사랑하는 모든 영화로."
· 46판 | 양장본 | 350쪽 | 값 12,000원

바다의 도시 이야기 상 · 하

시오노 나나미 · 정도영 옮김
베네치아 공화국, 그 1천년의 메시지는 무엇인가

"천혜의 자원이라고는 아무것도 없었던 바다의 도시가, 어떻게 국체를 한 번도 바꾼 일 없이 그토록 오랫동안 나라를 이끌어갔는가."
· 신국판 | 양장본 | 584쪽 내외 | 각권 값 15,000원

비평의 해부

노스럽 프라이 · 임철규 옮김
호메로스부터 제임스 조이스까지 서구의 고전을 해부한다

"비평은 과학적 객관성을 바탕으로 하는 독립된 학문이 되어야 한다. 재능 없는 문학도가 감탄과 질투를 배설하는 기생적인 문학 장르에서 벗어나야 한다."
· 신국판 | 양장본 | 706쪽 | 값 25,000원

낭만적 거짓과 소설적 진실

르네 지라르 · 김치수 송의경 옮김
문학 지망생의 필독서이자 문학 이론의 고전

"이 책은 오늘날 우리의 욕망체계를 소설 주인공의 욕망체계에서 발견하여 우리가 살고 있는 사회적 특성을 제시한 탁월한 고전이다."
· 신국판 | 양장본 | 430쪽 | 값 20,000원

한비자 I · II

한비 · 이운구 옮김
동양의 마키아벨리 한비자의 국가경영의 법

"인간의 애정이나 의리 자체를 경솔하게 부정하려는 것이 결코 아니다. 현실적으로 사랑보다는 힘(권력)의 논리가, 의(義)보다는 이(利)가 앞선다는 것이다."
· 신국판 | 양장본 | 968쪽 | 각권 값 25,000원

증여론

마르셀 모스 · 이상률 옮김 류정아 해제
선물주기와 답례로 풀어낸 인간사회의 실체

"주기와 받기, 답례로 이루어진 선물의 삼각구조가 총체적인 사회적 사실이 되어 사회구조를 작동시킨다."
2003 문광부 우수학술도서 선정
· 신국판 | 양장본 | 308쪽 | 값 20,000원

춤추는 상고마

장용규 지음
『슬픈열대』를 잇는 한국인이 쓴 아프리카 민족지 1호

주술사인 '상고마'를 통해 아프리카 문화 읽기를 시도한 책. "아프리카는 화석으로 굳어버린 과거가 아니라 펄펄 살아 움직이는 역동적인 땅이었다."
· 국판 | 반양장 | 356쪽 | 값 20,000원

관용론

볼테르 · 송기형 임미경 옮김
18세기 전제정치에 맞서는 볼테르의 관용정신

"모든 사람들이 똑같은 방식으로 생각하기를 바라는 것은 터무니없는 욕심이다. 인간 세계의 사소한 차이들이 증오와 박해의 구실이 되지 않기를."
· 신국판 | 양장본 | 308쪽 | 값 22,000원

로마사 논고
니콜로 마키아벨리 · 강정인 안선재 옮김
마키아벨리 정치사상의 핵심 논저!

"잘 조직된 공화국은 시민에 대한 상벌제도가 분명하며, 공을 세웠다고 하여 잘못을 묵인하지 않는다. 군주는 은혜를 베푸는 일을 지체해서는 안 된다."
· 신국판 | 양장본 | 596쪽 | 값 30,000원

인류학의 거장들
제리 무어 · 김우영 옮김
인물로 읽는 인류학의 역사와 이론

"타일러와 모건의 시대로부터 포스트모더니즘에 이르기까지 인류학의 발달과정을, 21명의 '거장 인류학자'들을 통해 설명한다." 2003 문광부 우수학술도서 선정
· 46판 | 양장본 | 456쪽 | 값 15,000원

금기의 수수께끼
최창모 지음
인류학으로 풀어내는 성서 속의 금기와 인간의 지혜

"금지된 지식에 대해 알고자 하는 인간의 욕망과 그것에 대해 안다는 것 사이의 관계는 무엇인가. 알고자 하는 욕망이 죄인가, 아는 것이 문제인가."
· 46판 | 양장본 | 352쪽 | 값 15,000원

르네상스 미술기행
앤드루 그레이엄 딕슨 · 김석희 옮김
BBC 방송이 기획하고 출판한 최고 권위의 미술체험

"우리가 보는 것은 미술관 속의 과거가 아니라, 우리가 살고 있는 지금 여기입니다. 그만큼 르네상스 시대의 예술작품은 우리의 현재와 연결되어 있습니다."
· 신국판 올컬러 | 양장본 | 488쪽 | 값 25,000원

동과 서의 茶 이야기
이광주 지음
차 한잔의 여유가 놀이와 사교의 풍경을 이룬다

"나는 아직 차의 참맛을 모른다. 더욱이 다중선(茶中仙)의 경지란? 그러나 차와 찻잔이 놓인 자리에서 나는 매일 한(閑)을 즐기는 호모 루덴스가 된다."
· 46판 올컬러 | 양장본 | 396쪽 | 값 20,000원

보르도 와인 기다림의 지혜
고형욱 지음
맛 전문가 고형욱의 매혹적인 보르도 와인여행

"진홍빛 파도가 입 안에 가득 밀려온다. 와인 한 잔의 맛과 낭만을 말해 무엇하랴. 잘 숙성되어 원숙해진 와인은 변함없는 친구처럼 사람들을 감동시킨다."
· 46판 올컬러 | 양장본 | 300쪽 | 값 18,000원

베네치아에서 비발디를 추억하며
정태남 지음
건축가가 체험한 눈부신 이탈리아 음악여행

"벨칸토의 본고장 나폴리에서, '토스카'의 배경 로마, 롯시니를 성장시킨 볼로냐, 베르디의 도시 밀라노를 거쳐 찬란한 빛과 선율의 도시 베네치아까지."
· 신국판 올컬러 | 양장본 | 336쪽 | 값 15,000원

지중해의 영감
장 그르니에 · 함유선 옮김
시적 명상 · 철학적 반성 · 찬란한 지중해의 찬가

"알제의 구릉 위에서 맞이한 열기 가득한 밤들, 욕망처럼 입술을 바짝 마르게 하는 시로코 바람, 이탈리아의 눈부신 풍경들과 사람들의 열정."
· 46판 | 양장본 | 236쪽 | 값 12,000원

침묵의 언어
에드워드 홀 · 최효선 옮김
시간과 공간이 말을 한다

"홀은 사람들이 언어를 사용하지 않고 서로 '이야기를 나누는' 다양한 방식을 분석하고 있다. 부지간에 행하는 인간의 모든 몸짓과 행동들."
· 신국판 | 반양장 | 288쪽 | 값 10,000원

문화를 넘어서
에드워드 홀 · 최효선 옮김
문화의 숨겨진 차원을 초월하라

"사람들은 지금까지 자신의 생활방식만을 당연시해왔다. 이제 인류는 잃어버린 자아와 통찰력을 되찾기 위하여 문화를 넘어서는 힘든 여행을 떠나야 한다."
· 신국판 | 반양장 | 372쪽 | 값 12,000원